计算机前沿技术丛书

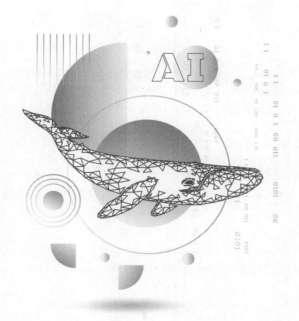

数据仓库与数据挖掘

钱育蓉 主编

马梦楠 张凯 副主编

安海兵 冷洪勇 姜莹 侯树祥 田生伟 参编

清华大学出版社
北京

内容简介

本书以培养高级数据应用人才为目标，主要介绍数据仓库与数据挖掘技术的基本原理和应用方法。全书共13章，主要内容包括数据仓库的概念与体系结构、数据、数据存储、OLAP与数据立方体、数据挖掘基础、关联规则算法、分类、统计分析、神经网络、聚类分析、非结构化数据挖掘、知识图谱、大数据挖掘算法。

本书内容循序渐进、深入浅出、概念清晰、条理性强。本书既重视理论知识的讲解，又强调应用技能的培养，除了介绍算法的主要思想和理论基础，还给出具体实例，利用算法解决实例中的任务。通过对具体实例的学习和实践，使读者掌握数据仓库和数据挖掘中必要的知识点，达到学以致用的目的。

本书既可作为高等学校软件工程和计算机专业的教材，也可供从事相关领域工作的技术人员学习和参考。

版权所有，侵权必究。举报：010-62782989，beiqinquan@tup.tsinghua.edu.cn。

图书在版编目（CIP）数据

数据仓库与数据挖掘/钱育蓉主编. -- 北京：清华大学出版社，2025.2. --（计算机前沿技术丛书）. ISBN 978-7-302-68413-8

Ⅰ．TP311.13；TP274

中国国家版本馆 CIP 数据核字第 20258RS300 号

责任编辑：王　芳　李　晔
封面设计：刘　键
责任校对：郝美丽
责任印制：曹婉颖

出版发行：清华大学出版社
网　　址：https://www.tup.com.cn，https://www.wqxuetang.com
地　　址：北京清华大学学研大厦A座　　邮　编：100084
社 总 机：010-83470000　　邮　购：010-62786544
投稿与读者服务：010-62776969，c-service@tup.tsinghua.edu.cn
质量反馈：010-62772015，zhiliang@tup.tsinghua.edu.cn
课件下载：https://www.tup.com.cn，010-83470236

印 装 者：北京鑫海金澳胶印有限公司
经　　销：全国新华书店
开　　本：185mm×260mm　　印　张：15.25　　字　数：372千字
版　　次：2025年4月第1版　　印　次：2025年4月第1次印刷
印　　数：1～1500
定　　价：59.00元

产品编号：094910-01

"人工智能核心系列"教材编审委员会

主　　　任	蒋运承	华南师范大学
	林康平	北京博海迪信息科技股份有限公司
副　主　任	李阳阳	西安电子科技大学
	钱育蓉	新疆大学
	孙　强	西安理工大学
	周国辉	哈尔滨师范大学
	斯日古楞	呼和浩特民族学院
	贺敏伟	广州商学院
执行副主任	黄江平	重庆邮电大学
	娄　路	重庆交通大学
	韩永蒙	北京博海迪信息科技股份有限公司
	张光明	北京博海迪信息科技股份有限公司
编委会成员	黄　海	哈尔滨理工大学
	凌洪兴	上海工商信息学校
	陈　晨	哈尔滨理工大学
	王　妍	中国传媒大学
	江亿平	南京农业大学
	梅红岩	辽宁工业大学
	李　洋	东北林业大学
	李　实	东北林业大学
	张亚军	新疆大学
	金　雷	广东工业大学
	蔡　军	重庆邮电大学
	谭　印	桂林电子科技大学
	彭建盛	河池学院
	付　奎	河池学院
	胡　楠	辽宁科技学院
	李　瑾	西南医科大学
	宋月亭	昆明文理学院
	孟　进	昆明文理学院
	丁　勇	昆明文理学院
	高嘉璐	昆明文理学院
	张　凯	长春财经学院

陈　佳	桂林理工大学
何首武	桂林理工大学
李　莹	桂林理工大学
李晓英	桂林理工大学
韩振华	新疆师范大学
裴志松	长春工业大学
李　熹	广西民族大学
石　云	六盘水师范学院
王顺晔	廊坊师范学院
苏布达	呼和浩特民族学院
李　娟	呼和浩特民族学院
包乌格德勒	呼和浩特民族学院
陈逸怀	温州城市大学
李　敏	荆楚理工学院
徐　刚	云南工商学院
熊蜀峰	河南农业大学
孟宪伟	辽宁科技学院
董永胜	集宁师范学院
刘　洋	牡丹江大学
任世杰	聊城大学
李立军	聊城大学
杨　静	辽宁何氏医学院
周　帅	北京博海迪信息科技股份有限公司

前言

随着计算机和信息技术的迅猛发展，人类收集、存储和访问数据的能力大大增强，快速增长的海量数据集已经远远超出了人类的理解能力，传统的数据分析工具也显得力不从心。如何才能不被这些海量数据淹没，有效地组织这些数据，并且从中找出有价值的知识，帮助人类制定正确的决策？针对这一问题，数据仓库和数据挖掘技术应运而生，并且显示出强大的生命力。要将海量数据转换成为有用的信息和知识，首先要有效地收集和组织数据。数据仓库是良好的数据收集和组织工具，它的任务是搜集来自各个业务系统的有用数据，存放在一个集成的存储区内。在数据仓库丰富完整的数据基础上，数据挖掘技术可以从中挖掘出有价值的知识，从而帮助决策者正确决策。

本书是在总结近年来的教学实践经验基础上撰写的，共13章，主要内容包括数据仓库的概念与体系结构、数据、数据存储、OLAP与数据立方体、数据挖掘基础、关联规则算法、分类、统计分析、神经网络、聚类分析、非结构化数据挖掘、知识图谱、大数据挖掘算法。其中，前3章主要介绍数据仓库的基本概念和相关技术；后面章节介绍当前流行的数据挖掘算法的主要思想和理论基础，介绍数据挖掘的基本概念和各种算法，并且给出丰富的应用实例。

本书的主要特点如下：

（1）内容讲解循序渐进、深入浅出，符合初学者学习的认识规律，易于读者学习和掌握。

（2）对于实践性强的部分配有相关的实验题和实验指导，方便任课教师组织相关实验和学生练习。

（3）每章后配有习题，帮助读者进一步巩固和掌握所学知识点。

（4）教学资源丰富，本书提供教学课件、教学视频和实践教学平台。

本书内容全面、概念清晰、条理清楚，不仅适合课堂教学，也适合读者自学。如果作为教材，建议总学时为48学时，其中主讲学时为32学时。由于课程学时的限制，实验学时可适当调整，一般为16学时左右；另外，除实验学时外，最好安排学生自由上机的时间，以加强学生的实际动手能力。

本书由钱育蓉担任主编，马梦楠、张凯担任副主编，安海兵、冷洪勇、姜莹、侯树祥、田生伟参与编写，全书由钱育蓉统稿、定稿。其中，第1~3章由张凯和田生伟编写，第4、5章由冷洪勇编写，第6章由姜莹编写，第7章由侯树祥编写，第8、9章由钱育蓉撰写，第10、11章由马梦楠编写，第12、13章由安海兵编写。

由于编者水平有限，书中难免有不足之处，衷心希望广大读者批评、指正。

编 者
2024年9月

目录

第1章 数据仓库的概念与体系结构 1
1.1 数据仓库的兴起 1
1.1.1 数据管理技术的发展 1
1.1.2 数据仓库的萌芽 3
1.2 数据仓库的基本概念 5
1.2.1 元数据 5
1.2.2 数据粒度 6
1.2.3 数据模型 6
1.2.4 ETL 7
1.2.5 数据集市 8
1.3 数据仓库的特点与组成 9
1.3.1 数据仓库的特点 9
1.3.2 数据仓库的组成 10
1.4 数据仓库的体系结构 11
1.4.1 传统数据仓库的体系结构 11
1.4.2 传统数据仓库系统在大数据时代所面临的挑战 12
1.4.3 大数据时代的数据仓库 13
小结 15
习题 15

第2章 数据 16
2.1 数据的概念与内容 16
2.2 数据属性与数据集 17
2.3 数据预处理 18
2.3.1 数据预处理的意义 18
2.3.2 数据清洗 19
2.3.3 数据集成 21
2.3.4 数据变换 22

2.3.5　数据归约 ··· 23
　小结 ·· 24
　习题 ·· 24

第3章　数据存储 ·· 27

3.1　数据仓库的数据模型 ·· 27
　　3.1.1　数据仓库的概念模型 ··· 28
　　3.1.2　数据仓库的逻辑模型 ··· 29
　　3.1.3　数据仓库的物理模型 ··· 31

3.2　元数据存储 ·· 32
　　3.2.1　元数据的概念 ··· 32
　　3.2.2　元数据的分类方法 ··· 32
　　3.2.3　元数据的管理 ··· 33
　　3.2.4　元数据的作用 ··· 34

3.3　数据集市 ··· 34
　　3.3.1　数据集市的概念 ··· 34
　　3.3.2　数据集市的类型 ··· 35

3.4　大数据存储技术 ··· 36
　　3.4.1　传统数据库管理系统 ··· 37
　　3.4.2　NoSQL 数据库 ·· 38
　小结 ·· 39
　习题 ·· 39

第4章　OLAP 与数据立方体 ··· 41

4.1　OLAP 的概念 ··· 41
　　4.1.1　OLAP 的含义与基本概念 ··· 41
　　4.1.2　OLAP 出现的原因——发展背景 ··· 42
　　4.1.3　OLAP 参考标准——12 条准则 ··· 42

4.2　多维分析操作 ··· 45
　　4.2.1　多维分析操作的定义 ··· 45
　　4.2.2　多维分析操作的必要性 ·· 45
　　4.2.3　多维分析操作的内容 ··· 45
　　4.2.4　多维分析操作实例展现 ·· 48

4.3　基本数据模型 ··· 49
　　4.3.1　基本数据模型的形式 ··· 49
　　4.3.2　MOLAP 的定义、架构及优劣势分析 ··· 49
　　4.3.3　ROLAP 的定义、架构及优劣势分析 ··· 50
　　4.3.4　MOLAP 与 ROLAP 的比较 ·· 51
　　4.3.5　HOLAP 的形成 ·· 53

4.4 数据立方体的基本概念 ··· 54
    4.4.1 数据立方体是什么 ··· 55
    4.4.2 冰山立方体和闭立方体 ·· 55
    4.4.3 立方体外壳相关介绍 ··· 56
4.5 数据立方体的计算方法 ··· 56
    4.5.1 数据立方体计算的一般策略 ···································· 56
    4.5.2 完全立方体计算的多路数组策略 ································ 57
    4.5.3 从顶向下计算冰山立方体 ······································· 57
    4.5.4 使用 Star-Cubing 算法计算冰山立方体 ·························· 58
小结 ·· 59
习题 ·· 59

第 5 章 数据挖掘基础 ·· 61

5.1 数据挖掘的兴起 ··· 61
    5.1.1 数据挖掘的发展历程 ··· 61
    5.1.2 数据挖掘概述 ·· 62
    5.1.3 大规模数据挖掘 ·· 64
5.2 数据挖掘的任务 ··· 64
    5.2.1 关联分析 ··· 64
    5.2.2 聚类分析 ··· 65
    5.2.3 分类分析 ··· 65
    5.2.4 回归分析 ··· 66
    5.2.5 相关分析 ··· 67
    5.2.6 异常检测 ··· 67
5.3 数据挖掘的流程 ··· 68
    5.3.1 数据挖掘对象 ·· 68
    5.3.2 数据挖掘分类 ·· 71
    5.3.3 知识发现过程 ·· 71
小结 ·· 72
习题 ·· 72

第 6 章 关联规则算法 ·· 74

6.1 关联规则的概念和分类 ··· 74
    6.1.1 关联规则的概念 ·· 74
    6.1.2 关联规则的定义 ·· 74
    6.1.3 关联规则分类 ·· 76
    6.1.4 关联规则实现步骤 ··· 76
6.2 Apriori 算法 ·· 76
    6.2.1 Apriori 定律 ··· 77

6.2.2　Apriori 算法步骤 77
　　　6.2.3　Apriori 算法演示 78
　　　6.2.4　Apriori 算法的特点 79
　6.3　FP-Growth 算法 80
　　　6.3.1　FP-Growth 算法概述 80
　　　6.3.2　FP-Growth 算法步骤 80
　　　6.3.3　FP-Growth 算法演示 80
　6.4　挖掘算法的进阶算法 USpan * 84
　6.5　实验 86
　　　6.5.1　使用 Weka 进行 Apriori 算法挖掘 86
　　　6.5.2　基于 Python 的 Apriori 简单实现 91
　小结 92
　习题 93

第 7 章　分类 94

　7.1　分类的基本知识 94
　　　7.1.1　分类的概念 94
　　　7.1.2　分类的评价标准 95
　　　7.1.3　分类的主要方法 98
　7.2　KNN 分类 98
　　　7.2.1　KNN 算法描述 98
　　　7.2.2　KNN 算法的实现 101
　7.3　决策树分类 103
　　　7.3.1　决策树算法概述 103
　　　7.3.2　决策树的生成 104
　　　7.3.3　决策树中规则的提取 104
　　　7.3.4　ID3 算法 105
　　　7.3.5　C4.5 算法 108
　　　7.3.6　蒙特卡罗树搜索算法 109
　7.4　SVM 预测 110
　　　7.4.1　线性可分 SVM 110
　　　7.4.2　线性不可分 SVM 111
　　　7.4.3　SVM 算法的实现 112
　小结 114
　习题 115

第 8 章　统计分析 116

　8.1　回归分析 116
　　　8.1.1　一元线性回归 117

  8.1.2 多元线性回归 ······ 121
  8.1.3 非线性回归 ······ 123
 8.2 EM算法 ······ 126
  8.2.1 EM算法的引入 ······ 126
  8.2.2 EM算法的导出 ······ 128
  8.2.3 EM算法的收敛性 ······ 130
 8.3 贝叶斯分类 ······ 131
  8.3.1 贝叶斯原理 ······ 131
  8.3.2 朴素贝叶斯分类 ······ 132
  8.3.3 贝叶斯信念网络 ······ 134
  8.3.4 贝叶斯网络应用 ······ 136
 8.4 实验 ······ 136
  8.4.1 使用PyCharm进行一元线性回归分析 ······ 136
  8.4.2 使用PyCharm进行多元线性回归分析 ······ 141
  8.4.3 使用Weka实现朴素贝叶斯 ······ 144
 小结 ······ 147
 习题 ······ 147

第9章 神经网络 ······ 148

 9.1 神经网络概述与定义 ······ 148
  9.1.1 神经网络概述 ······ 148
  9.1.2 神经网络学习过程 ······ 150
 9.2 限制玻耳兹曼机 ······ 151
  9.2.1 RBM的定义 ······ 151
  9.2.2 RBM的学习过程 ······ 152
  9.2.3 RBM的能量模型 ······ 153
 9.3 反向传播神经网络 ······ 154
  9.3.1 反向传播算法 ······ 154
  9.3.2 反向传播算法的改进 ······ 155
  9.3.3 激活函数选择 ······ 157
 9.4 卷积神经网络 ······ 158
  9.4.1 卷积神经网络定义与结构 ······ 158
  9.4.2 卷积、池化、全连接 ······ 159
  9.4.3 CNN两个特点：空间排列与权重共享 ······ 160
 9.5 循环神经网络 ······ 161
  9.5.1 循环神经网络概述 ······ 161
  9.5.2 LSTM解析 ······ 162
  9.5.3 循环神经网络典型应用介绍 ······ 162
 小结 ······ 163

习题 ·· 164

第 10 章 聚类分析 ··· 165

10.1 聚类分析概述 ·· 165
10.1.1 聚类分析的定义 ·· 165
10.1.2 聚类分析的要求 ·· 165
10.1.3 聚类方法的分类 ·· 166
10.2 差异度的计算方法 ··· 167
10.2.1 聚类算法中的数据结构 ··· 167
10.2.2 区间标度变量及其差异度计算 ·· 168
10.2.3 二元变量的差异度计算 ··· 169
10.2.4 标称变量的差异度计算 ··· 170
10.2.5 序数型变量的差异度计算 ·· 171
10.2.6 混合类型变量的差异度计算 ·· 172
10.3 基于分割的聚类方法 ·· 173
10.3.1 分割聚类方法的描述 ·· 173
10.3.2 k 均值算法 ·· 174
10.3.3 PAM 算法 ·· 176
10.3.4 CLARA 和 CLARANS 算法 ·· 178
10.4 基于密度的聚类方法 ·· 179
10.4.1 基于密度的聚类方法描述 ·· 179
10.4.2 DBSCAN 算法 ·· 179
10.4.3 OPTICS 算法 ·· 181
10.5 谱聚类方法 ·· 184
10.5.1 谱聚类描述 ·· 184
10.5.2 谱聚类的步骤 ··· 184
10.5.3 谱聚类的优点 ··· 184
10.6 实验 ··· 185
10.6.1 k 均值聚类算法实现 ·· 185
10.6.2 利用 Weka 平台实现 k 均值聚类分析 ···································· 188
10.6.3 DBSCAN 聚类算法 ·· 193
小结 ··· 195
习题 ··· 195

第 11 章 非结构化数据挖掘 ·· 197

11.1 文本数据挖掘 ·· 197
11.1.1 文本挖掘的定义 ·· 197
11.1.2 文本分类 ··· 199
11.1.3 文本分类与聚类 ·· 200

11.1.4　文本检索 ·· 201
　　11.1.5　文本相似度分析 ·· 202
11.2　Web 数据挖掘 ·· 202
　　11.2.1　Web 数据挖掘的分类 ·· 202
　　11.2.2　Web 数据挖掘的应用 ·· 203
11.3　实验：SimHash 算法文本去重 ··· 205
小结 ·· 207
习题 ·· 208

第 12 章　知识图谱

12.1　知识图谱的构建 ··· 209
　　12.1.1　知识图谱的概述 ·· 209
　　12.1.2　知识图谱的数据来源 ·· 211
　　12.1.3　知识图谱的知识融合 ·· 212
　　12.1.4　知识图谱的表示 ·· 215
12.2　知识图谱的挖掘 ··· 216
12.3　知识图谱的典型应用 ··· 219
小结 ·· 220
习题 ·· 221

第 13 章　大数据挖掘算法

13.1　Hadoop 介绍 ··· 222
　　13.1.1　Hadoop 的基本概念 ··· 222
　　13.1.2　Hadoop 的基本组件 ··· 223
13.2　基于 MapReduce 的数据挖掘算法 ·· 225
　　13.2.1　基于 MapReduce 的 k 均值并行算法 ································ 225
　　13.2.2　基于 MapReduce 的分类算法 ·· 227
　　13.2.3　基于 MapReduce 的序列模式挖掘算法 ···························· 228
小结 ·· 229
习题 ·· 229

参考文献 ·· 230

第1章

数据仓库的概念与体系结构

本章介绍数据仓库基础知识。先介绍数据管理技术的发展,接着对数据仓库的基本概念进行了简单讲解,然后讨论了数据仓库的特点和组成。在介绍传统数据仓库的体系结构后,又讨论了传统数据仓库系统在大数据时代所面临的挑战。最后论述了大数据时代数据仓库系统的体系结构以及应该具备的特性。

1.1 数据仓库的兴起

1.1.1 数据管理技术的发展

数据库技术是针对数据管理任务的需要而产生的。数据管理是指对数据进行分类、组织、编码、存储、检索和维护,它是数据处理的核心。在应用需求的推动下,随着计算机硬件、软件的不断发展,数据管理技术依次经历了如图1-1所示的阶段:人工管理阶段、文件管理阶段、数据库管理阶段。

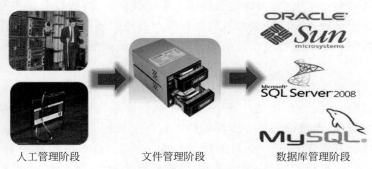

图 1-1　文件管理技术发展阶段

1. 人工管理阶段

在 20 世纪 60 年代初期,创建运行于主文件上的单个应用是计算领域的主要工作。由于磁带具有存储容量大、廉价的特点,人们开始大量使用磁带作为主文件来存储数据。事实上,在最糟糕的情况下,一次磁带文件的操作需要访问100%的记录,然而只有1%的记录是真正需要的。

大约在20世纪60年代中期,主文件和磁带的使用数量迅速增长,很快到处都是主文件。随着主文件数量的增长,数据出现了大量的冗余,并由此引出了一些严重的问题:数据更新需要保持数据的一致性、程序维护的复杂性高、开发新程序的复杂性大、支持所有主文件所需要的硬件数量增加。

2. 文件管理阶段

20世纪60年代中期,计算机硬件有了磁盘直接存储设备,软件也有了操作系统,于是人们将数据文件长期存储到磁盘直接存储设备上,并利用操作系统所提供的文件系统对数据进行快速访问。

磁盘直接存储设备以及操作系统的出现,解决了磁带存储设备数据访问效率低下的问题。但是它并没有解决主文件技术所带来的问题,只是通过更改存储介质提升了数据访问的速度。

3. 数据库管理阶段

从20世纪60后期开始,存储技术有了很大的发展,产生了大容量磁盘,计算机用于管理的规模更加庞大,数据量急剧增长,原有文件系统不再能够满足需求,为了提高效率,人们着手开发和研制新型数据管理模式,并由此提出了数据库的概念。1968年,IBM成功研制出数据库管理系统,这标志着数据管理技术进入数据库阶段。1970年,IBM研究员E. F. Codd发表论文,奠定了关系数据库的基础。

数据库技术的出现带动了许多行业的发展,它是管理信息系统、办公自动化系统、决策支持系统等各类信息的核心部分,是进行科学研究和决策管理的重要技术手段。数据库技术发展到今天,涌现出许多优秀的数据库产品,如Oracle、MySQL、Microsoft SQL Server等。

在信息时代,信息资源是每一个部门的重要财富和资源,通常使用数据库系统来进行数据管理。数据库系统由数据库及其管理软件组成,它是为适应数据处理的需要而发展起来的一种数据处理系统,也是一个存储、维护数据并为其他应用系统提供数据的软件系统,是存储介质、处理对象和管理系统的集合体。

在数据库的发展历史上,数据库先后经历了层次数据库、网状数据库和关系数据库等各个阶段。特别是关系数据库已经成为目前数据库产品中最重要的一员,几乎所有的数据库厂商新出的数据库产品都支持关系数据库,即使一些非关系数据库产品也大都有支持关系数据库的接口。

主流的关系数据库有Oracle、DB2、MySQL、Microsoft SQL Server等多个品种,每种数据库的语法、功能和特性各具特色。其中Oracle数据库是由甲骨文公司开发的,在集群技术、高可用性、安全性、系统管理等方面都取得了较好的成绩。Oracle产品除了数据库系统外,还有应用系统、开发工具等。在数据库可操作平台上,Oracle可在所有主流平台上运行,因而可通过运行于较高稳定性的操作系统平台来提高整个数据库系统的稳定性。MySQL数据库是一种开放源代码的关系数据库管理系统(RDBMS),可以使用最常用的结构化查询语言进行数据库操作。因为其开源的特性,可以在General Public License的许可下下载并根据个性化的需要对其进行修改。MySQL数据库因其体积小、速度快、总体拥有成本低而受到中小企业的热捧,虽然其功能的多样性和性能的稳定性不如Oracle等大型数据库,但是在不需要大规模事务化处理的情况下,MySQL 也是管理数据内容的好选择之一。Microsoft SQL Server 数据库是由 Microsoft 公司开发的,SQL Server 数据库伴随着 Windows 操作系统发展壮大,其用户界面的友好性和部署的简洁性,都与其运行平台息息相关,通过 Microsoft 的不断推广,SQL Server 数据库的占有率随着 Windows 操作系统的推广不断攀升。

但是随着云计算技术的崛起和大数据时代的到来,传统数据技术受到严峻挑战。关系数据库越来越无法满足企业海量数据处理需要,这主要是由于越来越多的半关系和非关系数据需要用数据库进行存储管理,与此同时,分布式技术等新技术的出现也对数据库的技术提出了新的要求,于是越来越多的非关系数据库开始出现,这类数据库与传统的关系数据库在设计和数据结构有了很大的不同,它们更强调数据库数据的高并发读写和存储大数据,这类数据库一般被称为 NoSQL 数据库。NoSQL 数据库是用于存储和检索数据的非关系数据库系统,在存储速度与灵活性方面有优势,也常用于缓存,代表产品有 MongoDB、Redis、HBase 等。

1.1.2 数据仓库的萌芽

较大规模的企业和组织,为了满足不同的业务需求,一般会构建多个信息系统。这些信息系统分别拥有各自独立的后台数据库,数据类型各不相同,系统之间通常不提供数据共享或者数据交流较少。但随着企业业务规模和范围日益扩大,常需要整合多个信息系统的数据,并结合历史数据进行综合分析和展示,传统数据管理技术局限性凸显,不再能够满足企业业务发展新要求。

例如,某大学现有学生信息管理系统、图书管理系统、成绩管理系统、课堂签到系统、网络管理系统、毕业设计系统……它们各自拥有自己独立的后台数据库。上述所有系统只是在处理着各自相应的业务,满足学校管理需求,大量的历史数据一直在沉睡。基于现有的系统来分析学生的上网时间分布、图书借阅情况、上课签到情况与学生成绩之间的联系,可以为学校制定相关政策提供必要的支持。

要满足上述需求,通常有两种基本思路。

1. 思路一:事务性应用和分析型应用相结合

按照这种思路分析,可以发现如下问题:

(1)数据库技术作为数据管理手段,主要用于联机事务处理,数据库中保存的是大量的业务数据,无法通过简单的处理来获取所关心的数据。

(2)数据库技术在解决数据共享、数据与应用程序的独立性、维护数据的一致性与完整性、数据的安全保密等问题方面提供了有效的手段。在进行大量数据分析工作时,数据库操作速度相对较慢。

(3)决策分析往往需要访问大量的内部和外部数据,现实情况是:分析所需的数据往往来自不同的数据源,且它们的数据存储格式各异,导致数据提取不易。

(4)分析型应用与事务性应用共同依赖于同一 DBMS,将导致系统资源紧张,事务处理型应用瘫痪。

(5)数据库系统不能满足分析型应用的需求。

2. 思路二：事务性应用与分析型应用相分离

在事务性应用环境中直接构建分析型应用是不可行的；相反，面向分析型应用的数据和数据处理应该与事务性应用的数据和数据处理分离开来，分别建立各自的应用环境。面向分析型应用的数据存储技术应运而生——数据仓库。

数据仓库由比尔·恩门（Bill Inmon）于 1990 年提出，它是一个用于存储、分析、报告的数据系统。数据仓库的目的是构建面向分析的集成化数据环境，为企业提供决策支持（decision support），帮助决策者快速有效地从大量资料中分析出有价值的信息，快速回应外在环境变动，帮助建构商业智能（BI）。

比尔·恩门在 1991 年出版的 *Building the Data Warehouse* 中所提出数据仓库（data warehouse）是一个面向主题的（subject oriented）、集成的（integrated）、相对稳定的（non-Volatile）、反映历史变化（time variant）的数据集合，用于支持管理决策（decision making support）。

随着数据仓库技术应用的不断深入，近几年数据仓库技术得到长足的发展。典型的数据仓库系统，比如经营分析系统、决策支持系统等，也随着数据仓库系统带来的良好效果，各行各业已经接受"整合数据，从数据中找知识，运用数据知识，用数据说话"等新观念，并利用它们改良生产各环节的活动，提高生产效率，不断发展生产力。

3. 数据仓库与数据库系统的区别和联系

数据仓库是一种新的数据管理技术，它由数据库发展而来，并不能取代数据库。数据库与数据仓库既有区别又紧密联系。数据库是面向事务的设计，数据仓库是面向主题设计的。数据库一般存储在线交易数据，数据仓库存储的一般是历史数据。数据仓库是基于数据库技术的，是研究如何将大规模复杂的数据更有效地组织以方便使用的技术。二者之间的区别和联系如表 1-1 所示。

表 1-1 数据仓库与数据库系统的区别和联系

数 据 仓 库	数据库系统
历史数据	当前数据
决策人员，提供决策分析支持	业务操作人员，提供业务处理支持
静态历史数据，只能定期的添加、刷新	数据会随着业务的变化而动态变化
数据访问频率低	数据访问频率高
响应时间比较长	响应时间短

可以从下面几个角度来详细描述两者的关系。

第一，数据库通常服务于业务，数据仓库通常服务于分析。通常所提到的数据库一般都是服务于业务应用软件的，不管这些软件是 B/S 架构还是 C/S 架构，例如企业中常用到的 ERP 系统、OA 系统，或者像手机上的网上购物 App、视频点播 App 等。都是需要用户在这些软件系统上操作，比如登录、填写个人的信息、修改个人资料、查询一条记录等，数据通过这些软件程序和背后的数据库进行交互，在底层的数据表上进行增、删、改、查操作。所以，通常这些数据库是服务于运行在各种各样操作系统之上的各种业务系统、应用软件，更多地面向业务流程、业务管理。

数据仓库就不一样了，很少有业务系统、分析应用是基于数据仓库来做的。更多的是通过各种 BI 可视化分析工具、ETL 工具来访问数据仓库,最终是面向报表查询、数据分析服务的。

第二,数据库的数据来源来自各种业务系统软件程序产生的数据,或者是由和这些业务系统软件交互的用户产生的数据。数据仓库的数据来源则直接是这些业务系统的一个或者多个数据库或者文件,比如 SQL Server、Oracle、MySQL、Excel、文本文件等。也可以简单理解为很多个业务系统的数据库向数据仓库输送数据,数据仓库是各个数据库的集合体,数据仓库的建立是基于这些数据库之上的。

第三,数据库在设计的时候很少存放历史数据,通常只是描述某一个业务时刻的数据,随着业务系统的变化而变化。数据仓库为了分析的目的会存放大量的历史数据,它把每天抽取到的业务系统数据库的数据存放起来,其中大部分的数据都是静态的。

第四,两者最核心的区别在于建模方式和数据的冗余。业务系统的数据库为了实现一个业务流程,在表的设计上通常采用的是第三范式(3NF)建模方式,最小原子列不可细分、主外键等,通过一对多或者多对多的形式,减少数据冗余。而数据仓库在建模方式上既有第三范式建模,也有维度建模,比如星状或雪花形的建模方式,通常一般都是使用 Kimball 的维度建模。这种建模方式违反数据库规范化设计原则,为了查询的效率保留了大量的数据冗余。所以,业务系统的数据库更多的是增、删、改操作,而数据仓库更多的是查询操作,这就决定了二者的建模方式会有很大的差异:一个是面向业务流程,一个是面向分析服务。

1.2 数据仓库的基本概念

1.2.1 元数据

在日常生活中,人们会将一些自己的数据保存到云端,在需要的时候再去云端浏览或下载。那么,使用云端存储的用户那么多,它是如何准确地知道哪些数据是属于用户自己的?

要准确地知道哪一份数据是属于哪一个用户的,就需要对每一份数据进行详细的描述(例如,所属者,存放路径,数据大小……),这些用于对数据进行描述的数据就是元数据。

元数据(Metadata)是数据仓库不可或缺的部分,它是描述数据仓库中数据的数据。

按照应用场合,元数据可以分为数据元数据和过程元数据两种。

(1)数据元数据又可以称为信息系统元数据,信息系统使用元数据对信息源进行描述,以按照用户的需求检索、存取和理解源信息,数据元数据保证了数据的正常使用,它支撑着系统信息结构的演进。

(2)过程元数据又可以称为软件结构元数据,它是关于应用系统的描述信息,可以帮助用户查找、评估、存取和管理数据,系统软件结构中关于各个组件接口、功能和依赖关系的元数据保证了软件组件的灵活动态配置。

按照用途的不同,元数据可以分为技术元数据和业务元数据两类。

(1)技术元数据是关于数据仓库系统各项技术实现细节的数据,被用于开发和管理数据仓库的数据,保证了数据仓库的正常运行。

(2)业务元数据从业务角度出发,提供了介于用户和实际系统之间的语义层描述,以帮助数据仓库用户"读懂"数据仓库中的数据。

1.2.2 数据粒度

数据粒度是指数据仓库中数据的细化和综合程度。数据仓库中存储了大量的历史数据，出于对数据存储效率和组织清晰的考虑，通常对数据仓库中的数据以不同的粒度进行存储。数据仓库所存在的不同数据综合级别就被称为"粒度"。

数据仓库共有早期细节级、当前细节级、轻度综合级和高度综合级 4 种粒度级别，分别适用于不同的数据细节程度要求。一般粒度越大，数据的细节程度越低，综合程度越高。

在数据仓库环境中粒度之所以是最重要的设计元素，是因为它会深刻地影响存放在数据仓库中的数据量的大小以及数据仓库所能处理的查询类型。数据仓库中数据量的大小与查询的细节程度成反比。粒度级别越低，查询范围越广泛；反之粒度级别越高，查询范围越小。

大多数情况下，数据在进入数据仓库时的粒度级别太高，这意味着在数据存入数据仓库之前，开发人员必须花费大量设计和开发资源对这些数据进行拆分。然而也有一些时候，数据进入数据仓库时的粒度级别太低。在网络电子商务环境中产生的网络日志数据就是一个粒度级别过低的例子。要使得网络日志中的数据粒度适合于数据仓库环境，必须先对这些数据进行编辑、过滤和汇总。

1.2.3 数据模型

模型是现实世界特征的模拟和抽象。计算机不能直接处理现实中的事物，所以人们只有将现实事物转成数字化的数据，才能让计算机识别处理。根据抽象程度的不同，衍生了不同抽象层级的数据模型。虽然数据仓库是基于数据库建设的，但它们的数据模型还是有些区别，主要体现在以下 3 方面。

(1) 数据仓库的数据模型增加了时间属性以区分不同时期的历史数据。

(2) 数据仓库的数据模型不含有纯操作型数据。

(3) 数据仓库的数据模型中增加了一些额外的综合数据。

数据模型主要包括概念模型、逻辑模型及物理模型等。

概念模型是独立于计算机系统的数据模型，用来描述某个特定组织关心的信息结构，属于信息世界的建模，所以概念模型应该能够方便、准确地表示客观世界中常用的概念。另外，概念模型也是用户和应用系统设计人员互相交流的桥梁，以保证数据模型能够正确地描述客观世界。

概念模型对应着信息世界中的某一个具体的信息结构，常用的概念模型有星状模型、雪花模型等。

星状模型由事实表和维表两部分组成。如图 1-2 所示，事实表是星状模型的中心，包含大量的历史数据，冗余度一般比较小。一般情况下，事实表中的数据只添加不修改。维表是事实表的辅助，一个事实表往往和一组维表有联系，每个维表与事实表通过主键相互关联，维表之间则通过事实表的中介建

图 1-2　星状模型

立联系。

星状模型结构简单,因此便于维护,且数据表之间的关系简单,这保证了有效的查询速度,从而可以较好地为上层提供服务。星状模型由于其简单的结构,因此其对客观世界的描述能力是受到限制的,它只适用于数据复杂度低的数据仓库。

雪花模型是对星状模型的扩展,除了事实表和维表之外,新加了"详细类别表"对维表进行描述,如图1-3所示。在星状模型中,事实表的规范程度很高,但对于维表的数据冗余程度并没有加以限制。在雪花模型中,通过引入"详细类别表"对维表数据进行分解,以提高维表的规范度。由于降低了维表的数据冗余程度,所以使得雪花模型更容易维护,同时也节省了存储空间。但由于将维表分解导致表的数量增多,进而导致关联查询操作增加,客观上存在降低系统性能的可能性。

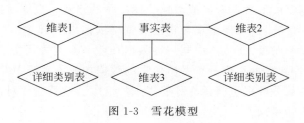

图1-3 雪花模型

逻辑模型是对数据仓库中主题的逻辑实现,定义了每一个主题所有关系表之间的关系模式。

物理模型是逻辑数据模型在数据仓库中的具体实现,例如,数据组织结构、数据存储位置及存储设备的分配等。

数据仓库数据模型设计的先后次序为:概念模型设计、逻辑模型设计和物理模型设计。

1.2.4 ETL

由于数据组织方式、字段命名规则、数据表达方式等有所不同,所以原始数据源中的数据是无法直接提供给数据仓库使用的,它必须经过统一的处理后,才能进入数据仓库。如图1-4所示,原始数据源的数据经过抽取、清洗、转换并装载到数据仓库中的过程称为ETL(Extract,Transform and Load)过程。

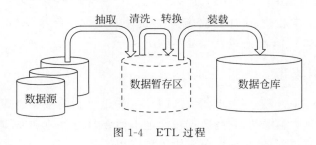

图1-4 ETL过程

ETL过程主要包括数据抽取、数据清洗、数据转换和数据装载4个主要功能。

1. 数据抽取

数据抽取是将数据从各种原始的业务系统中读取出来,这是所有工作的前提。数据抽取要做到既能满足决策的需要,又不影响业务系统的性能,所以进行数据抽取时应制定相应的策略,包括抽取方式、抽取时机、抽取周期等内容。

2. 数据清洗

检查数据源中是否存在脏数据,并按照规则对数据进行修改。脏数据主要包括不完整的数据、错误的数据、重复的数据三大类。

数据清洗是一个反复的过程,不可能在几天内完成,只有不断地发现问题,解决问题。对于是否过滤、是否修正,一般要求客户确认,对于过滤掉的数据,写入 Excel 文件或者将过滤数据写入数据表,在 ETL 开发的初期可以每天向业务单位发送过滤数据的邮件,促使他们尽快地修正错误,同时也可以作为将来验证数据的依据。数据清洗需要注意的是不要将有用的数据过滤掉,对于每个过滤规则要认真进行验证,并由用户确认。

3. 数据转换

数据转换将数据源中的数据转换成数据仓库统一的格式。数据转换是按照预先设计好的规则对抽取的数据进行转换,使本来异构的数据格式能统一起来。由于业务系统的开发一般有一个较长的时间跨度,所以造成同一种数据在业务系统中可能会有多种完全不同的存储格式,甚至还有许多数据仓库分析中所要求的数据在业务系统中并不直接存在,而是需要根据某些公式对各部分数据进行计算才能得到的现象。这就需要对抽取的数据能灵活进行计算、合并、拆分等转换操作。

常用的转换规则包括:

(1) 字段级的转换——主要是指转换数据类型;添加辅助数据,如给数据添加时间戳;将一种数据表达方式转换为数据仓库所需的数据表达方式,例如,将数值型的性别编码转换为汉字型的性别表示。

(2) 清洁和净化——保留具有特定值和特定取值范围的数据,去掉重复数据等。

(3) 数据派生——例如,可以通过身份证号码派生出出生年、月、日、年龄等;将多源系统中相同数据结构的数据合并。

(4) 数据聚合和汇总。

4. 数据装载

数据装载是将转换完的数据按计划增量或全部导入数据仓库中。一般情况下,数据装载应该在系统完成了更新之后进行。如果数据仓库中的数据来自多个相互关联的系统,则需要保证在这些系统同步工作时才可以移动数据。

数据装载包括基本装载、追加装载、破坏性合并和建设性合并等方式。常用的数据装载工具有 SQL 语言、SQL Loader 以及最基本的 Import。

1.2.5 数据集市

数据集市(Data Mart)是一个小型的部门或工作组级别的数据仓库。数据集市中的数据往往是关于少数几个主题的,它的数据量远远不如数据仓库,但数据集市所使用到的技术和数据仓库是同样的,它们都是面向分析决策型应用的。

数据集市可以分为两类:一类是从属型数据集市;另一类是独立型数据集市。

从属型数据集市的数据直接来自中央数据仓库。这种结构能保持数据的一致性,通常会为那些访问数据仓库十分频繁的关键业务部门建立从属数据集市,这样可以很好地提高数据查询操作的反应速度。

独立型数据集市数据直接来自各个业务系统。许多企业在计划实施数据仓库时,往往出于投资方面的考虑,最终建成的是独立的数据集市,用来解决个别部门较为迫切的决策问题。从这个意义上讲,它和企业数据仓库除了在数据量和服务对象上存在差别外,其逻辑结构并无多大区别,也许这就是将数据集市称为部门级数据仓库的主要原因。

如图 1-5 所示,建设数据集市一般有自上而下和自下而上两种方式。自下而上的方式和建设数据仓库无异;自上而下则是在数据仓库的基础上来建设数据集市。自下而上的方式往往避免不了"重复造轮子"的窘迫,虽然说开发周期短、投入低,但是存在着过多的重复工作。采用自上而下的方式可以规避自下而上的缺点,虽然说工程的规模会比较大、投入会比较多,但从长远角度来看是有利的。

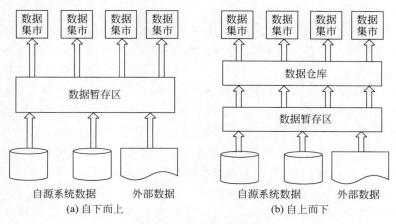

图 1-5　数据集市建设方式

数据集市与数据仓库之间的区别可以从以下 3 个方面进行理解。

(1) 数据仓库向各个数据集市提供数据。前者是企业级的,规模较大;后者是部门级的,相对规模较小。

(2) 若干个部门的数据集市组成一个数据仓库。数据集市开发周期短、速度快,数据仓库开发的周期长、速度慢。

(3) 根据其数据特征进行分析,数据仓库中的数据结构采用规范化模式(第三范式),数据集市中的数据结构采用星状模式。通常数据仓库中的数据粒度比数据集市的粒度要细。

1.3　数据仓库的特点与组成

1.3.1　数据仓库的特点

数据仓库之父比尔·恩门(Bill Inmon)在 1991 年出版的 *Building the Data Warehouse*(《建立数据仓库》)一书中所提出的定义被广泛接受。数据仓库是一个面向主题的、集成的、非易失的、数据随时间变化的数据集合,它用于支持企业或组织的决策分析处理。

1. 面向主题

主题是一个比较抽象的概念,它是指在较高层次上对各信息系统中的数据综合、归类并进行分析利用,在逻辑关系上,它对应着进行宏观分析时所涉及的分析对象。面向主题的数据组织方式,就是在较高层次上对分析对象所涉及数据的一个完整、一致的描述,它能够完整、统一地描绘各个分析对象所涉及的各项数据,以及数据之间的关系。

面向主题是建立数据仓库所必须遵守的基本原则,数据仓库中的所有数据都是围绕某一主题组织、展开的。

2. 集成

数据仓库中的数据来自于多个异种数据源,原有信息系统的设计人员在设计系统的过程中有着各自的设计风格,在编码、命名习惯、度量属性等方面很难做到一致。在原始数据进入数据仓库前,需要采取相应的手段来消除许多的不一致性,以保证数据仓库内的信息是关于整个企业的一致的全局信息。

例如,考虑关于"性别"的编码,在数据仓库中是采用 0/1 还是 f/m 并不重要,重要的是无论原始信息系统采用的是何种编码,最终在数据仓库中的编码一定要保持一致。

3. 数据非易失

操作型环境中的数据是用来满足信息系统日常操作的,因此它是可以被更新、删除的。数据仓库中的数据是从各个不同的信息系统中抽取出来的,并经历过了数据的处理,它被用于支持分析决策型应用,并不用于日常的操作,且它只保存历史数据,而且数据仓库中的数据并不随着数据源中的数据的变更而事实更新,即数据仓库中的数据一般不再修改。所涉及的数据操作主要是数据查询,只定期进行数据装载、数据追加。

4. 随时间不断变化

随着时间的推移,数据仓库不断增加新的数据内容,数据仓库中的旧数据被不断删除。数据仓库中包含大量的综合数据,这些综合数据往往和时间有某种必然的联系,如数据按照一定的时间段进行重新综合,或者每隔一定的时间段进行抽样等,这些数据会随着时间的推移不断进行重新综合。

数据库操作主要关心当前某一个时间段内的数据,而数据仓库中的数据通常包含历史信息,系统记录了企业从过去某一时点(如开始应用数据仓库的时点)到目前的各个阶段的信息,通过这些信息,可以对企业的发展历程和未来趋势做出定量分析和预测。

1.3.2 数据仓库的组成

数据仓库是为决策分析提供支撑的,如何加载抽取数据、如何清洗整理原始数据以及如何管理数据并提供决策分析支持是数据仓库需要解决的问题。

数据仓库系统主要由数据抽取工具、数据库、元数据、数据集市、数据仓库管理、信息发布系统和访问工具几部分组成。

(1) 数据抽取工具。将数据从各种各样的存储方式中拿出来,进行必要的转化、整理,再存放到数据仓库内。对各种不同数据存储方式的访问能力是数据抽取工具的关键,应能生成 COBOL 程序、MVS 作业控制语言(JCL)、UNIX 脚本和 SQL 语句等,以访问不同的数据。数据转换包括:删除对决策应用没有意义的数据段;转换到统一的数据名称和定义;计算统计和衍生数据;给缺值数据赋予默认值;统一不同的数据定义方式。

(2) 数据库是整个数据仓库环境的核心,是数据存放的地方并提供对数据检索的支持。相对于数据库操作来说,其突出的特点是对海量数据的支持和快速的检索技术。

（3）元数据是描述数据仓库内数据结构和建立方法的数据。元数据为访问数据仓库提供了一个信息目录,这个目录全面描述了数据仓库中都有什么数据、这些数据是怎么得到的、和怎么访问这些数据。信息目录是数据仓库运行和维护的中心,数据仓库服务器利用它来存储和更新数据,用户通过它来了解和访问数据。

（4）数据集市是为了特定的应用目的或应用范围,而从数据仓库中独立出来的一部分数据,也可称为部门数据或主题数据。在数据仓库的实施过程中,往往可以从一个部门的数据集市着手,以后再用几个数据集市组成一个完整的数据仓库。需要注意的是,在实施不同的数据集市时,同一含义的字段定义一定要相容,这样在以后实施数据仓库时才不会出现大麻烦。

（5）数据仓库管理包括安全和特权管理,跟踪数据的更新,数据质量检查,管理和更新元数据,审计和报告数据仓库的使用和状态,删除数据,复制、分割和分发数据,备份和恢复,存储管理。

（6）信息发布系统把数据仓库中的数据或其他相关的数据发送给不同的地点或用户。基于 Web 的信息发布系统是应对多用户访问的最有效方法。

（7）访问工具为用户访问数据仓库提供手段,包括数据查询和报表工具、应用开发工具、管理信息系统(EIS)工具、在线分析(OLAP)工具、数据挖掘工具等。

1.4 数据仓库的体系结构

1.4.1 传统数据仓库的体系结构

传统数据仓库基于关系数据库,通过数据的抽取、转换、装载后进入数据仓库,最终为上层应用提供数据支持。如图 1-6 所示,从底层数据源到上层终端应用,传统数据仓库的体系结构按照功能可以分为数据源、数据预处理、数据存储与管理、联机分析处理服务器以及数据处理 5 部分。

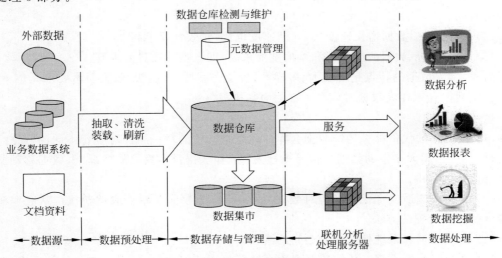

图 1-6　传统数据仓库的体系结构

（1）数据源层是数据仓库系统体系结构最基本的组成，它为数据仓库系统提供原始数据，主要包括有来自内部业务系统的业务数据、从外部系统收集的外部数据以及一些文档资料，这些结构化的数据均存储在关系数据库中。

（2）数据预处理层是数据仓库系统体系结构比较核心的一层，它直接影响到所有基于数据仓库进行的数据分析操作的结果的正确性。主要负责从数据源层中按照既定主题进行数据抽取、清洗、装载，并不定期刷新数据仓库中的数据。

（3）数据存储与管理层负责数据仓库数据的存储与数据仓库的检测与维护以及数据仓库元数据的管理。它负责向顶层所有的应用提供分析数据，是数据仓库体系结构中的核心层。

（4）联机分析处理（On-Line Analytical Processing，OLAP）服务器层负责向顶层分析应用程序提供关于主题不同维度的数据，它提供了从不同维度来分析事实表中数据的功能。

（5）数据处理层为数据仓库体系结构的顶层，主要利用数据仓库系统提供的各种数据分析工具和预留数据访问接口进行数据分析操作。

1.4.2　传统数据仓库系统在大数据时代所面临的挑战

传统数据仓库系统构建在关系数据库技术之上。随着大数据时代的到来，企业或组织处理的数据量急剧膨胀，传统数据仓库的表现不尽如人意，这为数据仓库的发展带来了挑战与机遇。

大数据又称海量数据，是指以不同形式存在于数据库、网络等媒介上蕴含有丰富价值的大规模数据。

大数据具有5V特征。

（1）Volume：数据规模很大，可以是TB级别，也可以是PB级别。

（2）Variety：数据种类和来源多样化。包括结构化、半结构化和非结构化数据，具体表现为音频、视频、图片、各种文档等。

（3）Value：数据的价值密度相对较低。以监控视频为例，其中可用的数据也就仅仅几秒钟的时间。

（4）Velocity：数据增长速度快，处理速度也快，时效性要求高。

（5）Veracity：数据的准确性和可信度要求高，即数据的质量要求高。

简言之，大数据的特点是规模大、多样性、价值密度低、速度快、数据质量要求高。

传统数据仓库在大数据时代在4方面面临挑战。

1. 架构问题

（1）数据移动代价高。传统数据仓库的体系结构中的每一层都对应着不同的数据仓库工具，层与层之间大多借助数据的传递进行关联；在数据量不算大的情况下，数据移动的代价在可接受的范围。

（2）无法快速适应变化。在应对数据变化时，传统数据仓库采取重新执行从数据源到终端分析整个流程的方法。

（3）海量数据与系统处理能力之间的鸿沟。

（4）系统开放性不够。传统数据仓库系统依赖于特定的软件工具（如关系数据库、ETL工具、BI工具等）进行数据的存储、预处理和分析。

2. 扩展性问题

传统数据仓库在应对海量数据时,采用并行数据库作为其底层存储容器,尽管在一定程度上缓解了海量数据所带来的压力,但由于并行数据库大多数只支持有限规模的扩展(一般可扩展至数百个节点),仍然无法应对大数据场景。根据 CAP(Consistency,Availability,Partition Tolerance)理论,在分布式系统中,数据一致性、可用性和网络分区容忍性不可兼得,最多可以同时满足两项。由于并行数据库追求的数据强一致性和系统的高可用性,因此从理论上来讲,并行数据库很难做到大规模的扩展。

此外,利用扩大并行数据库规模的办法来应对海量数据往往会增加资源(高端硬件、昂贵的软件系统)的投入,由此带来的高昂代价使得用户望而却步。

3. 数据组织方式问题

(1)关系模型描述能力有限。传统数据仓库采用关系模型对数据进行组织,描述的联系仅限于实体(如用户与商品)之间,实体内部的联系(如用户间的朋友、同事关系等)往往是被忽略的。

(2)关系模型的扩展性支撑能力有限。传统的数据仓库通常按照星状模型或者雪花模型来组织数据,通过关系数据库提供的联合查询功能来对查询进行处理。这种基于表与表之间的连接来实现数据查询的方式不适合应用在大规模集群环境中。

4. 容错性问题

传统的数据仓库系统通常部署在由高端硬件组成的百级数据节点或以下规模的集群。当我们将并行数据库部署在由低端硬件搭建而成的集群环境时,查询失败的现象将普遍出现,甚至可能出现并行数据库不停地重做查询的情况。

1.4.3 大数据时代的数据仓库

传统数据仓库在大数据时代所面临的四大挑战,可以总结为两个方面的挑战:一个是计算,另一个是存储。如何设计适应大数据分析处理的计算模式和数据存储方式将成为解决大数据分析处理问题的关键。

近年来,业界受到需求的驱动,较早地在大数据分析处理方面开展了研究,到目前为止已经推出了多种大数据处理平台,如 Google 的 MapReduce、微软的 Dryad(微软于 2012 年停止了开发,并转向了 Hadoop 平台)。相对而言,Google 提出的 MapReduce 对业界的影响较大,其开源框架 Hadoop 已经成为了大数据分析处理的基础平台。Hadoop 基于 HDFS 与 MapReduce,实现了分布式的文件系统、并行编程模型、并行执行引擎,较好地解决了传统数据仓库所不能解决的问题。

1. 大数据时代数据仓库系统应该具备的特性

(1)高度可扩展性。数据库不能依靠一台或者少数几台机器的升级(scale-up,纵向扩展)来解决数据量的爆炸式增长问题,而是希望能方便地做到横向扩展(scale-out)来实现此目标。

(2)高性能。软件系统性能的提升可以降低企业对硬件的投入成本,节省计算资源,提高系统吞吐量。所以大量数据的查询优化、并行是必由之路。

(3)高度容错。一个参与节点的失效不需要重做整个查询。而集群节点数量的增加会导致节点失效概率的增加。在大规模集群环境下,节点的失效将不再是稀有事件,因此在大规模集群环境下,系统不能依靠硬件来保证容错性,要更多的是通过软件来保证容错性。

(4) 支持异构环境。由于计算机硬件更新速度较快,建设同构系统的大规模集群存在较大难度;此外,不少企业已经积累了一些闲置的计算资源,在这种情况下,对异构环境的支持可以有效地利用这些闲置计算资源,降低硬件投入成本。

(5) 较低的分析时延。

(6) 易用开放的接口。SQL 的优点是简单易用,主要用于数据的检索查询,对大数据的深度分析来说,是不够的。除了对 SQL 的支持,系统还应能提供开放的接口,让用户自己开发需要的功能。

(7) 自调优。大数据时代的数据仓库应尽可能地感知应用、环境的特点,进行自我调优及管理。

(8) 较低的成本。

(9) 兼容性。数据仓库发展几十年来,产生了大量面向用户业务的数据处理工具、分析软件和前端分析工具等。这些软件是一笔宝贵的财富,已被分析人员所熟悉,是大数据时代中小规模数据分析的必要补充。因此,新的数据仓库需考虑同传统商务智能工具的兼容性。由于这些系统往往都会提供标准驱动程序,如 ODBC、JDBC 等,所以这项需求的实际是对 SQL 的支持。

2. 大数据时代的数据仓库体系结构

如图 1-7 所示,建设大数据时代数据仓库的主体思想与传统数据仓库基本一致,它并不是对传统数据仓库的彻底摒弃,而是在传统数据仓库的基础上添加了适合对大数据进行分析处理的大数据技术。在 Hadoop 和其他大数据技术出现之后,数据仓库并没有消失。相反,它们通常并存,数据仓库和大数据之间存在协同作用。大多数企业都会选择集成的方式,让新旧系统技术协同工作。目前,大数据系统主要用于增强数据仓库的能力,其数据存储的成本要低于传统数据仓库。

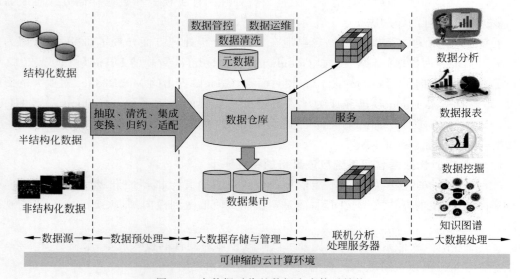

图 1-7 大数据时代的数据仓库体系结构

小结

本章介绍了数据仓库的基础知识,包括数据仓库的概念、特点和组成,并讨论了传统数据仓库系统在大数据时代面临的挑战,讲解了大数据时代数据仓库应该具备的特性和体系结构。通过本章的学习,读者可以对数据仓库有一个基本认识,并了解大数据时代数据仓库系统的特征,为以后学习数据仓库和数据挖掘奠定基础。

习题

1. 选择题

(1) 什么是元数据?(   )

　　A. 元数据是数据仓库不可或缺的重要部分

　　B. 元数据是描述数据仓库中数据的数据

　　C. 元数据可以帮助用户方便地找到所需数据

　　D. 元数据是描述数据仓库中数据结构和构建方法的数据

(2) 数据仓库数据粒度分为哪几个等级?(   )

　　A. 早期细节级　　　B. 当前细节级　　　C. 轻度综合级　　　D. 超高综合级

(3) 数据仓库的数据模型有哪些?(   )

　　A. 概念数据模型　　B. 逻辑数据模型　　C. 物理数据模型　　D. 抽象数据模型

2. 判断题

(1) ETL 过程是原始数据源的数据经过抽取、转换并装载到数据仓库数据库的过程。(   )

(2) 数据集市是一个存储了很多数据的容器。(   )

3. 简答题

(1) 简述数据仓库的特点。

(2) 数据仓库有哪些组成部分?各自的用途是什么?

(3) 什么是数据集市?它与数据仓库的主要区别有哪些?

(4) 简述大数据的概念及大数据的特征。

(5) 传统数据仓库在大数据时代面临的问题有哪些?

(6) 大数据时代数据仓库系统应该具备哪些特性?

第2章 数 据

本章首先讨论数据的概念和内容,从不同角度对数据进行了分类;然后介绍数据属性与数据集;最后详细论述了数据预处理的意义和基本方法。

2.1 数据的概念与内容

数据(data)是对客观事件进行记录并可以鉴别的符号,是信息的表现形式和载体。数据所指代的并不仅是狭义上的数字,还可以包括符号、文字、语音、图形和视频等。在计算机科学中,数据是所有能输入计算机中并被计算机程序处理的符号和介质的总称。数据经过加工后就成为了信息。

数据可以从不同角度进行分类。

1. 按照数据性质分类

(1) 定位数据:各位坐标数据。

(2) 定性数据:事务属性,如高、矮、胖、瘦等。

(3) 定量数据:如长、宽、高、温度、重量、体积等。

(4) 定时数据:时间数据,如年、月、日、时、分、秒等。

2. 按照数据产生方式分类

(1) 直接数据。

(2) 间接数据:加工和汇总后得到的数据。

3. 按照数据表现形式分类

(1) 图形数据:如点、线、面。

(2) 符号数据。

(3) 文字数据。

(4) 图像数据。

(5) 音频数据。

(6) 视频数据。

(7) 三维模型数据。

4. 按照数据的内容分类

(1) 实时数据与历史数据。实时数据是在某事发生、发展过程中的同一时刻获得的数据,比如某人在餐馆点菜,只要行为完成,所有关于他的数据就不再具有实时性,而成为了历史数据。

(2) 事务数据与时序数据。事务数据是一种记录类型的数据,每个记录是一个项的集合,如学生在本学期所选的课表就构成了一个事务。时序数据即为时间序列数据,为每个记录包含一个与之相关联的时间。

(3) 图形数据与图像数据。图形数据是以图形为对象形式的表示,如图 2-1 所示的社交网络图像数据(image data)是各像素灰度值的集合。

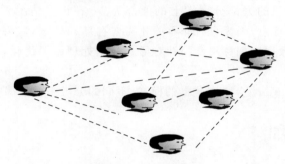

图 2-1 社交网络

(4) 主题数据与全局数据。主题数据是按照主题在数据仓库中提取出的数据集合,面向应用领域。全局数据是数据仓库中所有主题数据的集合。

(5) 空间数据指用来表示空间中物体的位置、形状、大小及其分布特征诸多方面信息的数据。具有定位、定性、时间、空间和专题属性等特性,专题属性是空间目标某一方面的特征,比如地形的坡度,某地的降水量、人口密度、空气湿度等特征。

(6) 序列数据与流数据。序列数据能够反映某一事物、现象等随时间的变化状态或程度。比如股票的交易价格与交易量、某地的气温变化趋势、期货交易价格等都是时间序列。流数据就像流水一样,不是一次过来而是一点一点地"流"过来。它是一种顺序、大量、快速、连续流进和流出的数据序列,可以被视为一个随时间延续而无限增长的动态数据集合。流数据具有 4 个特点:数据实时到达;数据到达次序独立,不受应用系统所控制;数据规模宏大且不能预知其最大值;数据一经处理,除非特意保存,否则不能再次被取出处理,或者再次提取数据代价高昂。

2.2 数据属性与数据集

1. 属性

数据的属性(attribute)是指数据在某方面的特征,根据属性的性质将属性分为 4 种类型。

(1) 标称:如性别(男、女)、婚姻状况(已婚、未婚)、职业(教师、医生、电工等)。

(2) 序数：如成绩等级（优、良、中、及格、不及格）、衣服尺码（S、M、L、XL 等）。
(3) 区间：如温度、日历日期等。
(4) 比率：如绝对温度、年龄、长度、成绩分数等。

2. 数据集

数据集（date set）是待处理的数据对象的集合，在数据挖掘领域，数据集有 3 个重要的特性：维度、稀疏性和分辨率。

(1) 数据集的维度是数据集中的对象具有的属性个数。低维度数据往往与中、高维度数据有质的不同。分析高维数据有时会陷入所谓维灾难（curse of dimensionality）。正因如此，数据预处理的一个重要动机就是减少维度，称为维归约（dimensionality reduction）。

(2) 稀疏性（sparsity）指在数据集中有意义的数据的多少。有些数据集，如具有非对称特征的数据集，一个对象的大部分属性上的值都为 0；在许多情况下，非零项还不到 1%。实际上，稀疏性是一个优点，因为只有非零值才需要存储和处理，这将能节省大量的计算时间和存储空间。有些数据挖掘算法专门针对稀疏数据处理做了优化，因此它们仅适合稀疏数据。

(3) 分辨率（resolution）会影响数据的模式，不同的分辨率下数据的性质会不同。

2.3 数据预处理

数据预处理（data preprocessing）就是在多数据源集成为统一的数据集合之前，对其进行的数据清洗、数据变换、数据归约等数据处理过程，其目的是为数据仓库或数据挖掘提供一个完整、正确、一致、可靠的数据集合，以便更好地支持决策分析主题，或在数据挖掘时减少算法的计算量，提高数据挖掘效率以及知识的准确度。

2.3.1 数据预处理的意义

现实世界的数据一般是含噪声的、不完整的、不一致的，是"肮脏的"。在真实场景中，拿到的许多数据可能包含了大量的缺失值，可能包含大量的噪音，也可能因为人工录入错误等原因导致存在异常点，这些都非常不利于算法模型的训练。这些"脏"数据的常见类型包括：不一致数据，缺乏统一的分类标准和编码方案；重复数据，存在相同的记录，相同的信息存储在多个数据源中；残缺数据、空值；噪声数据、错误值或离群点；高维数据且存在无用属性。

没有高质量的数据就没有高质量的挖掘结果。高质量的决策必须依赖高质量的数据。数据仓库需要对高质量的数据进行集成。

数据预处理是构建数据仓库或者进行数据挖掘的工作中工作量最大的一个步骤。数据获取和预处理占用项目的时间一般会达到 80%。通过数据预处理，可以改进数据质量，提高其后的挖掘过程的精度和性能。数据预处理是知识发现过程的重要步骤，可以检测数据异常，尽早调整数据，并归约待分析数据，从而得到较高的决策回报。

数据预处理的基本方法包括以下 4 种。

(1) 数据清洗：除去噪声，纠正不一致性。填充空缺的值，平滑噪声数据，识别、删除离群点，消除不一致性。

(2) 数据集成：将多种数据源合并成一致的数据存储。集成多个数据库、数据立方体或文件。

(3) 数据变换：即规范化，可以提高数据挖掘算法的准确性和效率。通过平滑聚集、数据概化及规范化等方式将数据转换成适用于数据挖掘的形式。

(4) 数据归约：通过聚集、删除冗余特性或聚类方法来压缩数据。

通过一些技术（概念分层上卷等）得到数据集的压缩表示，它小得多，但可以得到相同或相近的结果。

2.3.2 数据清洗

数据清洗（data cleaning）就是按照一定的规则把"脏数据""洗掉"，即填充空缺的值，识别离群点、消除噪声，并纠正数据中的不一致问题。

通过对数据进行重新审查和校验的过程，发现并纠正数据文件中可识别的错误，包括检查数据一致性，处理无效值和缺失值，删除重复信息，纠正存在的错误，并提供数据一致性等。数据清洗一般是由计算机而不是人工完成，目的是提高数据质量。数据清洗是数据仓库构建中最重要的问题，这是业界对数据清洗的共识。

数据清洗任务包括空缺值处理、属性选择与处理和噪声数据处理。

1. 空缺值处理

空缺值处理方法包括忽略元组，人工填写空缺值，使用一个全局常量填充空缺值，用属性的平均值填充空缺值，使用与给定元组属同一类的所有样本的平均值，预测最可能值以填充空缺值，采用决策树算法、关联规则算法、神经网络算法等以及考虑数据库系统和挖掘算法的特点进行处理。

2. 属性的选择与处理

属性的选择与处理包括统一属性编码、去除重复属性和不相关属性、合理选择关键字段等工作。去除与数据挖掘目的无关的属性值，可以大大减少数据挖掘的时间，同时保证数据挖掘的结果。

(1) 赋予属性值明确的含义。对名称和取值含义模糊的属性，赋予每个属性确切的、便于理解的属性名称。

(2) 统一属性值编码。保证在各个数据源中对同一事物特征的描述是统一的。例如，在不同数据源中用 M、F 或者 0、1 分别表示"男""女"，多个数据源合并时，就需要把这些属性值统一起来。

(3) 处理唯一属性。唯一属性通常是一些 ID 属性，这些属性并不能刻画样本自身的分布规律，所以简单地删除这些属性即可。

(4) 去除重复属性。原始数据中会出现意义相同或者可以用于表示同一信息的多个属性，则选择性地去除重复属性。比如，年龄和出生日期，只需年龄段时，出生日期属性则冗余。

(5) 去除可忽略字段。若某属性值缺失非常严重，该属性已经不能成为有用知识时，则去除该属性。

(6) 合理选择关联字段。如果属性 X 可以由另一个或多个属性推导或者计算出来，则认为这些字段之间的关联度高，属性 X 和它的关联属性对数据挖掘的作用是相同的，所以只选择其中之一,或者属性 X,或者它的关联属性。如商品价格、数量和总价格之间有高度关联关系。

3. 噪声数据处理

噪声是一个测量变量中的随机错误或偏差。噪声数据本身含有偏差和离群点,可能会导致错误的数据分析结果。引起不正确属性值的原因包括:数据收集工具的问题、数据输入错误、数据传输错误、技术限制、命名规则的不一致。通常采用数据平滑技术去除噪声,主要包括分箱、聚类和回归。

分箱(binning)通过考查周围的值来平滑存储数据的值,存储的值被分布到一些"桶"或箱中。箱子是按照属性值划分的子区间,如果属性处于某个子区间的范围,则将属性放进该区间代表的箱子。分箱方法包括统一权重、统一区间、最小熵法、自定义区间等。下面通过例 2-1 介绍分箱方法。

【例 2-1】 一组学生开支的排序后数据(单位:元):
800,1000,1200,1500,1500,1800,2000,2300
2500,2800,3000,3500,4000,4500,4800,5000

(1) 统一权重法(等深分箱法):将数据集按记录行数分箱,每箱具有相同的记录数,每箱记录数称为箱子的深度。设定权重(箱子深度)为 4,则有

箱 1:800,1000,1200,1500

箱 2:1500,1800,2000,2300

箱 3:2500,2800,3000,3500

箱 4:4000,4500,4800,5000

(2) 统一区间法(等宽分箱法):使数据集在整个属性值的区间上平均分布,即每个箱的区间范围是一个常量,称为箱子宽度。确定箱子数目,如 4,数据集范围[800,5000],每个箱子宽度为(5000−800)/4=1050,则子区间为[800,1850]、[1850,2900]、[2900,3950]、[3950,5000]。

箱 1:800,1000,1200,1500,1500,1800

箱 2:2000,2300,2500,2800

箱 3:3000,3500

箱 4:4000,4500,4800,5000

(3) 自定义区间:如将收入划分为 1000 元以下、1000~2000 元、2000~3000 元、3000~4000 元和 4000 元以上。

箱 1:800

箱 2:1000,1200,1500,1500,1800,2000

箱 3:2300,2500,2800,3000

箱 4:3500,4500

箱 5:4500,4800,5000

分箱的目的是对各个箱子中的数据进行处理,完成了分箱之后,就需要采用一种方法对数据进行平滑,使得箱中的数据更接近,目前通常使用的平滑方法有按平均值平滑、按边界值平滑和按中值平滑。下面对例 2-1 中的统一区间法分箱后的结果,分别采用 3 种平滑方法进行处理。

(1) 按平均值平滑：用平均值代替箱子中所有数据。

箱1：1300,1300,1300,1300,1300,1300

箱2：2400,2400,2400,2400

箱3：3250,3250

箱4：4575,4575,4575,4575

(2) 按边界值平滑：用距离较小的边界值替代数据。

箱1：800,800,800,1800,1800,1800

箱2：2000,2000,2800,2800

箱3：3000,3500

箱4：4000,4000,5000,5000

(3) 按中值平滑：用中值代替箱子中的所有数据。

箱1：1350,1350,1350,1350,1350,1350

箱2：2400,2400,2400,2400

箱3：3250,3250

箱4：4650,4650,4650,4650

回归是通过让数据适合一个函数（回归函数）来平滑数据。其中，线性回归是找出适合两个变量的"最佳"直线，使得通过一个变量能够预测另一个。多线性回归是线性回归的扩展，它涉及多于两个变量，数据要适合一个多维面。

聚类则是通过聚类分析检测离群点，消除噪声。聚类将类似的值聚成簇。从直观的角度来说，落在簇集合之外的值被视为离群点。

2.3.3 数据集成

数据集成是将多个数据源中的数据结合起来存放在一个一致的数据存储结构中。这些数据源可以包括多个数据库、数据立方体或一般文件。数据集成便于后续的数据挖掘工作。建立数据仓库的过程实际上就是数据集成。数据集成主要包括以下几方面：

(1) 数据集成将多个数据源中的数据整合到一个一致的存储结构中。

(2) 模式集成整合不同数据源中的元数据（描述数据的数据）。

(3) 实体识别可以匹配整合来自不同数据源的现实世界中的相同实体。

(4) 数据变换检测并解决数据值的冲突问题。对现实世界中的同一实体，来自不同数据源的属性值可能是不同的。可能的原因有不同的数据表示、不同的度量等。

集成多个数据库时，经常会出现冗余数据，同一属性在不同的数据库中会有不同的字段名。有些冗余可以被"相关性分析"检测到，即

$$r_{A,B} = \frac{\sum (A - \overline{A})(B - \overline{B})}{(n-1)\sigma_A \sigma_B} \tag{2-1}$$

其中，n 表示记录个数，$\overline{A}$ 和 $\overline{B}$ 分别是 A 和 B 的平均值，σ_A 是 A 的标准差，σ_B 是 B 的标准差。$r_{A,B}$ 值越大，意味着两个变量相关的可能性越大，但是相关性不意味着因果关系。

仔细将多个数据源中的数据集成起来，能够减少或避免结果数据中的冗余与不一致性，从而提高挖掘的速度和质量。

2.3.4 数据变换

数据变换是将数据转换成适合挖掘的形式(原始数据表并不适合直接用于数据挖掘,需变换之后才能使用),主要包括平滑、聚集、数据概化、属性构造等。

1. 平滑

平滑可以去除噪声,将连续的数据离散化。平滑可以减少属性的取值个数,减少挖掘算法的工作量,常见方法如分箱、聚类和回归。

2. 聚集

聚集是对数据进行汇总和聚集,例如,每天销售额(数据)可以进行合计操作以获得每月或每年的总额从而构造数据立方体,代码如下:

avg(), count(), sum(), min(), max()…

3. 数据概化

数据概化是将属性数据按比例缩放,使之落入一个小的特定区间,以消除数值型属性因大小不一而造成挖掘结果的偏差。

例如,街道属性可以泛化到更高层次的概念,如:城市、国家。同样对于数值型的属性,如年龄属性,也可以映射到更高层次的概念,如:中年和老年。

4. 属性构造

利用已有属性集构造出新的属性,并加入现有属性集合中以帮助挖掘更深层次的模式知识,从而提高挖掘结果的准确性。例如,根据宽、高属性可以构造一个新属性——面积。

属性构造的常用方法包括最小最大规范化(MIN-MAX)、零均值规范化(z-score)、小数定标规范化。

(1) 最小最大规范化。假设原来的数值取值区间为$[old_{min}, old_{max}]$,规范化后的新的取值区间为$[new_{min}, new_{max}]$,那么对任意一个在原来取值区间的变量都可以通过式(2-2)得到在新的取值区间的对应值:

$$\acute{x} = \frac{x - old_{min}}{old_{max} - old_{min}}(new_{max} - new_{min}) + new_{min} \tag{2-2}$$

其中,x 是属性的原始取值,$\acute{x}$ 是规范化之后的值。

【例 2-2】 在例 2-1 中学生的月消费属性的实际值范围为$[800, 5000]$,要把这个属性值规范到$[0, 1]$,对属性值 1500 应用式(2-2),有

$$\acute{x} = \frac{1500 - 800}{5000 - 800}(1 - 0) + 0 \approx 0.17$$

根据精度要求保留小数(假设精度要求 0.01),最终取值 0.21 就是属性值 1500 规范化后的值。但是在应用最小最大规范化时需注意,其前提条件是必须知道原始属性的最大值和最小值,否则可能出现越界的错误。

(2) 零均值规范化。根据属性值的平均值和标准差进行规范化:

$$\acute{x} = \frac{x - \overline{X}}{\sigma_x} \tag{2-3}$$

$\overline{X}$ 为所有样本属性值的平均值,σ_x 为样本的标准差。当属性值范围未知时,可以使用此方

【例 2-3】 假设某属性的平均值和标准差分别为 80、25,采用零均值规范化 66 为

$$\acute{x} = \frac{66-80}{25} = -0.56$$

(3) 小数定标规范化。通过移动属性的小数点位置进行规范化。这个方法需要获得属性取值范围,然后获取属性绝对值的最大值,计算公式如下(可以描述为取原属性绝对值的最大值,除以 10^n,使之落到 $[-1,1]$ 中,其中 n 是能够满足 $\text{Max}(|\acute{x}|)<1$ 的最小整数):

$$\acute{x} = \frac{x}{10^n} \tag{2-4}$$

【例 2-4】 假设某属性规范化前的取值范围为 $[-140,120]$,采用小数定标规范化为 66。由于该属性的最大绝对值为 140,则由 $\text{Max}(|\acute{x}|)<1$,可得出 $n=3$,因此规范化后为

$$\acute{x} = \frac{66}{10^3} = 0.066$$

2.3.5 数据归约

数据归约指在尽可能保持数据原貌的前提下,最大限度地精简数据量。在大数据集上进行数据分析与挖掘需要很长的时间。数据归约技术可以用来得到数据集的归约表示,它小得多,但仍然可基本保持原数据的完整性,并且归约前后可以使得结果相同或几乎相同。通过数据归约能降低无效、错误数据对建模的影响,提高建模的准确性,少量且具有代表性的数据将大幅缩减数据挖掘所需的时间并降低存储数据的成本。

常用的数据归约策略包括数据立方体聚集、维归约、数据压缩、离散化和概念分层生产等。用于数据归约的时间不应当超过或"抵消"在归约后的数据上挖掘所节省的时间。

1. 数据立方体聚集

聚集操作用于数据立方体中的数据。最底层的立方体对应基本立方体,基本立方体对应感兴趣的实体。如图 2-2 所示为聚类操作前后的招生数据立方体对比实例,在数据立方体中存在着不同级别的汇总,数据立方体可以看成立方体的格。每个较高层次的抽象将进一步减少结果数据。数据立方体提供了对预计算的汇总数据的快速访问,使用与给定任务相关的最小立方体。在可能的情况下,对于汇总数据的查询应当使用数据立方体。

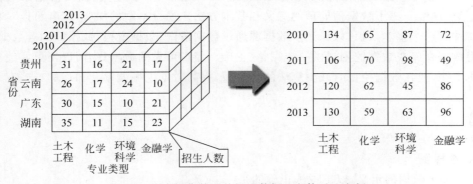

图 2-2 聚类操作前后的招生数据立方体对比实例

2. 维归约

维归约通过删除不相干的属性或维,减少数据集。属性子集选择(特征选择)找出最小属性集,使得数据类的概率分布尽可能地接近使用所有属性得到的原分布。减少出现在发现模式上的属性数目,使得模式更易于理解。

属性子集选择方法有逐步向前选择、逐步向后删除、向前选择和向后删除相结合、决策树归约。

3. 数据压缩

使用数据编码或变换,以便得到原数据的"压缩"表示,包括无损压缩和有损压缩方法。无损压缩是基于熵的编码方法。有损压缩包括小波变换和主成分分析。小波变换是一种线性信号处理技术,可以用于多维数据,如数据立方体。对于稀疏或倾斜数据和具有有序属性的数据能给出很好的结果,适合高维数据。主成分分析是指搜索 k 个最能代表数据的 n 维正交向量,其中 k 小于或等于 n,替换原始数据,实现数据压缩。该计算方法开销低,并且能够更好地处理稀疏数据。

4. 数值归约

数值归约用替代的、较小的数据表示形式来减少数据量。常用方法包括直方图聚类、抽样、线性回归和非线性回归。

5. 离散化和概念分层生产

属性的原始值用区间值或较高层的概念替换。概念分层允许挖掘多个抽象层上的数据,是进行数据挖掘的一种强有力的工具。

离散化通过将属性域划分为区间,减少给定连续属性值的个数。区间的标号可以代替实际的数据值。离散化可以在一个属性上递归地进行。

概念分层通过使用高层的概念(比如,青年、中年、老年)来替代底层的属性值(比如,实际的年龄数据值)来归约数据,虽然一些细节在数据泛化过程中消失了,但这样所获得的泛化数据或许更易于理解、更有意义。在精简后的数据集上进行数据挖掘显然效率更高。

小结

本章介绍了数据的基础知识,包括数据的基本概念、内容和分类,然后讨论了数据属性和数据集,详细介绍了数据预处理的意义和基本方法。通过本章的学习,读者可以对数据和数据清洗有一个基本认识,认识到多数据源通过数据清洗、数据变换、数据归约等数据处理,可以为数据仓库或数据挖掘提供一个完整、正确、一致、可靠的数据集合,以便更好地支持决策分析主题,或在数据挖掘时减少算法的计算量,提高数据挖掘效率和知识的准确度。

习题

1. 选择题

(1) 关于数据的定义,以下说法正确的是(　　)。

A. 数据是指对客观事件进行记录并可以鉴别的符号,是信息的表现形式和载体

B. 数据所指代的并不仅是狭义上的数字，还可以包括符号、文字、语音、图形和视频等

C. 在计算机科学中，数据是所有能输入计算机中并被计算机程序处理的符号和介质的总称

D. 数据经过加工后就成为知识

(2) 按照数据性质分类，数据包含以下哪些类型？（　　）

A. 定位数据：各维坐标数据

B. 定性数据：事务属性，如高、矮、胖、瘦

C. 定量数据：长、宽、高、温度、重量、体积

D. 定时数据：时间数据，如年、月、日、时、分、秒

(3) 流数据可以被视为一个随时间延续而无限增长的动态数据集合，以下哪个选项不属于流数据的特点？（　　）

A. 数据实时到达

B. 数据到达次序独立，不受应用系统所控制

C. 数据规模宏大且不能预知其最大值

D. 数据经过处理后，可以再次被取出处理

(4) 以下关于数据属性的描述正确的是（　　）。

A. 比率：测量单位，如温度、日历日期等

B. 标称：如性别（男、女）、婚姻状况（已婚、未婚）、职业（教师、医生、电工等）

C. 序数：成绩等级（优、良、中、及格、不及格）、衣服尺码（S、M、L、XL 等）

D. 区间：如绝对温度、年龄、长度、成绩分数等

(5) 以下关于数据预处理的基本方法正确的是（　　）。

A. 数据清洗：除去噪声，纠正不一致性

B. 数据集成：将多种数据源合并成一致的数据存储

C. 数据变换：规范化数据，改进距离度量的挖掘算法的精度和有效性

D. 数据归约：通过聚集、删除冗余特性或聚类方法来压缩数据

(6) 以下关于空缺值处理的方法，不正确的是（　　）。

A. 忽略元组

B. 使用一个全局常量填充空缺值

C. 随机生成同属性的值

D. 使用与给定元组属同一类的所有样本的平均值

(7) 以下关于属性选择与处理不正确的是（　　）。

A. 随机抽样，去除没有被抽中的字段　　　B. 去除重复属性

C. 去除可忽略字段　　　　　　　　　　　D. 合理选择关联字段

(8) 以下哪个选项不是噪声数据的基本处理方法？（　　）

A. 分箱　　　　　　B. 聚类　　　　　　C. 分类　　　　　　D. 回归

(9) 以下哪个选项不是数据规范化的常见方法？（　　）

A. 最小最大值规范化（MIN-MAX）　　　　B. 自定义区间规范化

C. 零均值规范化（z-score）　　　　　　　D. 小数定标规范化

(10) 常用的数据归约策略有哪些？（　　）

  A．数据立方体聚集　　　　　　　B．维归约

  C．数据压缩　　　　　　　　　　D．离散化和概念分层生产

2．判断题

（1）分箱是一种基于箱的指定个数自顶向下的分裂技术，不需要先验信息，是一种非监督的离散化技术。（　　）

（2）数据集有 3 个重要的特性：维度、稀疏性和分辨率。（　　）

3．简答题

（1）什么是数据？数据常见的分类形式有哪些？

（2）什么是数据集？数据集有哪些重要特性？

（3）什么是数据预处理？简述数据预处理的主要过程。

（4）什么是数据变换？数据变换主要包括哪些内容？

（5）什么是数据归约？数据归约常见策略有哪些？

第3章

数 据 存 储

本章先介绍数据仓库的概念模型、逻辑模型和物理模型;接着对元数据存储进行了简单讲解,然后讨论了数据集市的特点和组成;在介绍了传统数据仓库的体系结构后,讨论了传统数据仓库系统在大数据时代所面临的挑战;最后论述了大数据存储技术。

本章的重点内容如下:

(1) 数据仓库的数据模型;

(2) 元数据存储;

(3) 数据集市。

3.1 数据仓库的数据模型

为了真实地模拟或抽象地表示现实中的各种系统,需要建立数据模型。数据模型(Data Model)是对现实世界数据特征的抽象表达,是用来描述数据的一组概念和定义。在信息管理中需要将现实世界的事务转换为信息世界的数据才能对信息进行处理与管理,这就需要依靠数据模型作为这种转换的桥梁。

在数据仓库开发过程中,首先将现实世界中的客观对象抽象为概念模型,然后把概念模型转化为数据仓库支持的物理模型。其转化过程如图 3-1 所示。

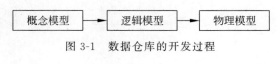

图 3-1 数据仓库的开发过程

如图 3-2 所示,在数据模型设计中要进行三级抽象。通过对现实世界的抽象,得出描述世界的概念模型。概念模型就是业务模型,是由企业决策者、商务领域知识专家和 IT 专家共同就企业级的跨领域业务系统需求进行分析的结果,随后分析系统的实际需求,构建数据逻辑关系模型,定义数据库结构。概念模型关联着数据仓库的逻辑模型和物理模型两部分。逻辑模型是进行数据管理、分析和交流的重要手段。物理模型描述数据在存储介质上的结构,以及将数据仓库的逻辑模型物理化到数据库的过程,可以构建数据仓库的物理分布模型,主要包含数据仓库的软硬件配置、资源情况以及数据仓库模式。

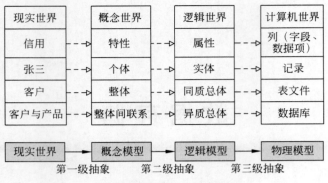

图 3-2 数据模型的三级抽象

3.1.1 数据仓库的概念模型

概念模型描述的是从客观世界到主观认识的映射,它是用于我们为一定的目标设计系统、收集信息而服务的一个概念性工具。

1. 概念模型设计的主要工作

(1) 界定系统边界。进行任务和环境评估、需求收集和分析,了解用户迫切需要解决的问题及解决这些问题所需要的信息,要对现有数据库中的内容有一个完整而清晰的认识。

(2) 确定主要的主题域及其内容。首先确定系统所包含的主题域,然后对每一个主题域的公共码键、主题域之间的联系、充分代表主题的属性组进行较为明确的描述。

2. 概念模型的设计方法

数据仓库的概念模型设计可以采用两种方法:E-R 模型和面向对象的分析方法。

(1) E-R 模型分析方法依次经过任务和环境评估、需求的收集和分析、主题选取和确定主题间关系、主题内容描述,最后绘制出如图 3-3 所示的系统 E-R 图。

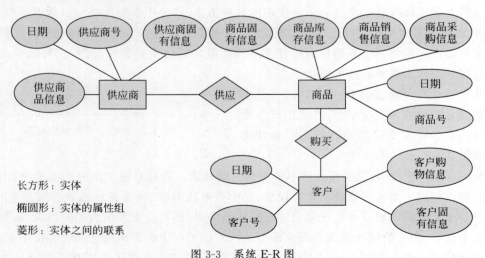

图 3-3 系统 E-R 图

【例 3-1】 假设有商品、客户和供应商 3 个实体。商品有如下属性组:商品固有信息、商品库存信息、商品销售信息和商品采购信息。客户有如下属性组:客户固有信息、客户购物信息。供应商有如下属性组：供应商固有信息、供应商品信息。

（2）在面向对象的分析方法中，常用如图3-4所示的图形表示类表，类之间存在3种关系：继承、包含和关联。

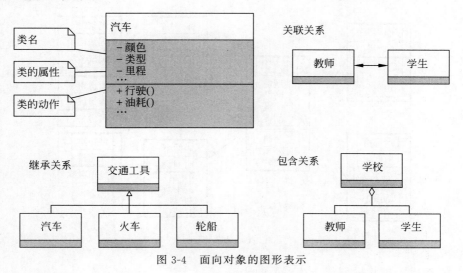

图 3-4　面向对象的图形表示

3.1.2　数据仓库的逻辑模型

逻辑模型是对数据仓库中主题的逻辑实现，从支持决策的角度去定义数据实体，更适合大量复杂查询。通常有两种逻辑模型表示法：星状模型和雪花模型。进行逻辑模型设计所要完成的主要工作包括分析主题域、定义逻辑模型、数据粒度的层次划分、确定数据分割策略、增加导出字段。

1. 星状模型与雪花模型

星状模型是数据集市维度建模中推荐的建模方法。如图3-5所示，星状模型是以事实表为中心，所有的维度表直接连接在事实表上，像星星一样。星状模型的特点是数据组织直观，执行效率高。因为在数据集市的建设过程中，数据经过了预处理，比如按照维度进行了汇总、排序等，数据量减少，执行的效率就比较高。

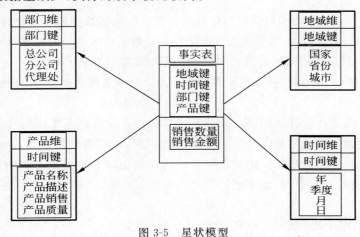

图 3-5　星状模型

雪花模型是介于星状模型和范式模型之间的。范式模型和雪花模型的区别在于雪花模型在维度上也是有冗余的。如图3-6所示的雪花模型中,地域维度不符合第三范式,因为地域维度中存在传递依赖:城市-省级-国家-地域。

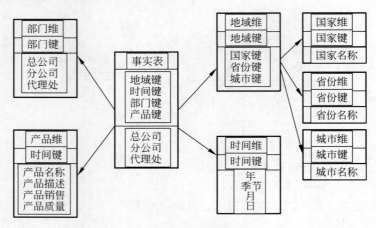

图 3-6 雪花模型

表3-1给出了星状模型与雪花模型的比较。

表3-1 星状模型与雪花模型的比较

属　性	星状模型	雪花模型
数据总量	多	少
可读性	容易	差
表个数	少	多
查询速度	快	慢
冗余度	高	低
实时表	一张或多张	一张或多张
维表	一级维表	多层级维表
扩展性	差	好

2. 数据粒度层次划分

数据粒度是指数据仓库中数据的细化和综合程度。根据数据粒度细化标准,细化程度越高,粒度越小;细化程度越低,粒度越大。确定粒度是数据仓库开发人员面对的一个重要设计问题。假设数据粒度划分合理,数据仓库设计和实现就能够顺利开展,否则,会导致数据仓库其他方面都很难进行。粒度的大小需要数据仓库设计时在数据量大小与查询的详细程度之间权衡确定。

设计粒度时需要注意什么问题?既然粒度对数据仓库这么重要,那么如何来设计粒度?确定粒度时的主要问题是使数据处于一个合适的级别,粒度级别不能太高也不能太低。低的粒度级别能提供详尽的数据。但要占用较多的存储空间和较长的查询时间,高的粒度级别能够高速、方便地进行查询,但不能提供过细的数据。总之,应结合业务的特点、数据量等方面综合考虑。

数据粒度层次划分遵循如下原则:

(1) 要接受的分析类型。粒度层次越高,就越不能进行细节分析。

(2) 可接受的最低粒度。粒度划分策略一定要保证数据的粒度确实能够满足用户的决策分析需要。

(3) 能存储数据的存储容量。若存储容量有限,则只能采用较高粒度的数据粒度划分策略。

单一粒度是指直接存储细节数据并定期在细节数据的基础上进行数据综合。从数据装载之后,所有细节数据都将保留在数据仓库中。存储期限(5~10年)到了之后,才会导入后备设备(如磁带)中。双重粒度指对于细节数据只在数据仓库中保留近期的数据,当保留周期到达时,将距离当前较远的数据导出到磁盘上,从而为新的数据腾出空间。数据仓库中只保留在细节数据保留周期内的数据,对于这个周期之后的信息,数据仓库只保留其综合数据。

数据仓库之父比尔·恩门提出的数据粒度策略见表3-2。

表3-2 比尔·恩门的数据粒度策略

1年内数据量(行)	5年内数据量(行)	数据粒度策略
10 000	100 000	单一粒度,设计简单
100 000	1 000 000	如使用单一粒度,需认真设计
1 000 000	10 000 000	最好使用双重粒度
10 000 000	20 000 000	必须用双重粒度且需认真设计

3. 数据分割策略

数据分割将逻辑上统一的数据分散到各自的物理单元中,以便能分别处理,从而提高数据处理效率,数据分割后的数据单元称为分片。数据分割可按日期、地域、业务领域或按多个分割标准的组合进行。数据分割便于进行数据的重构、索引、重组、恢复。进行数据分割时需要考虑如下因素:

(1) 数据量的大小。若数据量较小,则可以不进行分割,或只用单一标准进行分割。若数据量很大,则应当采用多重标准的组合来较细致地分割数据。

(2) 数据分析处理的实际情况。数据分割与数据分析处理的对象是紧密联系的。

(3) 简单易行。选择用于数据分割的标准应当是自然的、易于实施的。

(4) 与粒度的划分策略相统一。同一粒度层次上的数据需要进行分割时,应当按照划分粒度层次时使用的标准进行分割。

(5) 数据的稳定性。数据仓库中的数据追加频率不同,有的快,有的慢,将不同变化频度的数据放在不同的表中进行更新处理。

4. 增加导出字段

导出字段是在原始数据的基础上进行总结或计算而生成的数据。这些数据可以在以后的应用中直接利用,避免了重复计算。

3.1.3 数据仓库的物理模型

物理模型是逻辑模型在数据仓库中的具体实现。构建数据仓库的物理模型与所选择的数据仓库开发工具密切相关。这个阶段所做的工作是根据信息系统的容量、复杂度、项目资源以及数据仓库项目自身的软件生命周期确定数据仓库系统的数据的存储结构、索引策略、数据存放位置、存储分配等。这部分工作应该是由项目经理和数据仓库架构师共同实施的。

进行逻辑模型设计主要完成以下几项工作：

（1）确定数据的存储结构。数据仓库中包含巨量数据，为了提高数据的访问效率和可靠性，必须认真选择数据的存储结构。对于数据存储问题的解决，有两种可选的方式：分布式存储方式和集中存储方式。数据分布式存储是采用磁盘阵列在多个节点间分布的方式来存储数据。数据集中存储是将现有的 SAN 或 NAS 系统作为服务器的存储部分。

（2）确定索引策略。在数据仓库中由于数据量很大，需要对数据的存取路径进行仔细设计和选择，建立专用的复杂的索引，以获得最高的存取效率。常见的索引技术有 B-Tree 索引、位索引技术、标识技术、广义索引及连接索引等。

（3）确定数据存储策略表的归并，如分割表的存放、按列存储、存储分配优化。

（4）存储分配优化是解决诸如数据块大小、缓冲区单元大小和个数、系统配置等相关的问题，通常不同的数据仓库厂商都会根据其产品的应用实例给出推荐的配置参数，设计人员可以参考这些数据，系统配置还要在系统维护过程中根据实际情况（数据的增长速度、用户查询的数量和额度）进行调整。

3.2　元数据存储

3.2.1　元数据的概念

元数据（Metadata）是描述数据的数据，用于建立、管理、维护和使用数据仓库。元数据管理是企业数据仓库的关键组件，贯穿于建立数据仓库的整个过程，直接影响着数据仓库的构建、使用和维护。

元数据包括数据从哪里来、流通多长时间、更新频率是多少、数据的含义是什么以及数据已经进行了哪些计算、转换和筛选等。

例如，每张数码照片都包含 EXIF 信息，就是用来描述数码图片的元数据。按照 Exif 2.1 标准，其中主要包含如下信息：

Image Description（图像描述、来源）指设备名；
Artist（作者）有些相机可以输入使用者的名字；
Make（生产者）指设备生产厂家；
Model（型号）指设备型号；
Orientation（方向）有的相机支持，有的不支持；
Software（软件）显示固件 Firmware 版本；
DateTime（日期和时间）；
……

3.2.2　元数据的分类方法

1. 按元数据的类型分类

按照数据类型，元数据可以分为以下两类。

（1）基础元数据：基础元数据是指数据仓库系统中所有的数据源、数据集市、数据仓库和应用中的数据。

(2) 数据处理元数据:数据处理元数据是数据仓库系统中与数据处理过程紧密相关的元数据,它包括数据加载、清洗、更新、分析和管理信息。

2. 按抽象层次分类

按照抽象层次,元数据可以分为以下 3 类。

(1) 概念元数据:应用系统、预定义查询和分析应用相关的信息。

(2) 逻辑元数据:应用数学语言的描述,从某种程度上是概念元数据更深层次的描述。

(3) 物理元数据:关于数据仓库实现的最底层信息,包括事务规则、SQL 编码、关系索引文件和分析应用代码等。

3. 按用户角度分类

从用户角度,元数据可以分为以下两类。

(1) 管理元数据:是存储关于数据仓库系统技术细节的数据,用于开发和管理数据仓库。包括数据仓库结构的描述、汇总用的算法、由操作环境到数据仓库环境的映射。

(2) 用户元数据:从最终用户角度描述数据仓库,包括如何连接数据仓库、可以访问数据仓库的哪些数据、数据来自哪一个源系统。

4. 按元数据来源分类

从数据来源的角度,元数据可以分为以下 3 类。

(1) 工具元数据:指由 ETL(数据抽取、数据转换、数据装载)组件、数据仓库设计工具等产生的元数据。

(2) 资源元数据:指由操作系统、数据集市、数据库和数据字典生成的元数据。

(3) 外部数据:指从本地数据仓库系统以外的其他系统输入的元数据,如业务系统数据库中的数据。

3.2.3 元数据的管理

从元数据的发展历史不难看出,对于相对简单的环境,元数据管理只需按照通用的元数据管理标准建立一个集中式的元数据知识库即可;对于比较复杂的环境,分别建立各部分的元数据管理系统,形成分布式元数据知识库,然后,通过建立标准的元数据交换格式,实现元数据的集成管理。

元数据管理功能包括数据抽取、数据建模、数据存储、数据展示。一般可以采用集中式的元数据知识库或分布式元数据知识库和标准的元数据交换格式实现元数据管理。元数据管理工具包括数据抽取工具、建模工具、前端展现工具和元数据存储工具等,如图 3-7 所示。

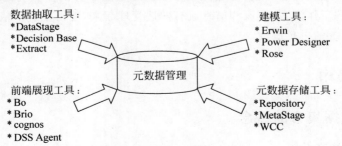

图 3-7 元数据管理工具

3.2.4 元数据的作用

元数据是进行数据集成所必需的。元数据定义的语义层可以帮助最终用户理解数据仓库中的数据,元数据是保证数据质量的关键,元数据可以支持需求变化。具体体现在以下几个方面。

1. 元数据是进行数据集成所必需的

数据仓库最大的特点就是它的集成性。这一特点不仅体现在它所包含的数据上,还体现在实施数据仓库项目的过程中。一方面,从各个数据源中抽取的数据要按照一定的模式存入数据仓库中,这些数据源与数据仓库中数据的对应关系及转换规则都要存储在元数据知识库中;另一方面,在数据仓库项目实施过程中,直接建立数据仓库往往费时、费力,因此在实践中,人们可能会按照统一的数据模型,首先建设数据集市,然后在各个数据集市的基础上再建设数据仓库。不过,当数据集市数量增多时很容易形成"蜘蛛网"现象,而元数据管理是解决"蜘蛛网"问题的关键。如果在建立数据集市的过程中,注意了元数据管理,那么在集成到数据仓库中时就会比较顺利;相反,如果在建设数据集市的过程中忽视了元数据管理,那么最后的集成过程就会很困难,甚至不可能实现。

2. 元数据定义的语义层可以帮助用户理解数据仓库中的数据

最终用户不可能像数据仓库系统管理员或开发人员那样熟悉数据库技术,因此迫切需要有一个"翻译",能够使他们清晰地理解数据仓库中数据的含义。元数据可以实现业务模型与数据模型之间的映射,因而可以把数据以用户需要的方式"翻译"出来,从而帮助最终用户理解和使用数据。

3. 元数据是保证数据质量的关键

数据仓库或数据集市建立好以后,使用者在使用的时候,常常会产生对数据的怀疑。这些怀疑往往是由于底层的数据对于用户来说是不"透明"的,使用者很自然地对结果产生怀疑。而借助元数据管理系统,最终的使用者会很方便地得到各个数据的来龙去脉以及数据抽取和转换的规则,这样他们自然会对数据具有信心;当然也可便捷地发现数据所存在的质量问题。甚至国外有学者在元数据模型的基础上引入质量维,从更高的层次上来解决这一问题。

4. 元数据可以支持需求变化

随着信息技术的发展和企业职能的变化,企业的需求也在不断地改变。如何构造一个随着需求改变而平滑变化的软件系统,是软件工程领域中的一个重要问题。传统的信息系统往往通过文档来适应需求变化,但是仅依靠文档是远远不够的。成功的元数据管理系统可以把整个业务的工作流、数据流和信息流有效地管理起来,使得系统不依赖于特定的开发人员,从而提高系统的可扩展性。

3.3 数据集市

3.3.1 数据集市的概念

1. 数据集市的产生

企业级的数据仓库能够对数据进行存储、采集和分析,从而满足用户的不同需求。然而,不同部门职责范围不同,需要采集和分析不同的数据。如果全部数据操作和处理都从数据仓库进行,会加重系统的负担,降低工作效率,造成资源浪费。最终用户对信息检索要求是高性能的,即越快越好,但数据仓库开发周期较长。

数据集市就是在这个背景下发展起来的,一方面符合部门级数据分析的需要,另一方面减轻了中央数据仓库的负担,提高了工作效率。数据集市是在数据仓库的基础上发展起来的,通常由各部门安排数据集市中存储的数据。相关数据表明,数据集市的投资占数据仓库投资的50%。

2. 数据集市的定义

数据集市是一种小型的部门级的数据仓库,主要面向部门级业务,并且只面向某个特定的主题,是为满足特定用户(一般是部门级别的)的需求而建立的一种分析型环境。它的投资规模比较小,更关注在数据中构建复杂的业务规则来支持功能强大的分析。数据集市常称为"部门级数据仓库"。

数据集市具有灵活、便捷、简单的优势,为决策人寻找信息提供方便,所以数据集市具有如下特征:面向部门、特定服务、规模小、成本低、使用简单、维护方便、由业务部门规划和实现、投资回收快、集成性、工具集完备等。数据集市是数据仓库的子集和一部分,继承了数据仓库的特征和优势。

对于数据集市,有时会出现一定的认识误区,如单纯用数据量大小来区分数据集市和数据仓库,认为数据集市比较容易建立,很容易升级到数据仓库。独立型数据集市的存在会给人造成一种错觉,似乎可以先独立地构建数据集市,当数据集市达到一定的规模可以直接转换为数据仓库,但这是不正确的,多个独立的数据集市的累加并不能形成一个企业级的数据仓库,这是由数据仓库和数据集市本身的特点决定的。如果脱离集中式的数据仓库,独立地建立多个数据集市,企业只会又增加了一些信息孤岛,仍然不能以整个企业的视图分析数据,数据集市为各个部门或工作组所用,各个集市之间又会存在不一致性。

数据仓库与数据集市的区别具体见表3-3。

表3-3 数据仓库与数据集市的区别

	数 据 仓 库	数 据 集 市
范围	企业级	部门级
主题	企业主题	部门或特殊的分析主题
数据粒度	最细粒度	较粗的粒度
历史数据	大量的历史数据	适度的历史数据
优化	探索	便于访问和分析、快速查询

3.3.2 数据集市的类型

按照不同的数据来源和建立方法,数据集市可以分为独立型数据集市和从属型数据集市。

(1) 独立型数据集市是指它的数据直接来源于各操作数据环境,当为各个部门建立相关数据集市后,这些数据集市之间相互独立,可能具有不同的数据存储类型,具体如图3-8所示。

（2）从属型数据集市的数据来自企业级数据仓库，是企业级数据仓库的子集。如图 3-9 所示，各数据集市中数据的组织、格式和结构在整个系统中保持一致。一般为那些访问数据仓库十分频繁的关键业务部门建立从属型数据集市，这样可以更好地提高查询反应速度。

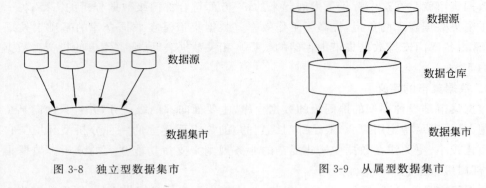

图 3-8　独立型数据集市　　　　　　　　图 3-9　从属型数据集市

3.4　大数据存储技术

大数据（big data）是指所涉及的数据量规模大到无法通过传统 IT 技术和软硬件工具在合理时间内对其进行感知、获取、管理及收理的数据集合。

目前，大数据主要来源于搜索引擎服务、电子商务、社交网络、音频/视频、在线服务、个人数据业务、地理信息数据、传统企业活动、公共服务等领域。数据通常以每年增长 50％ 的速度激增，尤其是非结构化数据。随着科技的进步，出现了越来越多的传感器采集数据、移动设备、社交多媒体等，并且数据量将会继续高速增长。这些数据早已远远超越了目前人力所能处理的范畴。总之，大数据的时代已经到来。

大数据具备数据量大、类型繁多、价值密度低、速度快等特征，如图 3-10 所示。

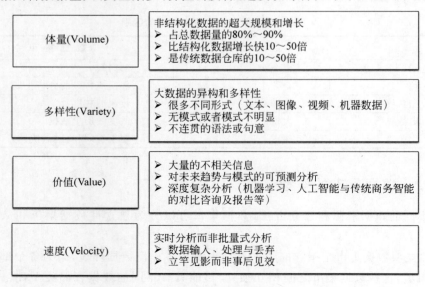

图 3-10　大数据的特征

3.4.1 传统数据库管理系统

传统数据库依次经历了层次数据库、网状数据库和关系数据库 3 个发展阶段。

1. 层次数据库

层次模型是数据库系统中最早出现的数据模型，层次数据库系统采用层次模型作为数据的组织方式。层次模型用树状结构来表示各类实体以及实体间的联系。层次模型的优点是数据结构比较简单清晰、查询效率高、提供了良好的完整性支持。层次模型的缺点是不合适表示非层次性联系，上下层 1：N 联系容易产生数据冗余，不能表达多对多关系，容易引起数据不一致。

2. 网状数据库

网状数据库采用网状模型，克服了层次数据库的缺点。它能够更为直接地描述现实世界，如一个节点可以有多个双亲，节点之间可以有多种联系；具有良好的性能，存取效率较高。其缺点是数据量越大，结构越复杂，不利于用户掌握；用户必须了解系统存储结构的细节，加重了编程的负担。

3. 关系数据库

关系数据库采用关系模型，它是建立在严格的数学概念基础上。关系模型简单清晰，无论实体还是实体之间的联系都用关系来表示。对数据的检索和更新结果也是关系。关系模型的存取路径对用户透明，从而具有更高的数据独立性、更好的安全保密性，也简化了程序员的工作和数据库开发建立的工作。所以关系模型诞生以后发展迅速，深受用户的喜爱。

关系数据库采用行式存储，即数据存放在数据文件内。数据文件的基本组成单位为块/页，块内结构包括块头、数据区。在数据库中，读某个列必须读入整行，行不等长，且修改数据可能导致行迁移。行数据较多时，可能导致行链接。

关系数据库在写入或者更新资料的过程中，能保证事务是正确可靠的。它具备以下特性。

（1）原子性：在事务中执行的多个操作是原子性的，即要么操作全部执行，要么一个都不执行。

（2）一致性：事务进行过程中整个数据的状态是一致的，不会出现数据矛盾等异常情况。

（3）隔离性：两个事务不会相互影响、覆盖彼此数据等。

（4）持久化：事务一旦完成，那么数据应该是被写到安全的、持久化存储的设备上。

关系数据库也存在以下不足。

（1）面向对象编程与关系数据库间的不一致，这个问题影响的是开发效率。

（2）关系数据库没有设计在集群上运行，传统的 SQL Server、Oracle 都是强依赖于磁盘系统来实现集群的。

（3）关系数据库在单机容量达到上限的时候，做扩展是非常难的，往往要根据主键进行分表。一旦分表后，就已经违反关系数据库的范式了，因为"同一个集合的数据被拆分到多个表"。

（4）当数据开始分布存储的时候，关系数据库逐渐演变成依赖主键的查询系统。

传统的关系数据库具有不错的性能，稳定性高，历经多年发展已日臻成熟，而且使用简单,功能强大,也积累了大量的成功案例。在20世纪90年代的互联网领域,网站基本都是静态网页,主要以文字为主,访问量也不大,当时用单个数据库完全可以应对。近年来,动态网站随处可见,各种论坛、博客、微博异常火爆,用户数据量迅速增长,处理事务性数据得心应手的关系数据库,面对互联网的高并发、大数据量变得力不从心,暴露了很多难以克服的问题。具体如下。

(1) 数据库高并发读写。高并发的动态网站数据库并发负载非常高,往往要达到每秒上万次甚至百万次、千万次的读写请求。关系数据库应付上万次SQL查询没问题,但是应付上百万、千万次SQL数据请求,硬盘I/O就已经无法承受了。

(2) 海量数据的高效率访问。一般大型数据库在百万级的数据库表中检索数据可达到秒级,但面对数亿条记录的数据库表,检索速度效率是极其低下,令人难以忍受的。

(3) 数据库可扩展性和高可用性。基于Web的架构中,数据库无法通过添加更多的硬件和服务节点来扩展性能和负载能力,对于很多需要提供24小时不间断服务的网站来说,数据库系统升级和扩展只能通过停机来实现,但这无疑是一个艰难的决定。

关系数据库的改进和优化已经无法从根本上解决上述难题,无法满足大数据存储和处理要求。大数据需要非常高性能、高吞吐率、大容量的基础设备和新一代存储技术。

3.4.2 NoSQL数据库

NoSQL的准确含义是Not only SQL,是对不同于传统的关系数据库的数据库管理系统的统称。NoSQL用于超大规模数据的存储。NoSQL作为新兴的数据库系统,由于其具备处理海量数据的能力,近年来受到各大IT公司的追捧。Amazon、Google、阿里巴巴等国内外大型企业已纷纷斥资进行研究并开发适用的产品。

NoSQL数据库分为Key-Value、Key-Document和Key-Column这3类。常见的NoSQL产品有Google的BigTable、基于Hadoop HDFS的Hbase、Amazon的Dynamo、COUCHDB、MONGODB、Redis等。

BigTable是Google为解决其内部海量数据存储设计的分布式非关系数据库。稀疏的、分布式、持久化存储的多维度排序Map可处理PB级数据,并存储在上千台机器上,可应用在Google多个产品上。BigTable使用GFS来存储日志和数据文件。BigTable使用一个类似于B+树的三级结构来存储Tablet服务器(BigTable组件之一)的放置信息。BigTable的应用包括Google Analytics、Google地球个性化搜索等。Google Analytics是帮助站长分析站点流量模式的服务,提供统计如每天内不同访问者的数量、每个URL的每天访问数等。Google地球可以通过网页或客户端访问地球表面高分辨率卫星图像,而个性化搜索是用来记录用户查询和单击记录的可选服务。为提高可用性、降低延时,个性化搜索数据备份在多个BigTable集群上。

HBase是Apache下Hadoop的存储系统,是一个高可靠性、高性能、面向列、可伸缩的分布式存储系统。HBase是BigTable的开源实现,可在廉价PC Server上搭建大规模的结构化存储集群,利用Hadoop Mapreduce处理HBase中的海量数据。

GaussDB(DWS)是华为研发的一个企业级AI-Native分布式数据库。GaussDB采用MPP架构,支持行存储与列存储,提供PB级别数据量的处理能力。可以为超大规模数据管理提供高性价比的通用计算平台,也可用于支撑各类数据仓库系统、BI系统和决策支持系统，为上层应用的决策分析提供服务。GaussDB 将 AI 能力植入数据库内核的架构和算法中，为用户提供更高性能、更高可用性、更多算力支持的分布式数据库。

如图 3-11 所示的 PolarDB 是阿里巴巴自主研发的下一代关系型云原生数据库，100%兼容 MySQL、100%兼容 PostgreSQL、高度兼容 Oracle。PolarDB 使用了存储计算分离架构，通过软硬件结合的设计，计算能力最高可扩展至 1000 核以上，存储容量最高可达 100TB，支持智能的读写分离，提供数据透明加密 TDE 和链路加密 SSL 能力。PolarDB 针对高弹性、大容量、高性能的业务场景而设计。

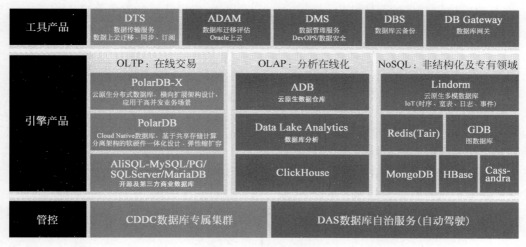

图 3-11　PolarDB 数据库

小结

本章介绍了数据仓库的数据模型，包括数据仓库的概念模型、逻辑模型和物理模型，并讨论了数据集市的特点和组成，讲解了传统数据仓库的体系结构和大数据存储技术。通过本章的学习，读者可以对数据仓库和数据集市有一个基本的认识，了解到大数据时代数据存储技术和国内外主流产品，为以后开展数据仓库和数据挖掘的应用研究奠定基础。

习题

1. 选择题

(1) 建立 E-R 模型的过程包括（　　）。

　　A. 任务和环境评估　　　　　　　　B. 需求的收集和分析
　　C. 主题选取，确定主题间关系　　　D. 主题内容描述

(2) 以下关于采用面向对象方法进行概念模型设计的说法不正确的是（　　）。

　　A. E-R 模型中的实体转化为面向对象系统中的类
　　B. E-R 模型中实体的属性对应面向对象系统中类的属性
　　C. E-R 模型中实体间的关系表现为面向对象系统中类间的关系

D. 设计过程为需求分析→确定类间关系→选择类→描述类属性和动作

(3) 逻辑模型是对数据仓库中主题的逻辑实现,进行逻辑模型设计所要完成的主要工作有( )。

A. 分析主题域,定义逻辑模型　　B. 数据粒度的层次划分
C. 确定数据分割策略　　　　　　D. 增加导出字段

(4) 物理模型是逻辑模型在数据仓库中的具体实现,进行逻辑模型设计所要完成的主要工作有( )。

A. 确定数据的存储结构　　　　　B. 确定数据的索引策略
C. 确定数据的存储策略　　　　　D. 存储分配优化

(5) 以下哪个选项不属于元数据管理工具中的建模工具?( )

A. Erwin　　　　　　　　　　　B. Decision Base
C. Power Designer　　　　　　　D. Rose

2. 判断题

(1) 数据仓库的开发过程为:先将现实世界中的客观对象抽象为概念模型,然后把概念模型转化为数据仓库支持的数据模型。( )

(2) 元数据(Metadata)是描述数据的数据,用于建立、管理、维护和使用数据仓库。元数据管理是企业数据仓库的关键组件,贯穿于建立数据仓库的整个过程。( )

(3) 基础元数据是数据仓库系统中与数据处理过程紧密相关的元数据,它包括数据加载、清洗、更新、分析和管理信息。( )

(4) 数据集市是一种小型的部门级的数据仓库,通常面向部门级业务的多个主题,是为满足特定用户的需求而建立的一种分析型环境。( )

(5) NoSQL 产品对性能的关注远远超过 ACID,往往只提供行级别的原子性操作,即对同一个 key 的操作会是串行执行,保证数据不会损坏。( )

3. 简答题

(1) 什么是数据模型?数据仓库开发中主要涉及哪几类模型?
(2) 什么是数据仓库概念模型?概念模型设计主要完成哪些工作?
(3) 什么是数据仓库逻辑模型?逻辑模型设计主要完成哪些工作?
(4) 对星状模型和雪花模型进行简要说明。
(5) 什么是数据粒度?数据粒度层次划分原则有哪些?
(6) 什么是元数据?简要说明元数据的分类及其作用。
(7) 对比数据集市和数据仓库的区别,并说明常见的几种对数据集市的认知误区。
(8) 传统数据库经历了哪 3 个发展阶段?各自特点是什么?
(9) 在大数据时代,传统关系数据库存在哪些不足?
(10) 大数据时代 NoSQL 数据库分类和主要数据产品有哪些?中国企业的产品有哪些?

第4章

OLAP与数据立方体

联机分析处理(On-Line Analytical Processing,OLAP)能够同时分析来自多个数据库系统的信息,是用于数据分析的。OLAP以多维分析为基础,数据立方体允许从多维角度对数据建模和观察。

本章首先简单介绍OLAP的概念、准则;接着介绍了多维分析操作的概念及其基本操作,并辅以实例说明具体的多维分析操作;然后阐述了基本的数据类型,并从多个方面对各数据类型进行比较;最后介绍了数据立方体的概念和计算方法。

4.1 OLAP的概念

4.1.1 OLAP的含义与基本概念

1. OLAP的含义

OLAP通过对多维信息以多种可能的观察方式进行快速、稳定、一致和交互性的访问和存取,允许管理决策人员对数据进行深入的观察。OLAP的基本目标是满足决策支持或多维环境特定的查询和报表需求,它的技术核心是"维"这个概念,因此OLAP也可以说是多维数据分析工具的集合。

目前,普遍被人们接受的OLAP的定义有两种。

(1) OLAP委员会给出的定义:OLAP是一种软件技术,它使分析人员能够迅速、一致、交互地从各个方面观察信息,以达到深入理解数据的目的。

(2) OLAP的简单定义:OLAP是针对特定问题的联机多维数据快速访问和分析处理的软件技术,它帮助决策者方便地对数据进行深入的多角度观察。

2. OLAP的基本概念

(1) 变量:数据的实际意义,即描述数据"是什么"。一般情况下,变量总是一个数值度量指标。

(2) 维:人们观察数据的特定角度,是考虑问题时的一类属性,属性集合构成一个维(时间维、地理维等)。维是OLAP技术的核心,是一种高层次的类型划分,一般都包含层次关系,甚至相当复杂的层次关系。

（3）维的层次：人们观察数据的某个特定角度（即某个维），还可以存在细节程度不同的多个描述方面（时间维：日期、月份、季度、年）。

（4）维的成员：维的一个取值。是数据项在某维中位置的描述（"某年某月某日"是时间维上位置的描述）。

（5）多维数组：维和变量的组合表示。一个多维数组可以表示为（维1,维2,维3,…,维n,变量）。多维数组是OLAP的主要对象,通常从数据仓库的子集构造,并组织汇总成一个由一组维度和度量值定义的多维结构。

（6）数据单元：多维数组的取值称为数据单元。当多维数组的各个维都选中一个维成员时,这些维成员的组合就唯一确定了一个变量的值。

（7）粒度：数据仓库中数据单元的详细程度和级别,确定数据仓库的粒度是设计数据仓库的一个最重要方面。数据越详细,粒度越小,级别就越低,回答查询的种类越多；数据综合度越高,粒度越大,级别就越高,回答查询的种类越少。

4.1.2 OLAP出现的原因——发展背景

20世纪60年代,关系数据库之父E.F.Codd提出了关系模型,促进了联机事务处理（On-Line Transacting Processing,OLTP）模型的发展。

1993年,E.F.Codd提出了OLAP的概念,认为OLTP已不能满足终端用户对数据库查询分析的需求,SQL对大型数据库进行的简单查询也不能满足终端用户分析的要求,用户的决策分析需要对关系数据库进行大量计算才能得到结果,而查询的结果并不能满足决策者提出的需求。因此,E.F.Codd提出了多维数据库和多维分析的概念,即OLAP。

OLTP是传统的关系数据库的主要应用,是面向顾客的,主要供操作人员和低层管理人员使用,用于基本的、日常的事务处理和查询处理,例如银行交易。OLAP是数据仓库系统的主要应用,是面向市场的,主要供企业的决策人员和中高层管理人员使用,支持复杂的分析操作,侧重决策支持,并且提供直观易懂的查询结果,用于数据分析。

从数据角度看,OLTP系统和OLAP系统的主要差异如表4-1所示。

表4-1 OLTP与OLAP对比

OLTP	OLAP
原始数据	导出数据
细节性数据	综合性和提炼性数据
当前值数据	历史数据
可更新	不可更新,但周期性刷新
一次处理的数据量小	一次处理的数据量大
面向应用,事务驱动	面向分析,分析驱动
面向操作人员,支持日常操作	面向决策人员,支持管理需要

4.1.3 OLAP参考标准——12条准则

关系数据库模型之父E.F.Codd在1993年为OLAP系统定义了12条准则,其目的是加深对 OLAP 的理解。如今，这 12 条准则也成为大家定义 OLAP 的主要依据，被认为是 OLAP 产品应该具备的特征。现在，OLAP 的概念已经在商业数据库领域得到广泛使用，这些准则成为衡量任何一套 OLAP 工具和产品的准绳。

1．多维数据分析

用户分析员通常从多维角度来看待企业。企业决策分析的目的不同，决定了可以从不同角度分析和衡量企业的数据，所以企业数据空间本身就是多维的。

因此 OLAP 的概念模型应是多维的。用户可以简单、直接地操作这些多维数据模型。

2．透明性

当 OLAP 以用户习惯的方式提供电子表格或图形显示时，这对用户应该是透明的。这包括两个方面的含义。

（1）OLAP 在体系结构中的位置对用户是透明的。OLAP 应处于一个真正的开放系统结构中，它可以使分析工具嵌入用户所需的任何位置，而不会对分析工具的使用产生副作用，同时必须保证 OLAP 工具的嵌入不会引入和增加任何复杂性。

（2）OLAP 的数据源对用户是透明的。用户只需要使用熟悉的查询工具进行查询，而不必关心 OLAP 工具获取的数据的性质。

3．稳定的报表性能

报表操作不应随维数增加而削弱，即当数据维数和数据的综合层次增加时，提供给最终分析员的报表能力和响应速度不应该有明显的降低，这对维护 OLAP 系统的易用性和低复杂性至关重要。即便是企业模型改变，关键数据的计算方法也无须更改。也就是说，OLAP 系统的数据模型对企业模型应该具有鲁棒性。

4．存取能力准则

OLAP 工具应该有能力利用自有的逻辑结构访问异构数据源，并且进行必要的转换以提供给用户一个连贯的展示，物理数据的来源是 OLAP 工具而不是用户需要关心的。此外，OLAP 系统不仅能进行开放的存取，而且能提供高效的存取策略，使系统只存取与指定分析有关的数据，避免多余的数据存取。

5．客户/服务器体系结构

OLAP 是建立在客户/服务器体系结构之上的。OLAP 工具的服务器端应该足够的智能，让多客户以最小的代价进行连接。服务器应该有能力映射和巩固不同数据库的数据，还应构造通用的、概念的、逻辑的和物理的模式，从而保证透明性和建立统一的公共概念模式、逻辑模式和物理模式。客户端负责应用逻辑及用户界面。

6．维的等同性准则

每个数据维度应该具有等同的结构和操作能力。提供给某一维的任何功能也应提供给其他维，即要求维上的操作是公共的，比如对每个维度都可以进行"切片"和"旋转"等操作。系统可以将附加的操作能力赋予所选维，但必须保证该操作能力可以赋予任意的其他维。该准则实际上是对维的基本结构和维上的操作的要求。

7．动态的稀疏矩阵处理

OLAP 服务器的物理结构应能处理最优稀疏矩阵。OLAP 系统应该为具有稀疏性的多维数据集的存储和查询分析提供一种"最优"处理能力，既尽量减少零值单元格的存储空间，又保证动态查询分析的快速高效。

该准则包括两层含义：第一，对任意给定的稀疏矩阵，存在一个最优的物理视图，该视图能提供最大的内存效率和矩阵处理能力，稀疏度是数据分布的一个特征，不能适应数据集合的数据分布，将会导致快速、高效操作的失败；第二，OLAP 工具的基本物理数据单元可配置给可能出现的维的子集，同时，还要提供动态可变的访问方法并包含多种存取机制。例如，直接计算地址、B 树索引、导出算法、哈希算法或这些技术的最佳组合，访问速度不会因数据维的多少、数据集的大小而变化。

8. 多用户支持能力

多个用户分析员可以同时工作于同一分析模型上或是可以在同一企业的数据上建立不同的分析模型。OLAP 应提供并发获取和更新访问以及保证完整和安全的能力。实际上，OLAP 工具必须支持多用户也是为了适合数据分析工作的特点。

9. 非受限的跨维操作

在多维数据分析中，所有维的生成和处理都是平等的。计算设备必须允许跨任意数目的数据维度的计算和数据操作，不能限制任何数据单元间的关系，也不必考虑每一单元包含的通用数据属性。

10. 直观的数据操作

OLAP 工具应该为数据的分析操作提供直观易懂的操作界面。数据操作应在固定的路径下，直接在分析模型的单元上通过单机操作完成，而不需要多用户的交互。

11. 灵活的报表生成

使用 OLAP 服务器及其工具，用户可以按任何想要的方式来操作、分析、综合和查看数据。报表机制也应该提供此种灵活性，报表必须能从各种可能的方面显示出从数据模型中综合出的数据和信息，充分反映数据分析模型的多维特征，并可按用户需要的方式来显示它。

12. 不受限的维与聚集层次

OLAP 工具不应该为多维数据的维度数量和维度层次数量设置任何限制。数据维度数量应该是无限的，用户在每个通用维度上定义的聚集层次应该是无限的。

从 OLAP 的简单定义可知，快速性、分析性、共享性、多维性、信息性是 OLAP 的 5 个主要特征。

（1）快速性：是指 OLAP 系统能在几秒内对用户的大部分分析要求做出反应。快速性需求只有在线响应才能满足，故又称为在线性。

（2）分析性：OLAP 系统应能处理与应用有关的任何逻辑分析和统计分析。

（3）共享性：OLAP 系统必须提供并发访问控制机制，让多个用户共享同一 OLAP 数据集的查询分析，并保证数据的完整性和安全性。

（4）多维性：OLAP 系统必须提供对数据分析的多维视图，包括对维层次和多重维层次的完全支持。

（5）信息性：不论数据量有多大，也不管数据存储在何处，OLAP 系统应能及时获得管理决策的信息，并且能管理大容量的信息。

在以上 5 个特性中，快速性和多维性是 OLAP 系统的两个关键特征。

4.2 多维分析操作

4.2.1 多维分析操作的定义

多维分析法是高级统计分析方法之一,是把一种产品或一种市场现象,放到一个两维以上的空间坐标上来进行分析。例如,一个三维坐标的市场组合模型,其中的 X 轴代表市场占有率、Y 轴代表市场需求成长率、Z 轴代表利润率。如果要研究某一种产品在市场上的销售情况,就可以用多维分析法来分析。这样更直观。

多维数据分析是指按照多个维度(即多个角度)对数据进行观察和分析,多维的分析操作是指通过对多维形式组织起来的数据进行切片、切块、聚合、钻取、旋转等分析操作,以求剖析数据,使用户能够从多种维度、多个侧面、多种数据综合度查看数据,从而深入地了解包含在数据中的信息和规律。

4.2.2 多维分析操作的必要性

OLAP 超越了一般查询和报表的功能,它是建立在一般事务操作之上的另外一种逻辑步骤,因此,它的决策支持能力更强。在多维数据环境中,OLAP 为终端用户提供了复杂的数据分析功能。

OLAP 的用户是企业中的专业分析人员或者管理决策人员。OLAP 的目的是通过一种灵活的多维数据分析手段,为管理决策人员提供辅助决策信息。用户只需要通过语义层的定义就可以轻松搭建自己的多维数据模型。OLAP 具有灵活的分析功能、直观的数据操作和分析结果可视化表示等突出优点,从而使用户对大量复杂数据的分析变得轻松而高效,以利于迅速做出正确判断。如从产品的角度、客户的角度、时间的角度等来体现公司经营的特征。多维数据分析不同产品在不同时间、不同区域、不同渠道的销售数据,以便管理者可以更全面地为产品的后续发展做决策,提高企业的收益。

4.2.3 多维分析操作的内容

OLAP 的基本多维分析操作有切片(slice)、切块(dice)、钻取(drill)及旋转(pivot)等数据分析方法,以便让用户能从多个角度、多个层次观察数据,从而深入地了解包含在数据中的有用信息,并为企业提供决策支持。通常把在多维数据分析中加入数据分析模型和商业分析模型称为广义 OLAP。

1. 切片

在给定数据立方体的一个维上进行选择操作就是切片,即在某两个维上取一定区间的维成员或全部维成员,而在其余的维上选定一个维成员的操作。由此可知,若对一个 n 维数据集进行切片操作,则将得到一个 $n-1$ 维的数据集。

维是观察数据的角度,那么切片的作用或结果就是舍弃一些观察角度,使人们能在两个维上集中观察数据。切片操作本质上是对多维数据进行的一种降维操作,其目的是方便用户轻松地获取并理解多维数据中蕴藏的决策信息。

例如,对图 4-1(a)所示的数据立方体,使用条件:商品="电子产品"进行选择,就相当于在原来的立方体中切出一片,结果如图 4-1(b)所示。

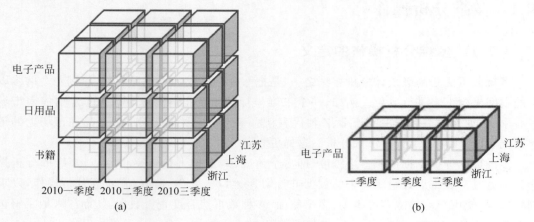

图 4-1 切片操作结果

2. 切块

在给定数据立方体的两个或多个维上进行选择操作就是切块,切块的结果得到一个子立方体。对于 $n(n \geqslant 3)$ 维数据集,如果某一维上指定的维度成员数大于或等于2,则切块操作的结果仍然是一个 n 维数据集,仅当指定一个维度成员时,其切块操作的结果是一个切片。即切片是切块的特殊情况。

例如,对图 4-2(a)所示数据立方体,表示在"2010 一季度"或"2010 二季度"之间进行选择,就相当于在原立方体中切除了一小块,结果如图 4-2(b)所示。

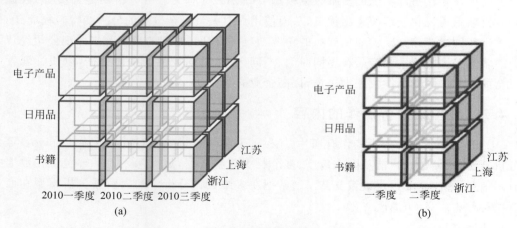

图 4-2 切块操作结果

3. 钻取

多维数据集的钻取就是改变数据所属的维度层次,实现分析数据的粒度转换。钻取操作的目的是方便用户从不同的层次观察多维数据。它包括向下钻取(drill down)和向上钻取(drill up)。

向上钻取操作是指对多维数据选定的维度成员,按照其上层次维度对数据进行求和计算并展示的操作。向上钻取操作通过维的概念分层向上攀升或者通过维归约在数据立方体上进行聚集,是在某一维上将低层次的细节数据概括到高层次的汇总数据,以增大数据的粒度,并减少了数据单元格的个数或数据集的维度。钻取的深度与维所划分的层次相对应。例如,用"江浙沪"表示 3 个地区的汇总信息,结果如图 4-3 所示。

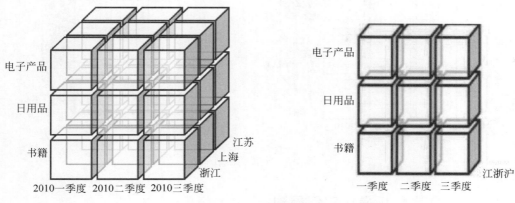

图 4-3　向上钻取操作结果

向下钻取操作是指对多维数据选定的维度成员,按照其下层次维成员对数据进行分解的操作。向下钻取与向上钻取相反,它从汇总数据深入细节数据进行观察或者增加新维,使用户在多层数据中能通过导航信息而获得更多的细节数据。例如,查看 2010 二季度 4 月、5 月、6 月的消费数据,结果如图 4-4 所示。

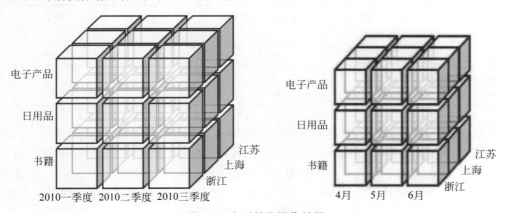

图 4-4　向下钻取操作结果

4. 旋转

旋转又称转轴,是一种视图操作。在多维数据集展示的时候,对其改变维的显示方向的操作称为旋转,即在表格中重新安排维的放置,例如,旋转可能包含了交换行和列,或是把某一个行维移到列维中去。旋转操作相当于将坐标轴旋转,可以得到不同视角的平面数据。

显然多维数据集的旋转结果仍然是原先的多维数据集,仅仅改变了数据集展示的方位,却方便了用户观察数据。例如,对图 4-5(a)所示的数据立方体进行旋转操作,结果如图 4-5(b)所示。

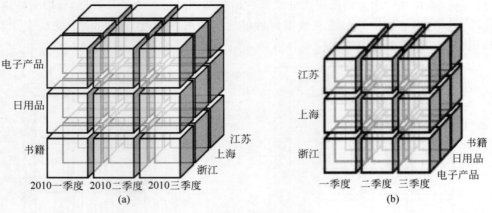

图 4-5 旋转操作结果

4.2.4 多维分析操作实例展现

1. 切片

为了对广东省全省营业税和个人所得税在2006年、2007年的纳税情况进行全面了解,需要对全省税收数据按城市进行切片显示,部分城市数据如表4-2所示。

表4-2 广东省部分城市营业税和个人所得税表　　单位:亿元

	2006年营业税	2006年个人所得税	2007年营业税	2007年个人所得税
广州市	199	96	231	122
东莞市	53.4	25.4	70.3	31.6
珠海市	23.9	9.1	34.9	13.9
佛山市	55.7	29.3	72.5	34.4

由表4-2中的数据可知,广州市营业税增加32亿元,增长率为16.1%,广州市个人所得税增加26亿元,增长率为27.1%。东莞市营业税增加16.9亿元,增长率为31.68%,东莞市个人所得税增加6.2亿元,增长率为24.4%。珠海市营业税增加11亿元,增长率为46%,珠海市个人所得税增加4.8亿元,增长率为52.7%。佛山市营业税增加16.8亿元,增长率为30.2%,佛山市个人所得税增加5.1亿元,增长率为17.4%。

对营业税而言,增长量最大的城市是广州市,增长速度较快的城市是东莞市(31.68%)。

2. 向下钻取

为了更深入地分析东莞市的各行业的营业税情况,需要对东莞市营业税数据进行向下钻取分析。2006年、2007年部分行业的纳税情况如表4-3所示。

由表4-3中数据可知,东莞市农、林、牧、渔业2007年下降了500万元,下降率为33.3%,采矿业下降20 000元,下降率为7.1%。房地产业增加306 000万元,增长率为25.4%。制造业增加27 300万元,增长率为35.9%。餐饮业增加35 900万元,增长率为10.9%。金融业增加22 240万元,增长率为46.8%。

表 4-3　东莞市部分行业的纳税情况　　　　　　　　　　单位：百万元

	2006 年营业税	2007 年营业税
农、林、牧、渔业	15	10
房地产业	1204	1510
制造业	85.5	112.8
餐饮业	327.9	363.8
金融业	475.7	698.1
采矿业	0.028	0.026

4.3　基本数据模型

4.3.1　基本数据模型的形式

建立 OLAP 的基础是多维数据模型，多维数据模型的存储可以有多种不同的形式。MOLAP 和 ROLAP 是 OLAP 的两种主要形式。

其中 MOLAP(Multi-dimension OLAP)是基于多维数据库的 OLAP，简称为多维 OLAP，ROLAP(Relation OLAP)是基于关系数据库的 OLAP，简称关系 OLAP。

还有几种 OLAP，如 WOLAP(Web OLAP) 和 HOLAP(Hybrid OLAP)。

MOLAP：数据以多维方式存储，每一个数据单元都可以通过维度的定位直接访问。

ROLAP：数据存放于关系数据库中，用户的多维查询请求由 ROLAP 引擎处理为 SQL 查询，结果以多维方式呈现。

HOLAP：MOLAP 与 ROLAP 的结合形式，兼具 MOLAP 的查询效率高和 ROLAP 的存储效率高的优点。

4.3.2　MOLAP 的定义、架构及优劣势分析

1. 定义

MOLAP 数据模型是基于多维数据库的 OLAP，这些服务器通过基于数组的多维存储引擎，支持数据的多维视图。它们将多维视图直接映射到数据立方体数组结构。多维数据库(MDDB)以多维方式组织数据，即以维作为坐标系，采用类似于数组的形式存储数据。

多维数据库中的元素具有相同类型的数值，如销售量。例如，二维 MDDB 的数据组织如表 4-4 所示。它代表不同产品(电子产品、日用品、书籍)在不同地区(浙江、上海、江苏)的销售量情况。

表 4-4　二维 MDDB 的数据组织

	浙　江	上　海	江　苏
电子产品	600	700	500
日用品	800	900	700
书籍	100	200	80

如果查询像"衣服的总销售量"等问题,它涉及多个数据项求和,如果采取临时进行累加计算的方法,会使查询效率大大降低。所以,在多维数据库中只需要按行或列进行求和,增加"总和"的维成员即可。例如,含综合数据的 MDDB(二维)数据组织如表 4-5 所示。

表 4-5 含综合数据的 MDDB(二维)数据组织

	浙江	上海	江苏	总和
电子产品	600	700	500	1800
日用品	800	900	700	2400
书籍	100	200	80	380
总和	1500	1800	1280	4580

2. 架构

MOLAP 包括以下组件:数据库服务器、MOLAP 服务器、前端工具。MOLAP 的数据模型架构如图 4-6 所示。

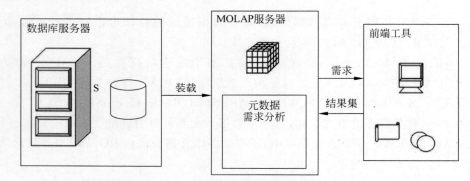

图 4-6 MOLAP 的数据模型架构

3. 优劣势分析

MOLAP 的优势主要包括性能好、响应速度快,专为 OLAP 所设计,高性能的决策支持计算。

MOLAP 的劣势如下:

(1)增加系统复杂度,增加系统培训与维护费用。
(2)需要进行预计算,可能导致数据急剧膨胀。
(3)支持维的动态变化比较困难。

4.3.3 ROLAP 的定义、架构及优劣势分析

1. 定义

ROLAP 是基于关系数据库的 OLAP,是一种中间服务器,介于关系的后端服务器和客户前端工具之间。它们使用关系的或者扩充关系的 DBMS 存储并管理数据仓库数据,而 OLAP 中间件支持其余部分。

ROLAP 是一个平面结构,用关系数据库表示多维数据时,采用星状模式,使用两类表:一类是事实表,存储事实的实际值,如销售量;另一类是维表,对每一个维来说,至少有一个表来存储该维的描述信息,如产品的名称、分类。关系数据库 RDBMS 数据组织如表 4-6 所示。

表 4-6 关系数据库 RDBMS 数据组织

产 品 名	地 区	销 售 量
电子产品	浙江	600
电子产品	上海	700
电子产品	江苏	500
日用品	浙江	800
日用品	上海	900
日用品	江苏	700
书籍	浙江	100
书籍	上海	200
书籍	江苏	80

2. 架构

ROLAP 包括以下组件：数据库服务器、ROLAP 服务器、前端工具。ROLAP 的数据模型架构如图 4-7 所示。

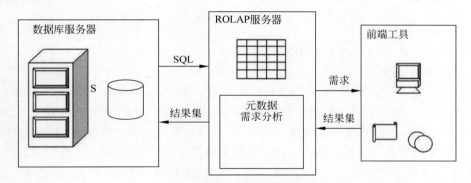

图 4-7 ROLAP 的数据模型架构

3. 优劣势分析

ROLAP 的优势是没有大小限制，可以沿用现有的关系数据库的技术，还可以通过 SQL 实现详细数据与概要数据的存储，现有关系数据库已经对 OLAP 做了很多优化，包括并行存储、并行查询、并行数据管理。

但是 ROLAP 与 MOLAP 的响应速度相差极远，不支持有关预计算的读写操作，同时 SQL 无法完成部分计算。

4.3.4 MOLAP 与 ROLAP 的比较

MOLAP 通过多维数据库引擎从关系数据库 DB 和数据仓库 DW 中提取数据，将各种数据组织成多维数据库，存放到 MDDB 中，而且将自动建立索引并进行预处理来提高查询存储性能。MOLAP 结构如图 4-8 所示。

ROLAP 从关系数据库 DB 和数据仓库 DW 中提取数据，按关系数据库多维分析的数据组织存放在关系数据库服务器中。最终用户的多维分析请求通过 ROLAP 服务器的多维分析引擎动态翻译成 SQL 请求，将查询结果经多维处理（转换成多维视图）返回给用户。ROLAP 结构如图 4-9 所示。

图 4-8 MOLAP 结构

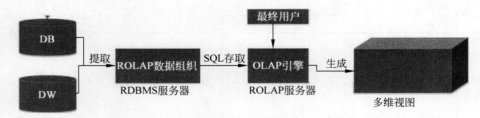

图 4-9 ROLAP 结构

下面深入分析 MOLAP 与 ROLAP。

1. 数据存取速度

在接收客户 OLAP 请求时,ROLAP 服务器需要将 SQL 语句转化为多维存储语句,并利用连接运算临时"拼合"出多维数据立方体。因此,ROLAP 的响应时间较长;MOLAP 是专为 OLAP 所设计的,能够自动建立索引,并且具有良好的预计算能力,能够使用多维查询语句访问数据立方体,因此 MOLAP 在数据存储速度上性能好,响应速度快。

目前,关系数据库已经对 OLAP 做了很多优化,包括并行存储、并行查询、并行数据管理、基于成本的查询优化、位图索引、SQL 的 OLAP 扩展等,大大提高了 ROLAP 的速度。

2. 数据存储的容量

ROLAP 使用的传统关系数据库的存储方式,在存储容量上基本没有限制;但是,需要指出的是,在 ROLAP 中为了提高分析响应速度,常常构造大量的中间表(如综合表),这些中间表带来了大量的冗余数据。

MOLAP 通常采用多平面叠加成立体的方式存放数据,由于受操作系统平台中文件大小的限制,多维数据库的数据量级难以达到 TB 级。随着数量的增多,多维数据库进行的预运算结果将占用巨量的空间,此时可能会导致"数据爆炸"的现象。

3. 多维计算的能力

MOLAP 能够支持高性能的决策支持计算,包括复杂的跨维计算、行级的计算;而在 ROLAP 中,SQL 无法完成部分计算,并且 ROLAP 无法完成多行的计算和维之间的计算。

4. 维度变化的适应性

MOLAP 需要在建立多维数据库前确定各个维度以及维度的层次关系。在多维数据库建立之后,如果要增加新的维度,那么通常需要重新建立多维数据库。新增维度数据会大幅增加。而 ROLAP 增加一个维度,只是增加一张维表并修改事实表,系统中的其他维表不需要修改,因此 ROLAP 对于维表的变更有很好的适应性。

5. 数据变化的适应性

由于 MOLAP 通过预综合处理来提高速度,所以当数据频繁地变化时,MOLAP 需要进行大量的重新计算,甚至重新建立索引乃至重构多维数据库。在 ROLAP 中,预综合处理通常由设计者根据需求制定,因此灵活性较好,对于数据变化的适应性强。

6. 软硬件平台的适应性

关系数据库已经在众多的软硬件平台上成功地运行,也就是说,ROLAP 对软硬件平台的适应性很好,而 MOLAP 相对较差。

7. 元数据管理

元数据是 OLAP 和数据仓库的核心数据,OLAP 的元数据包括层次关系、计算转化信息、报表中的数据项描述、安全存取控制、数据更新、数据源和预计算综合表等,目前在元数据的管理上,MOLAP 和 ROLAP 都没有成形的标准,MOLAP 产品将元数据作为其内在数据,而 ROLAP 产品将元数据作为应用开发的一部分,由设计者来定义和处理。

MOLAP 和 ROLAP 在技术上各有优缺点。MOLAP 以多维数据库为核心,在数据存储和综合上有明显的优势,但它不适合规模过大的数据存储,特别是对有大量稀疏数据的存储将会浪费大量的存储空间。ROLAP 以 RDBMS 为基础,利用成熟的技术为用户的使用和管理带来了方便。

MOLAP 与 ROLAP 在其他方面的比较如表 4-7 所示。

表 4-7 MOLAP 与 ROLAP 的比较

	数 据 存 储	技　术	特　征
MOLAP	详细数据用关系表存储在数据仓库中 各种汇总数据保存在多维数据库中	由 MOLAP 引擎创建预先建立数据立方体	访问响应速度快 能轻松适应多维分析
ROLAP	全部数据以关系表存储在数据仓库中 有非常大的数据容量	使用复杂 SQL 从数据仓库中获取数据 ROLAP 引擎在分析中创建数据立方体	在复杂分析功能上有局限性,需要采用优化的 OLAP

4.3.5 HOLAP 的形成

由于 MOLAP 和 ROLAP 有着各自的优点和缺点,且它们的结构迥然不同,这给分析人员设计 OLAP 结构提出了难题。为此一个新的 OLAP 结构——混合型 OLAP(HOLAP)被提出,它能把 MOLAP 和 ROLAP 两种结构的优点结合起来,通常将粒度较大的高层数据存储在多维数据库中,粒度较小的细节层数据存储在关系数据库中。这种 HOLAP 具有更好的灵活性。迄今为止,对 HOLAP 还没有一个正式的定义。但很明显,HOLAP 结构不应该是 MOLAP 与 ROLAP 结构的简单组合,而是这两种结构技术优点的有机结合,能满足用户各种复杂的分析请求。

HOLAP 介于 MOLAP 和 ROLAP 之间。在 HOLAP 中,对于最常用的维度和维层次,使用多维数据库来存储,对于用户不常用的维度和数据,采用 ROLAP 星状模型来存储。当用户询问不常用的数据时,HOLAP 将会把简化的多维数据库和星状模型进行拼合,从而得到完整的多维数据。

在 HOLAP 的多维数据库中的数据维度少于 MOLAP 中的维度库,数据存储容量也少于 MOLAP 方式。但是,HOLAP 在数据存取速度上又低于 MOLAP。

HOLAP 的架构如图 4-10 所示。

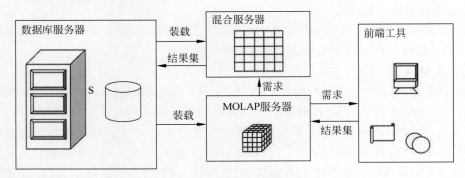

图 4-10　HOLAP 的架构

4.4　数据立方体的基本概念

数据立方体的概念最初是用于 OLAP 的,但是对于数据挖掘它也有用。数据立方体(或数据立方体的一部分)的预计算使得用户能够快速访问汇总数据。

数据立方体可以被看成一个包含多个方体的格,每个方体用一个分组(group-by)表示,如图 4-11 所示。

最底层的方体 ABC 是基本方体,对应的单元是基本单元,包含所有的 3 个维。基本方体是数据立方体中泛化程度最低的方体。除基本方体外的其他方体称为非基本方体。

最顶端的方体(顶点 A、B、C)只包含一个单元的值,泛化程度最高。

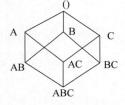

图 4-11　数据立方体

基本方体的单元是基本单元,非基本方体的单元是聚集单元。聚集单元在一个或多个维聚集,每个聚集维用 * 表示。例如,

(time, price, *, product)

为了提高 OLAP 的查询效率,有时要对整个立方体进行预计算。预计算的过程称为物化,物化有 3 种选择。

(1) 全物化(full materialization):预先计算所有方体,对维集合的所有可能组合都进行聚集。计算的方体是完全立方体。完全立方体的计算复杂度是维数的指数,即 n 维数据立方体包含 2^n 个方体。预计完全立方体可能需要海量空间,常常超过内存的容量。尽管如此,完全立方体计算的算法仍然是重要的。

(2) 不物化(no materialization):不预先计算任何"非基本"方体。这可能导致回答查询时,需要进行昂贵的多维聚集计算,因此速度非常慢。

(3) 部分物化(partial materialization):有选择地计算全部可能的方体集中一个适当的

子集,在部分维及其相关层次上进行聚集。数据立方体的部分物化提供了存储空间和 OLAP 响应时间之间的折中方案。不是计算完全立方体,而是计算数据立方体的方体的一个子集,或者计算由各种方体的单元子集组成的子立方体。

方体或子立方体的部分物化应考虑 3 个因素:

(1) 确定要物化的方体子集或子立方体;

(2) 在查询处理时利用物化的方体或子立方体;

(3) 在载入和刷新时,有效地更新物化的方体或子立方体。

物化方体或子立方体的选择需要考虑工作负荷下的查询,以及它们的频率和访问开销。此外,也要考虑工作负荷的特点、增量更新的开销和整个存储需求量。

4.4.1 数据立方体是什么

数据立方体(data cube)可以帮助我们在多个维度上表示数据。它由维度和事实定义。维度是企业保留记录的实体。

从逻辑上讲,数据仓库是一个多维数据库。OLAP 以多维分析为基础,刻画了在管理和决策过程中对数据进行多层面、多角度的分析处理的要求,在数据仓库的多维数据模式和联机分析处理中,要求在逻辑上采用多维的方式来组织和处理数据,根据数据分析的需求,确定多维模式中的一些属性作为对数据对象性质的观察角度,称为维。维往往决定着数据对象的属性,同时,反映数据对象特性的属性称为指标,这样的结构称作数据立方体。

数据立方体允许以多维对数据建模和观察。它由维和事实定义。

一般而言,维是一个单位想要记录的透视或实体。例如,AlElectronis 可能创建一个数据仓库 sales,记录商店的销售数据,涉及维 time、item、branch 和 location,这些维使得商店能够记录商品的月销售数据、销售商品的分店和地点。每个维都可以有一个与之相关联的表。该表称为维表,它进一步描述维。例如,item 的维表可以包含属性 item-name、brand 和 type。维表可以由用户或专家设定,或者根据数据分布自动产生和调整。

通常,多维数据模型围绕诸如销售这样的中心主题组织。主题用事实表表示。事实是以数值度量的。把它们看作数量,是因为我们想根据它们分析维之间的联系。例如,数据仓库 sales 的事实包括 dollars sold(销售额)、unis-sold(销售量)和 amountbudgeted(预算额)。事实表包括事实的名称或度量,以及每个相关维表的码。

4.4.2 冰山立方体和闭立方体

1. 冰山立方体

当想物化完全立方体时,如果数据量很大,则会使得在存储空间和 OLAP 的响应时间上消耗很大。在许多情况下,相当多的立方体空间可能被大量具有很低度量值的单元所占据。这是因为立方体单元在多维空间中的分布常常是相当稀疏的。例如,一位顾客一次在一个商店可能只买少量商品。这样的事件将产生少量非空单元,而剩下其他大部分立方体单元为空。在这种情况下,仅物化其度量值大于某个最小阈值的方体单元是有用的。比如,在 sales(销售)数据立方体中,可能只希望物化其 count$\geq$10(即对于给定的维组合单元而言,至少有 10 个元组)的方体单元,或者物化代表 sales$\geq$$100 的单元。这不仅能够节省处理时间和磁盘空间,而且能够导致更聚焦的分析。对于未来的分析,不能满足阈值的单元可

能是不重要的。

这种部分物化的立方体称为冰山立方体(iceberg cube)。这种最小阈值称为最小支持度阈值，或简称为最小支持度(min-sup)。冰山立方体只存放聚集值(如 count)大于某个最小支持度阈值的立方体单元。在计算立方体时，当某一立方体的值小于一定的阈值时，则将这个立方体裁掉；当大于或等于阈值时，则保留。这样就使得能够只将大数据量的立方体保留下来，而不感兴趣的稀疏的立方体则被剪裁掉。

计算冰山立方体最简单的做法是先计算出完全立方体，然后剪去不满足冰山条件的单元，总之，引入冰山立方体将减轻计算数据立方体中不重要的聚集单元的负担。

对于稀疏的数据立方体，我们往往通过制定一个最小支持度阈值(也称冰山条件)来进行部分物化，这种部分物化的方体称为冰山方体。例如：

```
COMPUTE CUBE Sales_Iceberg AS
SELECT month, city, cust_grp, COUNT( * )
FROM Sales_Info
CUBE BY month, city, cust_grp
HAVING COUNT( * ) >= min_sup
```

COMPUTE CUBE 语句说明冰山立方体 sales_iceberg 的预计算，month、city、cus-grp 代表使用的维，COUNT()代表聚集度量，输入元组在关系 sales-Info 中，CUBE BY 子句说明对给定维的所有可能的子集形成聚集(一些分组)。HAVING 子句指定的约束称为冰山条件。如果省略该例中的 HAVING 子句，则得到完全立方体。

2. 闭立方体

引入冰山立方体将减轻计算数据立方体中不重要聚集单元的负担，然而仍要计算大量无用的单元。为系统地压缩数据，引入了闭覆盖(closed coverage)。

对于某个立方体，由于在其他维固定的情况下，某一个或多个维上的数值为空，从而导致无论是否对该维聚集，度量值都不变，为了不多次存储相同的度量值，把底层的立方体称为闭立方体(closed cube)。闭立方体是一个仅由闭单元组成的数据立方体。

4.4.3　立方体外壳相关介绍

部分物化的另一种策略：仅预计算涉及少数维的方体(比如 3～5 维)，这些立方体形成对应数据立方体的外壳。在附加的维组合上的查询必须通过临时计算完成。例如，可以预计算 n 维数据立方体中具有 3 个或更少维的所有方体，产生大小为 3 的立方体外壳。利用外壳对其他的维组合查询进行快速计算。仍会产生大量方体(n 很大时)，类似地，我们可以利用方体的兴趣度，选择只预计立方体外壳的部分。

4.5　数据立方体的计算方法

4.5.1　数据立方体计算的一般策略

不同类型的数据立方体，有多种有效的计算方法。一般地，有两种基本结构用于存储方体。

(1) 关系 OLAP(ROLAP)：底层使用关系模型存储数据。

(2) 多维 OLAP(MOLAP)：底层使用多维数组存储数据。

优化技术 1：排序、散列、分组。将排序、散列(hashing)和分组操作应用于维的属性，以便对相关元组重新排序和聚类。在数据立方体计算中，对共享一组相同维值的元组(或单元)进行聚集。因此，重要的是利用排序、散列和分组操作对这样的数据进行访问和分组，以便于聚集的计算。

优化技术 2：同时聚集和缓存中间结果。由先前计算的较底层聚集来计算较高层聚集，而非从基本方体开始计算，减少 I/O。

优化技术 3：当存在多个子方体时，由最小的子方体聚集。当存在多个子方体时，由先前计算的最小子方体计算父方体(即更泛化的方体)通常更有效。例如，总销量可以通过月销量或日销量来计算，因此选用月销量来聚集。

优化技术 4：用先检验、再剪枝的方法有效地计算冰山立方体。对于数据立方体，先验性质表述如下：如果给定的单元不满足最小支持度，则该单元的后代(即更特殊化的单元)也不满足最小支持度。特殊化是指将该单元中的 * 用非 * 替换。使用这种性质可以显著降低冰山立方体的计算量。该优化技术在冰山立方体的计算中扮演非常重要的角色。

回想一下，冰山立方体的说明包含一个冰山条件，它是在物化单元上的约束。通常的冰山条件是单元必须满足最小支持度阈值，如最小计数或总和。在这种情况下，可以使用先验性质对该单元后代的探查进行剪枝。例如，如果方体单元 c 的计数小于最小支持度阈值 V，则较低层方体中 c 的任何后代单元的计数都不可能高于 V。因此可以被剪枝。

4.5.2 完全立方体计算的多路数组策略

多路(multiway)数组聚集方法使用多维数组作为基本的数据结构，计算完全数据立方体。多路数组是把维的属性值和多维数组的下标值一一映射，并且把聚集出的数据作为值存入单元，形成了立方体的形式。它使用数组来直接寻址，这比用关键字寻址会快很多。这是一种从物理层实现的很经典的 MOLAP 的方法。

多路数组聚集的计算步骤如下：

(1) 先将数组分成块。划分出来的块是一个体积很小的子立方体，这样在计算立方体时，就能把块当成一个对象存放入内存。这样做的优点是：块被压缩了，有效地避免了空数组单元所造成的空间浪费现象。例如，为了压缩稀疏数组结构，在块内搜索单元时，单元的寻址机制就可以使用 chunkID+offset 技术。这种压缩技术的效果是非常好的，可以用来处理磁盘和内存中的稀疏立方体。

(2) 通过访问立方体单元，计算聚集。计算聚集是在访问立方体单元所存储的值时完成的。为了减少每个单元被重复访问的次数，可以先优化访问单元的顺序，使得多个立方体的聚集单元能够被同时计算，这样既能减少访问内存的开销，还能减少存储的开销。

在分块技术执行过程中，会有一些聚集计算重叠，所以这个技术称为多路数据聚集。多路数组聚集技术适用于维度的基数(基数是指这个属性所有不同值的个数)适中，而且数据不是很稀疏的完全立方体。

4.5.3 从顶向下计算冰山立方体

从顶向下计算冰山立方体(BUC)是一种计算稀疏冰山立方体的算法。多路数组是从基本方体开始,逐步向上到更泛化的顶点方体。而 BUC 是先从顶点方体开始计算,再逐步向下到基本方体,这样的计算顺序就能使用先验剪枝。

BUC 的计算步骤如下:

(1) 对所有的输入进行扫描,计算整个度量(例如总计数)。

(2) 对于方体的每个维度进行划分。

(3) 对每个划分进行聚集。对这个划分创建一个元组并得出这个元组的计数,并判断它是否满足最小支持度(冰山条件)。

(4) 如果满足冰山条件,则输出这个划分的元组聚集,并在该划分上对下一个维度进行递归调用;如果不满足,则进行剪枝操作。

BUC 的性能容易受维的次序和倾斜数据的影响。在理想情况下,应当首先处理最有区分能力的维。维应当以基数递减序处理。基数越高,分区越小,因而分区越多,从而为 BUC 剪枝提供了更大的机会。类似地,维越均匀(即具有较小的倾斜度),对剪枝越好。

BUC 还有一点区别于多路数组。多路数组的父方体与子方体是可以共享聚集计算的,比如,AB 方体的计算结果可以用于计算方体 A 的过程中。而在 BUC 中二者之间是无关的。BUC 最大的一个特征是分担了划分的开销。在计算过程中,维度的计算顺序和数据的倾斜(均匀)程度对 BUC 的处理结果影响很大。一般来说,区分能力越强的维度应该先被处理。这是因为基数越高的,分区就越小,分区数量也会越多,就很容易剪枝。

4.5.4 使用 Star-Cubing 算法计算冰山立方体

Star-Cubing 集成自顶向下和自底向上立方体计算,利用多维聚集和类 Apriori 剪枝,在一个星树(star-tree)的数据结构上操作,对该数据结构进行无损数据压缩,从而减少计算时间和内存需求量。

Star-Cubing 算法利用自底向上和自顶向下的计算模式:在全局计算次序上,它使用自底向上模式。然而,正如我们在下面将看到的,它下面有一个基于自顶向下模式的子层,利用共享维的概念。这种集成允许算法在多个维上聚集,而仍然划分父分组并剪裁不满足冰山条件的子分组。

方体树:树的每层代表一个维,每个节点代表一个属性值;每个节点有 4 个字段:属性值、聚集值、指向第一个子女的指针和指向第一个兄弟的指标;方体中的元组被逐个插入组中,一条从根到树叶节点的路径代表一个元组。

如果单个维在属性值 p 上的聚集不满足冰山条件,则在冰山立方体计算中识别这样的节点没有意义。这样的 p 节点用 * 替换,称为星节点(star node),使方体树可以进一步压缩。使用星节点压缩的方体树称为星树。

Star-Cubing 算法的计算步骤如下:

(1) 节点排序。对每一层上的所有节点按照字母的顺序进行排序,星节点可以出现在任意位置。

(2) 子树剪枝。生成子树满足两个条件:一是当前的节点的度量必须满足冰山条件;二是生成的子树必须至少要有一个非星节点。

(3) 维排序。这里对维的基数按照逐渐减小的顺序进行排序。

小结

本章介绍了 OLAP 和数据立方体的基本知识。从 OLAP 的基本思想和基本目标对 OLAP 进行介绍,并对 OLAP 的 12 条准则展开详细论述。OLAP 离不开多维分析,因此本章深入介绍了多维分析操作以帮助读者更好地掌握 OLAP 技术,包括多维分析操作的基本概念、常见的多维分析操作,并引入实例对其进行说明。最后阐述数据立方体的概念、立方体物化及数据立方体的计算策略。通过本章的学习,可以对 OLAP 有一个较深入的认识,并具有借助 OLAP 解决多维数据分析问题的能力。

习题

1. 选择题

(1) OLAP 技术核心是(　　)。

　　A. 在线性　　　　　　　　　　　　B. 对用户的快速响应

　　C. 互操作性　　　　　　　　　　　D. 多维分析

(2) 关于 OLAP 和 OLTP,下列说法中不正确的是(　　)。

　　A. OLAP 事务量大,但事务内容比较简单且重复率高

　　B. OLAP 的最终数据来源与 OLTP 不一样

　　C. OLTP 面对的是决策人员和高层管理人员

　　D. OLTP 以应用为核心,是应用驱动的

(3) 关于 OLAP 的特性,下面正确的是(　　)。

　　① 快速性　② 可分析性　③ 多维性　④ 信息性　⑤ 共享性

　　A. ①②③　　　B. ②③④　　　C. ①②③④　　　D. ①②③④⑤

(4) 关于 OLAP 基本数据模型描述错误的是(　　)。

　　A. MOLAP 和 ROLAP 是 OLAP 的两种主要形式

　　B. MOLAP 数据模型是基于多维数据库的 OLAP

　　C. 在 HOLAP 的多维数据库中的数据维度多于 MOLAP 中的维度

　　D. ROLAP 数据模型是基于关系数据库的 OLAP

(5) 关于 MOLAP 和 ROLAP 的区别,不正确的说法是(　　)。

　　A. MOLAP 在数据存储速度和响应速度上优于 ROLAP

　　B. ROLAP 可以完成多行的计算和维之间的计算

　　C. ROLAP 在数据存储容量上基本没有限制,而 MOLAP 在数据存储容量上受限

　　D. MOLAP 的详细数据用关系表存储在数据仓库中,各种汇总数据保存在多维数据库中

(6) 对数据立方体的一般计算策略的优化技术说法错误的是(　　)。

　　A. 当存在多个子方体时,由最大的子方体聚集

　　B. 将排序、散列(hashing)和分组操作应用于维的属性,以便对相关元组重新排序和聚类

C. 同时聚集和缓存中间结果
D. 用先检验、再剪枝的方法有效地计算冰山立方体

(7) 下面关于数据立方体的基本概念,说法错误的是(　　)。
　　A. 顶点方体是从抽象程度最高的层面上建立的数据立方体
　　B. 顶点方体的泛化程度是最小的
　　C. 基本方体是在抽象程度最低的层面上建立的数据立方体
　　D. 基本方体的泛化程度是最小的

(8) 关于 BUC 说法错误的是(　　)。
　　A. BUC 是一种计算稀疏冰山立方体的算法
　　B. BUC 从基本方体开始,逐步向上到更泛化的顶点方体
　　C. BUC 无共享聚集计算
　　D. BUC 使用 Apriori 剪枝

2．判断题

(1) 数据仓库中间层 OLAP 服务器只能采用关系型 OLAP。(　　)
(2) OLTP 是以数据库为基础,对基本数据进行增、删、改、查等处理。(　　)
(3) 在 ROLAP 结构中多维数据被映射成二维关系表,由一个事实表和多个维度表构成。(　　)
(4) OLAP 的目的是通过一种灵活的多维数据分析手段为管理决策人员提供辅助决策信息。(　　)
(5) OLAP 处理事务量大,数据需要更新。(　　)
(6) 向上钻取是在某一维上,从汇总数据深入细节数据进行观察,或者增加新维。(　　)

3．简答题

(1) 什么是联机分析处理?
(2) OLAP 准则有哪些?
(3) 简述 OLAP 和 OLTP 的区别。
(4) 多维数据分析基本操作有哪些?
(5) OLAP 基本数据模型有哪些形式?
(6) 简述 MOLAP 的架构及其优劣势。
(7) 简述 ROLAP 的架构及其优劣势。
(8) 简述 ROLAP 系统和 MOLAP 系统的区别。
(9) 简述数据立方体计算的优化技术。
(10) 简述多路数组和 BUC 的区别。
(11) 简述 Star-Cubing 算法的计算步骤。

第5章

数据挖掘基础

数据挖掘用于发现隐藏在数据深层次的对人们有用的模式,并做出有效的预测性分析。本章介绍了数据挖掘的基本知识,包括数据挖掘的发展、概念、任务和数据挖掘的对象,并阐述知识发现过程。

5.1 数据挖掘的兴起

5.1.1 数据挖掘的发展历程

随着数据库技术的不断完善,数据搜集技术的不断进步,人们搜集、存储的数据越来越多,数据的管理和利用变得越发困难,并且各个行业对数据的要求也越来越高,数据挖掘技术应运而生。

数据挖掘可以看作信息技术自然进化的结果。数据库和数据管理产业在一些关键功能的开发上不断发展:数据收集和数据库创建、数据管理(包括数据存储和检索、数据库事务处理)和高级数据分析(包括数据仓库和数据挖掘)。数据收集和数据库创建机制的早期开发已经成为后期数据存储、检索和查询以及事务处理有效机制开发的必备基础。今天,大量数据库系统提供查询和事务处理已经司空见惯。高级数据分析自然成为下一步的发展方向。

自 20 世纪 60 年代以来,数据库和信息技术已经系统地从原始的文件处理变成复杂的、功能强大的数据库系统。自 20 世纪 70 年代以来,数据库系统的研究和开发已经从开发层次和网状数据库发展到开发关系数据库系统、数据建模工具、索引和存取方法。此外,用户通过查询语言、用户界面、查询处理优化和事务管理,可以方便、灵活地访问数据。联机事务处理(OLTP)的有效方法将查询看作只读事务,把关系型存储技术作为大量数据有效存储、检索和管理的主要工具,为关系型存储技术的发展做出了重要贡献。

数据挖掘与 OLAP 都是数据分析工具,但两者之间有着明显的区别。前者是挖掘型的,后者是验证型的。数据挖掘建立在各种数据源的基础上,重在发现隐藏在数据深层次的对人们有用的模式并做出有效的预测性分析,一般并不过多考虑执行效率和响应速度;

OLAP 建立在多维数据的基础之上,强调执行效率和对用户命令的及时响应,其直接数据源一般是数据仓库。

因此,OLAP 与数据挖掘各有所长,互为补充。数据挖掘作为一种发掘型数据深度分析技术恰好弥补了 OLAP 分析能力的不足。也就是说,OLAP 的分析结果可以给数据挖掘提供挖掘的依据,有助于更好地理解数据,数据挖掘可以拓展 OLAP 分析的深度,发现 OLAP 所不能发现的更为复杂、细致的信息。

数据挖掘的演变过程可分为 4 个阶段:数据搜集阶段、数据访问阶段、数据仓库决策支持阶段和数据挖掘阶段,如表 5-1 所示。

表 5-1 数据挖掘的演变过程

演变阶段	商业问题	支持技术	产品厂家	产品特点
数据搜集	过去三年我的总花销是多少	计算机、磁带和磁盘	IBM、CDC	提供历史的、静态的数据信息
数据访问	某超市第三分部去年八月份的销售额是多少	关系数据库,结构化查询语言(SQL)	Oracle、IBM、Microsoft	提供历史的、动态的数据信息
数据仓库决策支持	第四分部根据第三分部的数据可得出什么结论	联机分析处理(OLAP)、数据仓库	Pilot、Cognos、Arbor	提供回溯的动态数据
数据挖掘	根据已知的销售额推测今后的销售额	高级算法、多处理器计算机和海量数据库	Pilot、IBM、SGI	提供预测性的信息

5.1.2 数据挖掘概述

1. 定义

顾名思义,数据挖掘就是指从大量的数据中提取人们所感兴趣的、事先不知道的、隐含在数据中的有用的信息和知识的过程。

数据挖掘的定义包括以下几个方面。

(1) 数据源必须是真实的、大量的、含噪声的。

(2) 发现的是用户感兴趣的知识。

(3) 发现的知识要可接受、可理解、可运用。

数据挖掘属于一个交叉学科,受多个学科影响,包括数据库系统、统计、机器学习、可视化和信息科学等。

数据挖掘与传统的数据分析(如查询、报表、联机分析处理)的本质区别是:数据挖掘是在没有明确假设的前提下去挖掘信息、发现知识,数据挖掘所得到的信息应具有预先未知、有效和实用 3 个特征。

2. 几个与数据挖掘相关的概念

机器学习就是让计算机从大量的数据中学习到相关的规律和逻辑,然后利用学习到的规律来对未知事物进行预测。

数据库中的知识发现(Knowledge Discovery in Database,KDD)指所有从源数据中发掘模式或联系的方法,用于描述整个数据挖掘的过程。知识发现过程由以下迭代序列组成。

(1) 数据清洗:消除噪声和删除不一致数据。

(2) 数据集成:多种数据源可以组合在一起。

(3) 数据选择：从数据库中提取与分析任务相关的数据。
(4) 数据变换：通过汇总或聚集操作，把数据变换和统一成适合挖掘的形式。
(5) 数据挖掘：使用智能方法提取数据模式。
(6) 模式评估：根据某种兴趣的度量，识别代表知识的真正有趣的模式。
(7) 知识表示：使用可视化和知识表示技术，向用户提供挖掘的知识。

3. 数据挖掘与 KDD 的异同

KDD 是从数据集中识别出有效的、新颖的、潜在有用的以及最终可理解的模式的高级处理过程。数据挖掘被认为是 KDD 过程中的一个特定步骤，它用专门的算法从数据中提取模式。其中，KDD 输出的是规则，数据挖掘输出的是模型，是 KDD 过程的一个步骤。两种方法输入的都是学习集，目的都是尽可能多地使数据挖掘过程自动化。

4. 数据仓库

数据仓库(data warehouse)通常指一个数据库环境，而不是指一件产品，它向用户提供用于决策支持的当前数据和历史数据，这些数据在传统的数据库中通常不方便得到。提出数据仓库的目的是建立一种体系化的数据存储环境，将分析决策所需的大量数据从传统的操作环境中分离出来，使分散、不一致的操作数据转换成集成、统一的信息。

数据仓库是一个面向主题的、集成的、稳定的、随时间不断变化的数据集合，支持管理中的决策制定过程。

数据仓库具有以下特性。

(1) 面向主题：数据仓库中的数据是按照一定的主题域进行组织的。主题是一个抽象的概念，是指用户使用数据仓库进行决策时所关心的重点领域。

(2) 集成：将来自于分散的操作型数据进行加工与集成。也就是说，存放在数据仓库中的数据应使用一致的命名规则、格式、编码结构和相关特性来定义，以保证数据仓库内的信息是关于机构一致的全局信息。

(3) 稳定：数据仓库所涉及的数据操作主要是数据查询和定期更新，主要是为决策分析提供数据。也就是说，针对数据仓库，通常有大量的查询操作及少量定期的更新操作。

(4) 随时间不断变化：数据仓库中的数据通常包含历史信息，系统地记录了企业从过去某一时点到目前各个阶段的信息，通过这些信息，可以对机构的发展历程和未来趋势做出定量分析和预测。

数据仓库是一种解决方案，是对原始的操作数据进行各种处理并转换成有用信息的处理过程。

数据挖掘与数据仓库之间是一种融合和互补的关系，从数据仓库中挖掘出对决策有用的信息和知识，是建立数据仓库最大的目的。而如何从数据仓库中挖掘出有用的数据，则是数据挖掘的研究重点，二者的本质和过程都不同。

数据仓库是数据挖掘的一种数据源，数据挖掘是数据仓库的一个应用。对于数据挖掘来说，数据仓库不是必需的。

虽然数据仓库和数据挖掘是两项不同的技术，但它们又有共同之处。两者都是从数据库的基础上发展起来的，它们都是决策支持新技术。数据仓库利用综合数据得到宏观信息，利用历史数据进行预测；而数据挖掘是从数据库中挖掘知识，也可用于决策分析。虽然数据仓库和数据挖掘支持决策分析的方式不同，但它们可以结合起来，提高决策分析的能力。

5.1.3 大规模数据挖掘

数据是知识的源泉,但并不意味着拥有了数据便拥有了知识。由于数据的爆炸性增长,人们为了发现数据背后隐藏着的有用的知识,就必须进行大规模数据挖掘。

5.2 数据挖掘的任务

数据挖掘的两个高层目标是预测和描述。前者是指用一些变量或数据库的若干已知字段预测其他感兴趣的变量或字段的未知或未来的值;后者是指找到描述数据的可理解模式,这些模式展示了一些有价值的信息,可用于报表中以指导制定商业策略,或更重要的是进行预测。

根据发现知识的不同,可以将数据挖掘的任务归纳为关联分析、聚类分析、分类分析、回归分析、相关分析、异常检测几类。

5.2.1 关联分析

去超市购买东西时,我们经常会一起购买多种商品,有些商品的关联规则是非常明显的,比如铅笔和作业本,所以它们经常被放在同一货架上。

有些商品的关联规则却不那么显而易见,但这种关联一定是隐藏在大量的销售数据中。从大规模数据集中寻找物品间的隐含关系的过程称为关联分析。关联分析是一种简单、实用的分析技术,是指发现存在于大量数据集中的关联性或相关性,从而描述一个事物中某些属性同时出现的规律和模式。

关联分析可从大量数据中发现事物、特征或者数据之间频繁出现的相互依赖关系和关联关系。这些关联并不总是事先知道的,而是通过数据集中数据的关联分析获得的。

关联分析对商业决策具有重要的价值,常用于实体商店或电商的跨品类推荐、购物车联合营销、货架布局陈列、联合促销、市场营销等,实现关联,互相提升销量,改善用户体验,减少上货员与用户投入的时间,达成寻找高潜在用户的目的。

通过对数据集进行关联分析可得出形如"由于某些事件的发生而引起另外一些事件的发生"之类的规则。

关联规则可以表示为一个蕴含式:

$$R: X \Rightarrow Y \tag{5-1}$$

其中,$X \subset I, Y \subset Y$,并且 $X \cap Y = \varnothing$。它表示如果项集 X 在某一交易中出现,则会导致项集 Y 按照某一概率也会在同一交易中出现。X 称为规则的条件,Y 称为规则的结果。关联规则反映 X 中的项目出现时,Y 中的项目也跟着出现的规律。

例如,规则 R_1:{bread}$\Rightarrow${milk},规则 R_2:{cream}$\Rightarrow$ {bread, milk},都可能是用户感兴趣的关联规则。至于怎样才算用户感兴趣的关联规则,可利用两个标准来衡量:关联规则的支持度和可信度。

关联规则的支持度反映了 X 和 Y 中所包含的项在交易集中同时出现的频率。关联规则的可信度反映了如果交易中包含 X,则交易中同时出现 Y 的概率。关联规则的支持度和可信度分别反映了所发现规则在整个数据库中的统计重要性和可靠程度。一般来说,只有支持度和可信度均较高的关联规则才是用户感兴趣的、有用的关联规则。

5.2.2 聚类分析

聚类分析是数据挖掘应用的主要技术之一,它可以作为一个独立的工具来使用,将未知类标号的数据集划分为多个类别之后,观察每个类别中数据样本的特点,并且对某些特定的类别进行进一步的分析,此外,聚类分析还可以作为其他数据挖掘技术(例如分类学习、关联规则挖掘等)的预处理工作。聚类分析在科学数据分析、商业、生物学、医疗诊断、文本挖掘和 Web 数据挖掘等领域都有广泛应用。

可以将数据库中的数据划分为一系列有意义的子集,即类。聚类是按照某个特定标准(通常是某种)把一个数据集分割成不同的类,使得类内数据相似性尽可能地大,同时类间的区别性也尽可能地大。直观地看,最终形成的每个聚类,在空间上应该是一个相对稠密的区域。

聚类是对记录分组,把相似的记录放在一个聚类里。聚类和分类的区别是聚类不依赖于预先定义好的类,不需要训练集。

聚类分析解决的是事物分组的问题,目的是将类似的事物放在一起。聚类方法包括统计分析方法、机器学习方法、神经网络方法等。在统计分析方法中,聚类分析是基于距离的聚类;在机器学习方法中,聚类是根据概念的描述来确定的;在神经网络中,自组织神经网络方法用于聚类。

例如,对学生进行分组的过程就可以称为聚类,如图 5-1 所示。

图 5-1 聚类

聚类方法主要包括划分聚类、层次聚类、基于密度的聚类等。对于划分聚类,一般用距离来度量对象之间的相似性,典型的是欧氏距离;距离越大,则相似性越小,反之则相似性越大。

聚类通常作为数据挖掘的第一步。数据挖掘技术对聚类分析的要求体现在以下几个方面。

(1) 可伸缩性。
(2) 处理不同类型属性的能力。
(3) 发现任意形状聚类的能力。
(4) 减小对先验知识和用户自定义参数的依赖性。
(5) 处理噪声数据的能力。
(6) 可解释性和实用性。

5.2.3 分类分析

分类是数据挖掘中应用最多的任务。分类是在聚类的基础上,对已确定的类找出该类别的描述知识,它代表了这类数据的整体信息,即该类的内涵描述,一般用规则或决策树模式表示。

分类是解决"这是什么?"的问题,分类所承担的角色就如同回答小孩子的问题"这是一只船""这是一棵树"等。把每个数据点分配到合适的类别中,即所谓的"分类"。例如,邮件系统接收到一封陌生邮件时,算法能识别出该邮件是否是垃圾邮件。聚类能将许多邮件分成两组,但不知道哪组是垃圾邮件,而分类算法可以识别,如图 5-2 所示。

图 5-2 分类算法

用于分类的数据集是由一条条的记录组成的。对于包含类别属性的数据集,可用于分类器的设计,之后用分类器对未知类标号的数据样本进行分类。分类的过程如图 5-3 所示。

给定一组记录,每条记录都包含一组属性,其中的一个属性就是类。为类属性找到一个模型,这个模型就是其他属性值的函数。最终目的是,先前未见过的记录应该被尽可能精确地分配到一个类中。

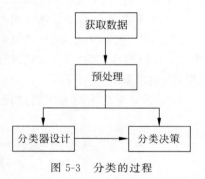

图 5-3 分类的过程

在分类任务中,根据在数据挖掘过程中所扮演角色的不同,数据集可划分为训练集、测试集、验证集。

(1) 训练集(training set)是在数据挖掘过程中用来训练学习算法,建立模型的数据集。

(2) 测试集(test set)是数据挖掘算法在生成模型后,用来测试所得到的模型有效性的数据集,常被用来决定模型的精确性。

(3) 验证集(validation set)是在数据挖掘过程结束后,模型应用的实际数据集,验证集用于在实践中检验模型。

5.2.4 回归分析

回归分析是一种预测性的建模技术,它研究的是因变量(目标)和自变量(预测器,自变量数量可以是单个或多个)之间的关系。这种技术通常用于预测分析、构建时间序列模型以及发现变量之间的因果关系。预测是从历史数据中找出变化规律,建立模型,并用此模型预测未来数据的种类、特征等。

分类也能进行预测,但分类一般用于离散数值;回归预测用于连续数值;神经网络方法预测既可用于连续数值,也可用于离散数值。

可用回归分析预测连续数据。典型的回归分析是利用大量的历史数据,建立线性或非线性回归方程。根据回归模型,只要输入自变量的值,就可以求出因变量的值,从而达到预测的效果。

通常,预测是通过分类或估值起作用的,也就是说,通过分类或估值得出模型,该模型用于对未知变量的预测。

预测的目的是对未知变量的估计,这种预测是需要时间来验证的,即必须经过一定时间后,才知道预测的准确性怎样。例如,由顾客过去的刷卡消费量预测其未来的刷卡消费量。使用的技巧为回归分析。回归分析技术有线性回归、逻辑回归、多项式回归等,最简单的线性回归就是数学上的一元一次方程 $y=ax+b$。

回归分析研究的主要问题包括以下部分:

(1) 确定 Y 与 X 间的定量关系表达式,这种表达式称为回归方程。
(2) 对求得的回归方程的可信度进行检验。
(3) 判断自变量 X 对因变量 Y 有无影响。
(4) 利用所求得的回归方程进行预测和控制。

5.2.5 相关分析

变量之间的相关关系有两种:确定性关系和不确定性关系。确定性关系就是函数关系,不确定性关系就是无法用具体的公式进行表达的关系。如,人的身高与体重之间的关系。

相关分析就是研究变量之间不确定性关系的统计方法。相关分析可能需要在分类和回归之前进行,它试图识别与分类和回归过程显著相关的属性,确定相关关系的存在、相关关系呈现的形态和方向以及相关关系的密切程度。其主要方法是绘制相关图表和计算相关系数。

相关分析和回归分析的联系和区别如下:

(1) 在回归分析中,变量 Y 称为因变量,处于被解释的特殊地位,需要我们探索的是自变量 X 对因变量 Y 的影响情况。而在相关分析中,变量没有 X、Y 之分,变量 Y 与变量 X 处于平等地位,即是研究两个变量之间的密切关系,哪个是因变量哪个是自变量都是一样的。

(2) 相关分析中所涉及的变量全是随机变量。而在回归分析中,因变量 Y 是随机变量,自变量 X 可以是随机变量也可以是非随机的确定变量。在通常的回归模型中,我们经常假定 X 是非随机的确定变量。

(3) 相关分析主要是为了找到两个或多个变量间线性相关的密切程度。而回归分析不仅可以解释变量 X 对变量 Y 的影响大小,还可以由回归方程进行预测和控制。

5.2.6 异常检测

数据库中的数据存在很多异常情况,从数据分析中发现这些异常情况也是很重要的,以便引起人们对它的更多注意。偏差包括很多有用的知识,如:分类中的反常实例、观察结果对模型预测的偏差等。

异常检测的目标是发现与大部分对象不同的对象。通常,异常对象被称作离群点,因为在数据的散布图中,它们远离其他数据点。

异常检测也称偏差检测,因为异常对象的属性值显著地偏离期望的或常见的属性值。

从正常的行为中检测有意义的异常。异常检测的基本方法是寻找观察结果与参照之间的差别。观察常常是某一个域值或多个域值的汇总,而参照是给定模型需要参考的外界提供的标准或另一个观察。

异常检测的应用包括信用卡欺诈检测、网络侵扰检测等。

5.3 数据挖掘的流程

5.3.1 数据挖掘对象

数据挖掘的对象主要是关系数据库和数据仓库,它们都是典型的结构化数据。随着技术的发展,数据挖掘对象逐步扩大到半结构化或非结构化数据,主要包括文本数据、图像和视频数据以及 Web 数据等。

1. 关系数据库

数据库系统也称为数据库管理系统(DataBase Management System,DBMS),由一组内部相关的数据(称为数据库)和一组用于管理和存取数据的软件程序组成。软件程序提供如下机制:定义数据库结构和数据存储,说明和管理并发、共享或分布式数据访问,当面对系统瘫痪或未授权的访问时,确保所存储信息的一致性和安全性。

关系数据库是表的汇集,每个表都被赋予了一个唯一的名字。每个表都包含一组属性(列或字段),并且通常存放大量元组(记录或行)。关系表中的每个元组代表一个对象,被唯一的关键字标识,并被一组属性值描述。通常为关系数据库构建语义数据模型,如实体联系(E-R)数据模型。E-R 数据模型将数据库表示成一组实体和它们之间的联系。

关系数据可以通过数据库查询和访问。数据库查询使用如 SQL 这样的关系查询语言,或借助图形用户界面。一个给定的查询被转换成一系列关系操作,如连接、选择和投影,并被优化,以便有效地处理。查询可以提取数据的一个指定的子集。

数据库中的数据具有如下特点:

(1) 数据动态性是数据库的一个主要特点。由于数据的存取和修改,使数据的内容经常发生变化,这就要求数据挖掘方法能适应这种变化。

(2) 数据的不完全性主要表现为数据库中记录的域值丢失甚至是空值。为此,必须对数据进行预处理,填补该数据域的可能值。

(3) 噪声数据是由于数据录入等原因造成错误的数据,也称为数据噪声。

(4) 数据类型不一致表现为表示同一含义的数据在不同的表中被定义为不同的类型。

(5) 异构性表现为数据的结构不同。

(6) 数据冗余性表现为同一信息在多处重复出现。函数依赖是一种通常的冗余形式。冗余信息可能造成错误的数据挖掘,为避免这种情况的发生,数据挖掘时,需要知道数据库中有哪些固有的依赖关系。

(7) 数据稀疏性表现为多维数据空间中存在大量稀疏数据,稀疏数据会使数据挖掘丢失有用的模式。

由于数据库中的数据具有以上特点,使其在挖掘过程中难以直接使用,因此在进行数据挖掘以前必须对数据进行预处理。在关系数据库中使用数据挖掘,可以进一步搜索趋势或数据模式。例如,数据挖掘系统可以分析顾客数据,根据顾客的收入、年龄和以前的信用信息预测其信用风险。数据挖掘系统也可以检测偏差,例如,与以前的年份相比,哪些商品的销售情况出人意料;还可以进一步考察这种偏差,例如,数据挖掘可能发现这些商品的包装的变化,或价格的大幅度提高。

关系数据库是数据挖掘的最常见、最丰富的信息源,因此,数据挖掘可以从关系数据库中找到大量的数据。基于关系数据库中数据的特点,在进行数据挖掘之前要对数据进行清洗和转换。数据的真实性和一致性是进行数据挖掘的前提和保证。

2. 数据仓库

数据仓库是一个从多个数据源收集的信息存储库,存放在一致的模式下,并且通常驻留在单个站点上。数据仓库通过数据清洗、数据转换、数据集成、数据载入和定期数据刷新来构造。为便于决策,数据仓库中的数据围绕主题组织。数据存储从历史的角度提供信息,并且通常是汇总的。

尽管数据仓库工具对于支持数据分析是有帮助的,但是进行深入分析仍然需要更多的数据挖掘工具。多维数据挖掘(又称探索式多维数据挖掘)以 OLAP 风格在多维空间进行数据挖掘。也就是说,在数据挖掘中,允许在各种粒度上进行多维组合探查,因此更有可能发现代表知识的有趣模式。

数据仓库中的数据已经被清洗和转换,数据中不会存在错误或不一致的情况,因此数据挖掘从数据仓库中获取数据后就无须再进行数据处理工作了。

高质量的挖掘结果依赖于高质量的数据,数据仓库为数据挖掘准备了良好的数据源,因此,数据仓库是数据挖掘的最佳环境。

3. 文本数据

文本是非结构化或半结构化的数据。文本挖掘是以计算语言学、统计数理分析为理论基础,结合机器学习和信息检索技术,从文本数据中发现和提取独立于用户信息需求的文档集中的隐含知识。它是一个从文本信息描述到选取提取模式,最终形成用户可理解的信息知识的过程。

文本分析主要包括以下几方面:

(1) 关键词或特征提取。基于关键词的关联分析就是首先收集一切频繁出现的项或者关键字的集合,然后发现其中存在的关联性。关联分析对文本数据库进行语法分析、抽取词根等预处理,生成关键字向量,根据关键字查询向量与文档向量之间的相关度比较结果,输出文本结果,然后调用关联挖掘算法。

(2) 基于相似性的检索就是根据一组常用关键字发现相似的文档,在检索结果中可以包含相关程度的描述,其中相关程度是根据关键字的相似程度和关键字的出现次数等确定的。

(3) 文本聚类是根据文本数据的不同特征,将其划分为不同数据类的过程。其目的是要使同一类别的文本间的距离尽可能小,不同类别的文本间的距离尽可能大。主要的聚类方法有统计方法、机器学习方法、神经网络方法和面向数据库的方法。在机器学习中,聚类称作无监督学习。

(4) 自动文档分类是一个很重要的文本挖掘任务,是指根据文档的内容或者属性,将大量的文档归到一个或多个类别的过程。自动文档分类是指利用计算机将一篇文章自动地分派到一个或多个预定义的类别中。由于大量文档的存在,因此有必要对这些文档进行自动文档分类。

聚类学习和分类学习的不同主要在于:分类学习的训练文本或对象具有类标号,而用于聚类的文本没有类标号,由聚类学习算法自动确定。

4. 多媒体数据

图像、音频、视频数据是典型的多媒体数据。多媒体数据广泛存在于医学、军事、娱乐等领域。目前,对于多媒体数据的挖掘主要有特征提取、基于内容的相似检索等。

多媒体数据具有如下特点:

(1) 数据量巨大。传统的数据采用了编码表示,数据量并不大,但多媒体数据量巨大。

(2) 数据类型多。包括图形、图像、声音、文本和动画多种形式。即使同属于图像一类,也有黑白、彩色、高分辨率、低分辨率之分。

(3) 数据类型间差距大。不同媒体的存储量差别大;不同类型的媒体由于内容和格式不同,相应的内容管理、处理方法和解释方法也不同;声音和动态影像等时基媒体与建立在空间数据基础上的信息的组织方法有很大的不同。

(4) 多媒体数据的输入和输出形式复杂。多媒体数据的输入方式分为两种,即多通道异步方式和多通道同步方式。多通道异步方式是目前较流行的方式,它是指在通道、时间都不相同的情况下,输入各种媒体数据并存储,最后按合成效果在不同的设备上表现出来。多通道同步方式是指同时输入媒体数据并存储,最后按合成效果在不同的设备上表现出来,由于涉及的设备较多,因此输出形式也较为复杂。

5. Web 数据

Web 挖掘是从海量的 Web 数据中自动高效地提取有用知识的一种新兴的数据处理技术。在数据挖掘的最初阶段,人们把注意力集中在对存放在数据库中的数据进行挖掘,从数据库中获取知识的概念就是在这种情况下提出来的。近年来,因特网的飞速发展与广泛使用,使得 Web 上的信息量以惊人的速度增长,为了从这些海量的 Web 数据中获取对自己有用的信息,Web 挖掘技术应运而生,它是一种能自动从 Web 资源中发现、获取信息,让用户不至于在数据的海洋中迷失方向的技术。

Web 挖掘是用数据挖掘技术在 Web 文档和服务器中自动发现和提取感兴趣的、有用的模式和隐含的信息。按照挖掘对象的不同,可以将 Web 挖掘分为 3 类:Web 使用模式挖掘、Web 结构挖掘和 Web 内容挖掘,如图 5-4 所示。

图 5-4 Web 挖掘分类

（1）Web 使用模式挖掘：在 Web 环境中，文档和对象一般都是通过链接来供用户访问的。捕捉用户的存取模式或发现一个 Web 网站最频繁的访问路径称为 Web 使用模式挖掘或 Web 路径挖掘。

（2）Web 结构挖掘：是指挖掘 Web 的链接结构，并找出关于某一主题的权威网站。

（3）Web 内容挖掘：是指在大量训练样本的基础上，得到数据对象之间的内在特征，并以此为依据进行有目的的信息筛选，从而获得指定内容的信息。

5.3.2 数据挖掘分类

数据挖掘技术的多样性导致了数据挖掘系统的多样性。

（1）根据数据库类型分类。按数据库类型分类主要有关系数据挖掘、模糊数据挖掘、历史数据挖掘、空间数据挖掘等类型。

（2）根据数据挖掘对象分类。数据挖掘除对数据库这个主要对象进行挖掘外，还有文本数据挖掘、多媒体数据挖掘、Web 数据挖掘。

（3）根据数据挖掘任务分类。数据挖掘的任务有关联分析、聚类、分类、偏差检测、预测等。按任务分类有关联规则挖掘、序列模式挖掘、聚类数据挖掘、分类数据挖掘、偏差分析挖掘、预测数据挖掘。

（4）根据数据挖掘方法和技术分类。按数据挖掘方式分类主要有自发知识挖掘、数据驱动挖掘、查询驱动挖掘和交互式数据挖掘。按数据挖掘途径可分为归纳学习类、仿生物技术类、公式发现类、统计分析类、模糊数学类、可视化技术类等。

5.3.3 知识发现过程

知识发现是指从源数据中发掘模式或联系的方法，用以描述整个数据挖掘的过程。数据挖掘是一个反复迭代的人机交互处理过程。该过程需要经历多个步骤，并且很多决策需要由用户提供。从宏观上看，除去数据集成、数据清洗等步骤，数据挖掘过程还包括数据整理、数据挖掘和结果的解释评估，如图 5-5 所示。

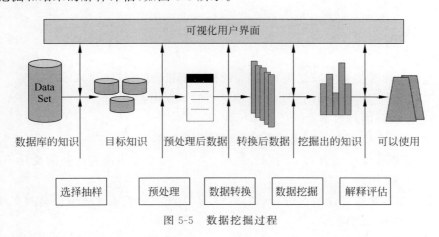

图 5-5　数据挖掘过程

知识发现过程可以细分为 7 个部分。

（1）问题的理解和定义：数据挖掘人员与领域专家合作，对问题进行全面的分析，以确定可能的解决途径和对学习结果的评测方法。

（2）相关数据的收集和提取：数据的抽取与集成式知识发现的关键性工作。从现有的数据中，确定哪些数据与本次数据分析任务相关。根据挖掘目标，从原始数据中选择相关的数据集，通过高效的抽取工具将数据从不同数据源中抽取出来。

（3）数据探索和清洗：数据集存在"脏"数据，这些"脏"数据的数据质量非常差。需要先对数据进行清洗，将它们转换为干净的数据。

（4）数据转换：对数据进行再加工。主要包括选择相关的属性子集并剔除冗余属性，根据知识发现任务对数据进行采样以减少学习量以及对数据的表述方式进行转换以适用于学习算法等。为了使数据与任务达到最佳的匹配效果，这个步骤可能反复多次。

（5）算法选择：使用合适的数据挖掘算法完成数据分析。首先保证实现挖掘目标数据的功能。其次选择合适的模式搜索算法，这包括模型和参数的确定、算法和数据挖掘目标的一致性保障等。

（6）运行数据挖掘算法：根据选定的数据挖掘算法对经过处理后的数据进行模式提取。

（7）结果的解释评估：根据最终用户的决策目的对数据挖掘发现的模式进行评估，将有用的模式或描述有用模式的数据以可视化方式展示给用户，让用户能够对模型结果做出解释，同时评估模式的有效性。如果结果不能令决策者满意，则需要重复以上的数据挖掘过程。

小结

本章首先介绍了数据挖掘及与其相关的概念，在对数据挖掘有了基本的认识后，本章对数据挖掘的任务展开论述，包括关联分析、聚类分析、分类分析、回归分析、相关分析、异常检测；接着对数据挖掘的对象进行说明，并对数据挖掘进行了一个简单的分类；最后论述知识发现过程。通过本章的学习，可以初步了解数据挖掘，对数据挖掘有一个浅层的认识。

习题

1. 选择题

（1）数据仓库是随着时间变化的，下面的描述不正确的是（　　）。

  A. 数据仓库随时间的变化不断增加新的数据内容

  B. 捕捉到的新数据会覆盖原来的快照

  C. 数据仓库随事件变化不断删去旧的数据内容

  D. 数据仓库中包含大量的综合数据，这些综合数据会随着时间的变化不断地进行重新综合

（2）对某超市销售记录数据进行研究后发现，买啤酒的人很大概率也会购买尿布，这种属于数据挖掘的哪类问题？（　　）

  A. 规则发现 B. 聚类 C. 分类 D. 自然语言处理

（3）将原始数据进行集成、变换、维归约、数值归约是在以下哪个步骤中完成的？（　　）

  A. 频繁模式挖掘 B. 分类和预测

C. 数据预处理　　　　　　　　　　D. 数据流挖掘

（4）当不知道数据所带标签时,可以使用哪种技术促使带同类标签的数据与带其他标签的数据相分离？（　　）

　　A. 分类　　　　　B. 聚类　　　　　C. 关联分析　　　　D. 隐马尔可夫链

（5）按照数据挖掘对象分类,分类错误的是(　　)。

　　A. 数据库数据挖掘　　　　　　　　B. 关联规则挖掘
　　C. 文本数据挖掘　　　　　　　　　D. Web 数据挖掘

（6）数据仓库的四大特性不包括(　　)。

　　A. 面向主题的　　　　　　　　　　B. 集成的
　　C. 稳定的　　　　　　　　　　　　D. 反映最新变化的

2. 判断题

（1）数据挖掘的主要任务是从数据中发现潜在的规则,从而能更好地完成描述数据、预测数据等任务。(　　)

（2）数据挖掘的目标不是数据采集策略,而是对于已经存在的数据进行模式发掘。(　　)

（3）关联规则挖掘过程是发现满足最小支持度的所有项集代表的规则。(　　)

（4）分类和回归都可用于预测,分类输出的是离散的类别值,而回归输出的是连续数值。(　　)

（5）在聚类分析中,簇内的相似性越大,簇间的差别越大,聚类的效果就越差。(　　)

（6）聚类是这样的过程：它找出描述并区分数据类或概念的模型(或函数),以便能够使用模型预测类标记未知的对象类。(　　)

3. 简答题

（1）什么是数据挖掘？它的含义是什么？

（2）简述数据库的知识发现过程。

（3）简述数据挖掘和 KDD 的异同。

（4）简述数据挖掘和数据仓库之间的关系。

（5）简述聚类分析和分类分析之间的区别。

（6）简述相关分析和回归分析的联系和区别。

（7）在数据挖掘中为什么要对数据进行预处理？

（8）文本分析包括哪些内容？

（9）根据挖掘对象的不同,Web 挖掘可以分为哪几类？

第6章

关联规则算法

关联规则算法是数据挖掘的一个重要课题,常用于分析商品购买清单中不同商品间的关系,挖掘客户购买规律和行为模式关联规则的分析结果,适用于商品交叉销售、文本挖掘等领域。

本章详细介绍了关联规则挖掘的基本概念,对经典的关联规则挖掘算法——Apriori算法、FP-Growth算法、USpan算法的原理以及发现频繁项集的过程进行了描述,并通过实例进行了说明;最后总结分析了各算法的特点。

6.1 关联规则的概念和分类

6.1.1 关联规则的概念

关联规则是1993年由Agrawal提出的。人们通过发现关联规则,可以从一件事情的发生,来推测另外一件事情的发生,从而更好地了解和掌握事物的发展规律等,这就是寻找关联规则的基本意义。

关联规则算法可以发现数据项集之间的关联关系。如果两个或多个事物之间存在关联,那么其中一项属性就可以依据其他属性值进行预测。

6.1.2 关联规则的定义

下面以客户购买商品为例,介绍关联规则中涉及的基本概念。表6-1为客户购买商品清单。

表6-1 客户购买商品清单

TID	Items	TID	Items
1	面包,牛奶	4	面包,牛奶,尿布,啤酒
2	面包,尿布,啤酒,鸡蛋	5	面包,牛奶,尿布,可乐
3	牛奶,尿布,啤酒,可乐		

1. 项与项集

数据库中不可分割的最小单位信息,称为项,用符号 i 表示。项的集合称为项集。设集合 $I=\{i_1,i_2,\cdots,i_k\}$ 是项集,I 中项的个数为 k,则集合 I 称为 k-项集。

例如,{牛奶,面包,尿布} 表示牛奶、面包、尿布 3 个项组成的一个 3 项集。

2. 事务

设 $I=\{i_1,i_2,\cdots,i_k\}$ 是由数据库中所有项目构成的集合,一次处理所含项目的集合用 T 表示,$T=\{t_1,t_2,\cdots,t_k\}$。每一个包含 t_i 子项的项集都是 I 的子集。如,在某次购物活动中客户购买的商品称为项,购买商品的集合对应一个唯一的事务。

3. 关联规则

关联规则是形如 $X\Rightarrow Y$ 的蕴含式,其中 X、Y 分别是 I 的真子集,并且 $X\cap Y=\varnothing$。X 称为规则的前提,Y 称为规则的结果。关联规则反映 X 中的项目出现时,Y 中的项目也跟着出现的规律。用两个不相交的非空集合 X、Y 表示,如果有 $X\Rightarrow Y$,则说明 $X\Rightarrow Y$ 是一条关联规则。例如,$\sigma(\{牛奶,面包,尿布\})=2$。

4. 支持度

支持度(support)是指几个关联的数据在数据集中出现的次数占总数据集的比重,即交易中同时包含 X 和 Y 的交易数与总交易数之比,记为:

$$\text{support}(X,Y)=P(XY)=\frac{\text{number}(XY)}{\text{num}(\text{所有样本})} \tag{6-1}$$

例如,

$$\text{support}(牛奶,尿布\Rightarrow 啤酒)=\frac{\sigma(牛奶,尿布,啤酒)}{|T|}=\frac{2}{5}=0.4$$

5. 置信度

置信度(confidence)是指一个数据出现后,另一个数据出现的概率,或者说数据的条件概率。如,交易集中包含 X 和 Y 的交易数与所有包含 X 的交易数之比,记为:

$$\text{confidence}(X\Rightarrow Y)=P(Y|X)=\frac{P(XY)}{P(X)} \tag{6-2}$$

例如:

$$\text{confidence}(牛奶,尿布\Rightarrow 啤酒)=\frac{\sigma(牛奶,尿布,啤酒)}{\sigma(牛奶,尿布)}=\frac{2}{3}\approx 0.67$$

6. 强关联规则

关联规则满足支持度和置信度的阈值上限,则称为强关联规则,否则称为弱关联规则。强关联规则条件记为:

$$\text{support}(X\Rightarrow Y)\geqslant \text{min\_sup} \quad (\text{最小支持度:最低重要程度}) \tag{6-3}$$

$$\text{confidence}(X\Rightarrow Y)\geqslant \text{min\_conf} \quad (\text{最小置信度:最低可靠性}) \tag{6-4}$$

例如,

$$\{牛奶,尿布\}\rightarrow\{啤酒\}$$

7. 频繁项集

设 $U=\{u_1,u_2,\cdots,u_n\}$,且 $U\subseteq I,U\neq\varnothing$,对于给定的最小支持度 min_sup,如果项集 U 的支持度 $\text{support}(U)\geqslant \text{min\_sup}$,则称 U 为频繁项集;否则,称 U 为非频繁项集。例如,

$$\sigma(\{牛奶,尿布,啤酒\})=2$$

6.1.3 关联规则分类

1. 基于规则中处理的变量类别

基于规则中处理的变量类别,关联规则可以分为布尔型和数值型。

布尔型关联规则处理的值都是离散的、种类化的,它显示了这些变量之间的关系;如:性别="男"⇒职业="老师",是布尔型关联规则。

数值型关联规则可以和多维关联或多层关联规则结合起来,对数值型字段进行处理,对其进行动态的分割,或者直接对原始的数据进行处理,当然,数值型关联规则中也可以包含种类变量。如:性别="男"⇒avg(收入)=5000,其中涉及的收入是数值类型,所以是一个数值型关联规则。

2. 基于规则中数据的抽象层次

基于规则中数据的抽象层次,关联规则可以分为单层关联规则和多层关联规则。

在单层关联规则中,所有的变量都没有考虑到现实的数据是具有多个不同的层次的。如,Adidas 篮球⇒Nike 篮球服,是一个细节数据上的单层关联规则。在多层关联规则中,对数据的多层性已经进行了充分的考虑。如,篮球⇒Nike 篮球服,是一个较高层次和细节层次之间的多层关联规则。

3. 基于规则中涉及的数据维数

基于规则中涉及的数据维数,关联规则可以分为单维的和多维的。

在单维的关联规则中,只涉及数据的一个维,如面包⇒牛奶,这条规则只涉及用户的购买的物品一个维度。

在多维的关联规则中,要处理的数据将会涉及多个维。换句话说,单维关联规则是处理单个属性中的一些关系;多维关联规则是处理各个属性之间的某些关系。如,性别="男"⇒职业="老师",这条规则就涉及"性别"和"职业"两个字段的信息,是两个维上的一条关联规则。

6.1.4 关联规则实现步骤

关联规则算法主要有以下两个步骤。

(1) 生成频繁项集。其目标是发现满足最小支持度阈值的所有频繁项集。

(2) 生成规则。根据频繁项集数据抽取高置信度的关联规则。

生成频繁项集最简单的方法是对应 N 个项目,需要的操作数具有 $O(n^2)$ 的时间复杂度,会生成 $n(n-1)/2$ 个种类,所以需要对项集空间进行剪枝处理,来降低项集处理的时间复杂度。

6.2 Apriori 算法

Apriori 算法是最常用的关联规则挖掘算法。Apriori 算法的扩展性较好,可用于并行计算等领域,该算法由 Rakesh Agrawal 博士和 Ramakrishnan Srikant 博士在 1994 年提出。

6.2.1 Apriori 定律

项集空间表示所有可以组合的项集组成的空间。利用项集空间的两个定律,可以抛掉很多的候选项集,Apriori 算法就是利用这两个定律来实现快速挖掘频繁项集的。项集空间如图 6-1 所示。

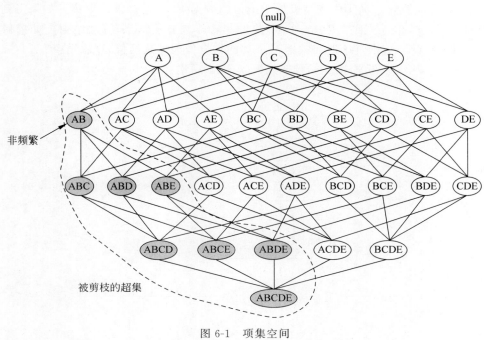

图 6-1 项集空间

定律 1:如果一个集合是频繁项集,则它的所有子集都是频繁项集。

假设一个集合{A,B}是频繁项集,即 A、B 同时出现在一条记录中的次数大于或等于最小支持度 min_support,则它的子集{A}、{B}出现的次数必定大于或等于 min_support,即它的子集都是频繁项集。

定律 2:如果一个集合不是频繁项集,则它的所有超集都不是频繁项集。

假设集合{A}不是频繁项集,即 A 出现的次数小于 min_support,则它的任何超集如{A,B}出现的次数必定小于 min_support,因此其超集也必定不是频繁项集。

6.2.2 Apriori 算法步骤

1. Apriori 算法的基本思想

通过对数据库的多次扫描来计算项集的支持度,发现所有的频繁项集从而生成关联规则。Apriori 算法对数据集进行多次扫描。第一次扫描得到频繁 1-项集的集合 L_1,第 $k(k>1)$ 次扫描首先利用第 $(k-1)$ 次扫描的结果来产生候选 k-项集的集合 C_k,然后在扫描的过程中确定 C_k 中元素的支持度,最后在每一次扫描结束时计算频繁 k-项集的集合 L_k,算法当候选 k-项集的集合 C_k 为空时结束。

2. Apriori 算法步骤（Apriori 算法流程图如图 6-2 所示）

（1）扫描整个数据集，得到所有出现过的数据，作为候选频繁 1-项集。$k=1$，频繁 0-项集为空集。

（2）挖掘频繁 k-项集。

① 扫描数据库，计算候选频繁 k-项集的支持度。

② 去除候选频繁 k-项集中支持度低于阈值的数据集，得到频繁 k-项集。如果得到的频繁 k-项集为空，则直接返回频繁 $(k-1)$-项集的集合作为算法结果，算法结束。如果得到的频繁 k-项集只有一项，则直接返回频繁 k-项集的集合作为算法结果，算法结束。

③ 基于频繁 k-项集，连接生成候选频繁 $(k+1)$-项集。

（3）令 $k=k+1$，转入步骤（2）。

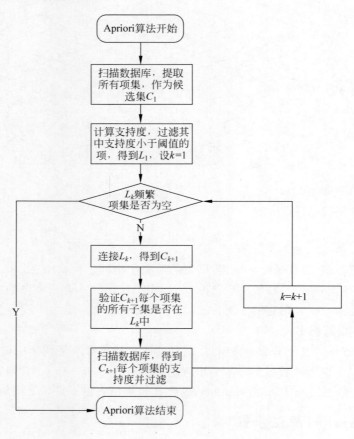

图 6-2　Apriori 算法流程图

6.2.3　Apriori 算法演示

【例 6-1】　图 6-3 是一个数据库的事务列表，在数据库中有 5 笔交易，即 $|D|=5$。每笔交易都用唯一的标识符 TID 作标记。需描述 Apriori 算法寻找 D 中频繁项集的过程。

解：设最小支持度是 3，即 min_support=3，利用频繁项集的过程如下：

（1）第一次扫描。扫描数据库，获得每个候选项的计数。由于最小支持度为 3，因此鸡

图 6-3 频繁 1-项集支持度计数统计图

蛋和可乐两个项被删除,得到新的频繁项集 L_1。它是由具有最小支持度的候选 1-项集组成的。

(2) 第二次扫描。为了得到频繁 2-项集的集合 L_2,算法使用 $L_1 \infty L_1$ 产生候选 2-项集的集合 C_2,在剪枝步骤没有候选项被删除,因为这些候选的子集也都是频繁的,如图 6-4 所示。

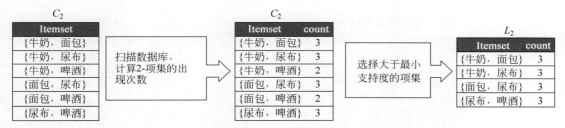

图 6-4 频繁 2-项集支持度计数统计图

(3) 第三次扫描。$L_2 \infty L_2$ 产生候选 3-项集 C_3,如图 6-5 所示。

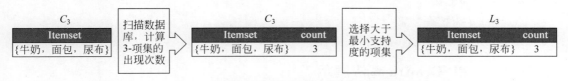

图 6-5 频繁 3-项集支持度计数统计图

候选 3-项集 C_3 产生的详细过程如下:

$$C_3 = L_2 \infty L_2$$
$$= \{\{牛奶,面包\},\{牛奶,尿布\},\{面包,尿布\}\} \infty$$
$$\{\{牛奶,面包\},\{牛奶,尿布\},\{面包,尿布\}\}$$
$$= \{\{牛奶,面包,尿布\}\}$$

使用 Apriori 性质剪枝:频繁项集的所有非空子集也必须是频繁的,得到 L_3。

(4) 第四次扫描。$L_3 \infty L_3$ 没有产生新的候选 4-项集,因此算法终止,即找出了所有的频繁项集。

6.2.4 Apriori 算法的特点

Apriori 算法的优点主要体现在该算法是一个迭代算法,数据采用水平组织方式,适合事务数据库的关联规则挖掘,适合稀疏数据集。

Apriori算法的局限性是需要多次扫描数据库,这需要很大的I/O负载。在算法的训练过程中可能产生庞大的候选集。在频繁项集长度变大的情况下,运算时间显著增加。

6.3 FP-Growth算法

6.3.1 FP-Growth算法概述

FP-Growth算法是韩家炜等在2000年提出的关联分析算法。FP-Growth算法是基于Apriori算法原理并针对其的缺点提出的一种全新的算法模式,它只需要对数据库进行两次扫描,而Apriori算法在求每个潜在的频繁项集时都需要扫描一次数据集,因此FP-Growth算法提高了发现频繁项集的效率。

6.3.2 FP-Growth算法步骤

FP-Growth算法的具体步骤如下:

(1)扫描整个数据集D,得到所有出现过的数据,并得到它们的最小支持度,计数作为候选频繁1-项集,记为L。

(2)扫描频繁元素项,构造FP树。

① 创建树的根节点,用null标记。

② 第二次扫描数据库。每个事务中的项都按L的次序处理(即按递减支持度计数排序),并对每个事务创建一个分支。

③ 当为一个事务考虑增加分支时,具有共同前缀的每个节点的计数增加1,为前缀之后的项创建节点和链接。

(3)对FP树挖掘频繁项集。

图6-6所示为FP-Growth算法流程。

6.3.3 FP-Growth算法演示

结合Apriori算法中最小支持度的阈值,在此将最小支持度定为2,结合图6-7中的数据,那些不满足最小支持度的项集将不会出现在最后的FP树中。

1. 建立事务数据库和频繁项集

(1)建立原始事务数据库表,如表6-2所示。

表6-2 原始事务数据库表

TID	Items	TID	Items
1	啤酒,牛奶,炸鸡	6	牛奶,尿布
2	牛奶,面包	7	尿布,啤酒
3	尿布,牛奶	8	牛奶,啤酒,炸鸡,尿布
4	啤酒,牛奶,面包	9	啤酒,牛奶,尿布
5	啤酒,尿布	10	牛奶,奶酪

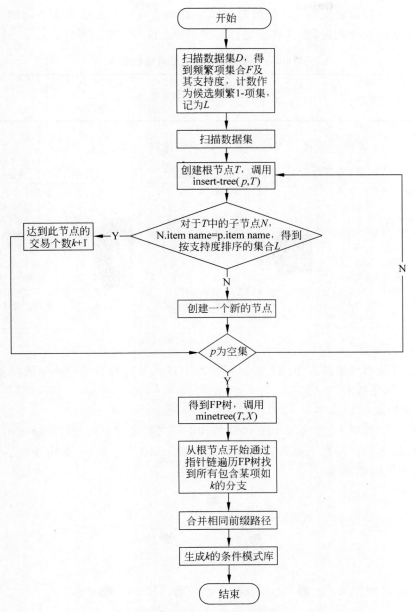

图 6-6　FP-Growth 算法流程图

（2）扫描事务数据库，统计各元素项出现的频率，如表 6-3 所示。

表 6-3　元素项出现频率统计表

啤　酒	牛　奶	尿　布	面　包	炸　鸡	奶　酪
6	8	6	2	2	1

（3）根据定义的最小支持度，过滤事务数据库生成频繁项集 F，并按降序重排频繁项集，如表 6-4 所示。这样做的原因是，构建的 FP 树中相同项只会出现一次，然而集合是无序

的，集合$\{x,y,z\}$和集合$\{z,y,x\}$是相同的，但 FP 树会将两个集合当作不同的集合生成两条路径，为了解决这个问题，需要在将集合添加到树之前对它进行排序。

表 6-4 过滤并重排后的频繁项集表 F

牛 奶	尿 布	啤 酒	面 包	炸 鸡
8	6	6	2	2

（4）原始事务集过滤重排。对原始事务集进行排序，如图 6-7 所示。

TID	Items		TID	Items		TID	Items
1	啤酒，牛奶，炸鸡		1	啤酒，牛奶，炸鸡		1	牛奶，啤酒，炸鸡
2	牛奶，面包		2	牛奶，面包		2	牛奶，面包
3	尿布，牛奶		3	尿布，牛奶		3	牛奶，尿布
4	啤酒，牛奶，面包	过滤非频繁项	4	啤酒，牛奶，面包	按频繁项集顺序排序	4	牛奶，啤酒，面包
5	啤酒，尿布		5	啤酒，尿布		5	啤酒，尿布
6	牛奶，尿布		6	牛奶，尿布		6	牛奶，尿布
7	尿布，啤酒		7	尿布，啤酒		7	啤酒，尿布
8	牛奶，啤酒，炸鸡，尿布		8	牛奶，啤酒，炸鸡，尿布		8	牛奶，啤酒，尿布，炸鸡
9	啤酒，牛奶，尿布		9	啤酒，牛奶，尿布		9	牛奶，啤酒，尿布
10	牛奶，奶酪		10	牛奶		10	牛奶

图 6-7 事务集过滤重排过程图

注意，事务集重排由两步组成：按照频率大小对元素进行排序；对相同频率的元素项按关键字进行降序排列。

2．FP 树构建

FP 树的结构如图 6-8 所示。和其他树结构不同之处是，FP 树通过链接(link)来连接相似元素，被连接起来的元素项可以看成一个链接表。如图 6-8 所示，其中虚线为链接，被连接起来的元素项构成链表。

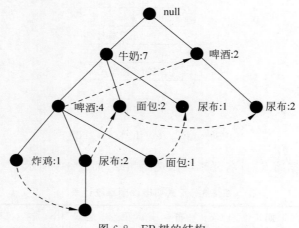

图 6-8 FP 树的结构

FP 树以空节点为根节点，一个元素项可以在一棵 FP 树中出现多次。项集以路径＋频率的方式存储在 FP 树中。树节点中的频率表示的是集合中单个元素在其序列中出现的次数。一条路径表示一个事务，如两个事务完全一致，则路径完全重合，最末端节点频率加 1。相似项之间的链接即为节点连接,即图 6-8 中的虚线链路。链接主要用来快速发现相似项的位置。

对于 FP 树的构建,从空集(∅)开始,向其中不断添加频繁项集。如果树中已经存在现有元素,则增加现有元素值。如果现有元素不存在,则向树中添加一个分支。为了方便树的遍历,快速访问树中的相同项,创建一个头指针表指向给定类型的第一个实例,使每项通过一个节点链指向它在树中的位置。这样,数据库频繁模式的挖掘问题就转换成挖掘 FP 树的问题。构建第一个带头指针的 FP 树,如图 6-9 所示。

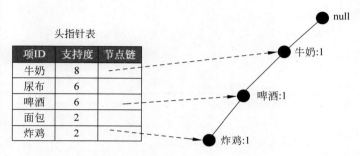

图 6-9　FP 树生成图(一)

头指针列表的列表元素包括数据项、该项的全局最小支持度、指向 FP 树中该项链表的表头的指针。第二个事务构建过程如图 6-10 所示。

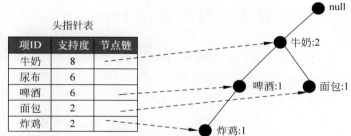

图 6-10　FP 树生成图(二)

最终事务构建过程如图 6-11 所示。

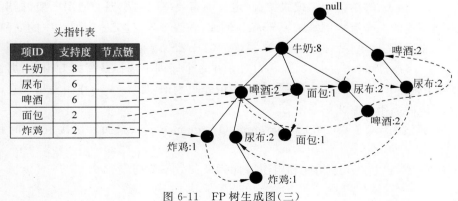

图 6-11　FP 树生成图(三)

FP 树挖掘从表头的最后一项开始，即从炸鸡开始。在如图 6-11 所示的 FP 树中可以看到，从根节点到炸鸡的路径有两条：牛奶:8→啤酒:2→炸鸡:1；牛奶:8→啤酒:2→尿布:2→炸鸡:1。

{牛奶,啤酒:2}和{牛奶,啤酒,尿布:1}两个前缀形成了炸鸡的条件模式集。根据条件模式集，我们可以得到炸鸡的条件 FP 树。因为"尿布:1"的支持度小于最小支持度2，所以"尿布:1"忽略不计，炸鸡的条件 FP 树记为：{牛奶:2,啤酒:2}，如图 6-12 所示。

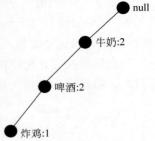

图 6-12　炸鸡条件 FP 树

根据条件 FP 树，可以全排列组合，得到挖掘出来的频繁模式，如表 6-5 所示。

表 6-5　FP 树频繁模式表

项	条件模式集	条件 PF 树	产生的频繁模式
炸鸡	{牛奶,啤酒:1},{牛奶,啤酒,尿布:1}	{牛奶,啤酒:2}	{牛奶,炸鸡:2},{啤酒,炸鸡:1},{牛奶,啤酒,炸鸡:2}
面包	{牛奶,啤酒:1},{牛奶:1}	{牛奶:2}	{牛奶,面包:2}
尿布	{牛奶,啤酒:2},{牛奶:2},{啤酒:2}	{牛奶,啤酒:2},{啤酒:2}	{牛奶,尿布:4},{啤酒,尿布:4},{牛奶,啤酒,尿布:2}
啤酒	{牛奶:4}	{牛奶:4}	{牛奶,啤酒:4}

6.4　挖掘算法的进阶算法 USpan *

USpan 是一种高效用的序列模式挖掘算法。对于商家而言，他们不仅关注哪些商品被频繁购买了，还关注这些商品被一起购买所产生的利润。因此，仅仅看商品是否被频繁购买是不够的，需要引入"效率"(utility)的概念。单项利润表如表 6-6 所示。

表 6-6　单项利润表

项目	a	b	c	d	e	f
利润	2	5	4	3	1	1

J. Yin、Z. Zheng 等结合顺序模式挖掘，定义了高效率序列挖掘的通用框架，提出了用于高效率序列模式的一个有效的算法 USpan。例如，在表 6-7 中，交易序列 2 中的 e 和 a 两种商品组合<ea>的 Utility 是{(6×1+1×2),(6×1+2×2)}={8,10}，<ea>在整个数据库的 Utility 是{},{8,1},{},{16,10},{15,17}。在每个序列中选择最高的 Utility，那么<ea>的最高 Utility 是 10+16+15=41。如果这个值超过阈值，那么<ea>作为输出模式，这样的结果反映了该商品组合带来的总利润。

USpan 算法由 LQS-Tree(Lexicographic Q-sequence Tree)、两种拼接策略和两种剪枝策略组成。

(1) LQS-Tree 主要用于构建和组织 q-序列及其效率值列表。

表 6-7 交易序列表

ID	序　　列
1	<(e,5)[(c,2)(f,1)](b,2)>
2	<[(a,2)(e,6)][(a,1)(b,1)(c,2)][(a,2)(d,3)(e,3)]>
3	<(c,1)[(a,6)(d,3)(e,2)]>
4	<[(b,2)(e,2)][(a,7)(d,3)][(a,4)(b,1)(e,2)]>
5	<[(b,2)(e,3)][(a,6)(e,3)][(a,2)(b,1)]>

（2）拼接策略分为项集内拼接（I-concatenated）和序列间拼接（S-concatenated），如序列<(ab)>的项集内拼接为<(abe)>，序列间拼接为<(ab)c>。

（3）剪枝策略分为宽度剪枝（width pruning）和深度剪枝（depth pruning），宽度剪枝依据促进规则进行剪枝，LQS-Tree 中一个节点，若节点拼接的新项不能促进效用值的增长，则不允许拼接；深度剪枝依据节点和拼接的新项的效用值的上界来限制 LQS-Tree 在深度方向的增长。

由图 6-13 可以发现，如果不使用剪枝策略，那么基于 LQS-Tree 和两种拼接方式的方法，会将 q-序列数据库中的记录生成一棵庞大的 LQS-Tree，导致搜索空间指数级膨胀，算法效率严重下降。

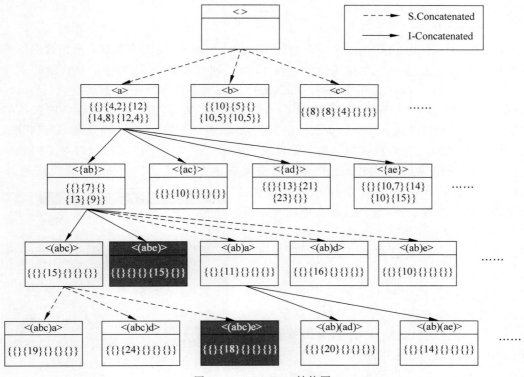

图 6-13　LQS-Tree 结构图

想要更详细地了解 USpan 算法，可参考文章 US*pan*：*an efficient algorithm for mining high utility sequential patterns*。

6.5 实验

6.5.1 使用 Weka 进行 Apriori 算法挖掘

1. 实验目的

（1）熟悉 Weka 的使用。

（2）掌握关联规则的原理及应用。

（3）掌握 Apriori 和 FP-Growth 算法的步骤及操作。

2. 实验内容

本实验主要包括两方面的内容。

（1）下载并安装 Weka，了解 Weka 的使用环境与方法。Weka 的全名是怀卡托智能分析环境（Waikato Environment for Knowledge Analysis）。

（2）利用数据挖掘工具 Weka 实现 Apriori 算法。Apriori 是关联规则领域最具影响力的基础算法，是一种广度优先算法，通过多次扫描数据库来获取支持度大于最小支持度的频繁项集。它的理论基础是频繁项集的两个单调性原则：频繁项集的任一子集一定是频繁的；非频繁项集的任一超集一定是非频繁的。在海量数据的情况下，Apriori 算法的时间和空间成本非常高。

3. 实验步骤

（1）Explorer Weka 作为一个公开的数据挖掘工作平台，集合了大量能承担数据挖掘任务的机器学习算法，包括对数据进行预处理、分类、回归、聚类、关联规则以及在新的交互式界面上的可视化。Weka 是用 Java 写成的，它可以在大部分操作平台上运行，包括 Linux、Windows 等操作系统。Weka 平台提供了一个统一的界面，汇集了当今最经典的机器学习算法及数据预处理工具。作为知识获取的完整系统，包括了数据输入、预处理、知识获取、模式评估等环节，以及对数据及学习结果的可视化操作。在 Weka 中，可以通过对不同的学习方法所得出的结果进行比较，找出解决当前问题的最佳算法。Weka 的源代码可通过 http://www.cs.waikato.ac.nz/ml/weka 得到。如果想自己实现数据挖掘算法，那么可以看一看 Weka 的接口文档。在 Weka 中集成自己的算法甚至借鉴它的方法自己实现可视化工具都是比较方便的。2005 年 8 月，在第 11 届 ACM SIGKDD 国际会议上，怀卡托大学的 Weka 小组荣获了数据挖掘和知识探索领域的最高服务奖。Weka 系统得到了广泛的认可，被誉为数据挖掘和机器学习历史上的里程碑，是现今最完备的数据挖掘工具之一。打开 Weka，单击 Explorer 按钮，进入操作界面，如图 6-14 所示。

图 6-14 Weka 初始界面

（2）打开文件进入主界面后，单击 Open file 按钮，选择需要挖掘的数据，找到安装 Weka 的路径，如图 6-15 所示。

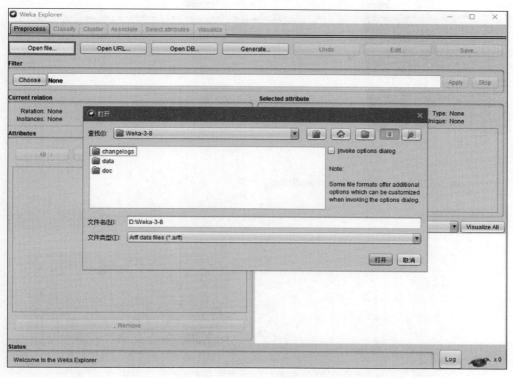

图 6-15　在 Weka 中打开文件

（3）Weka 路径下面的 data 文件夹中有自带的数据集，选择 supermarket.arff 数据集。.arff 格式是 Weka 专用的文件格式，全称为 Attribute-Relation File Format。它是一个 ASCII 文件，其中记录了一些共享属性的实例。表格中的行称作一个实例，列称作一个属性，这样数据集呈现了属性之间的一种关系。supermarket.arff 数据集是一个超市购物篮分析数据集，其中是从新西兰的一个超市收集得到的真实数据，如图 6-16 所示。

（4）选择算法关联规则是数据挖掘的热点之一。关联规则反映一个对象与其他对象之间的相互依赖性，如果多个对象之间存在一定的关系，那么一个对象就能够通过其他对象来进行预测。关联规则可以采用与分类规则相同的方式产生。由于得到的关联规则的数量庞大，所以通常需要通过使用覆盖率和准确率进行修剪，覆盖率（coverage）也称为支持度（support），确定规则可以用于给定数据集的频繁程度，支持度没有先后顺序的区别。准确率（accuracy）也称为置信度（confidence），用于度量关联规则的可靠性，置信度越高，推理越可靠。在 Associate 选项卡中单击 Choose 按钮，选择相关算法，如图 6-17 所示。

（5）选择 Apriori 算法。Apriori 算法的基本思想参见 6.2.2 节的 Apriori 算法步骤。

（6）设置参数并运行。在 Choose 旁边文本框中设置参数，如图 6-18 所示。

（7）单击图 6-18 黑框中给出的参数设置后会看到参数设置界面，参数主要包括选择支持度（lowerBoundMinSupport）、规则评价机制（metriType）及对应的最小值（minMetric，指度量类型），设置对规则进行排序的度量依据。一般是置信度（Confidence）、提升度（LIFT）、杠杆率（Leverage）、确信度（Conviction），注意：类关联规则只能用置信度挖掘。单击 OK 按钮保存设置结果，如图 6-19 所示。

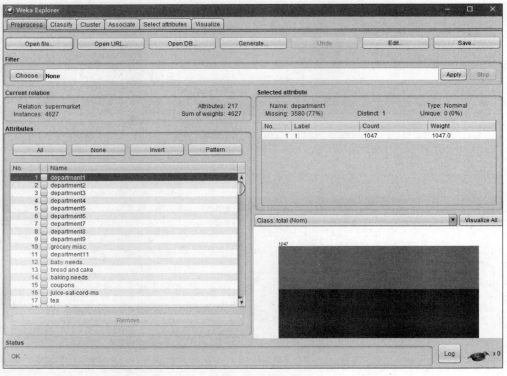

图 6-16 数据分析界面

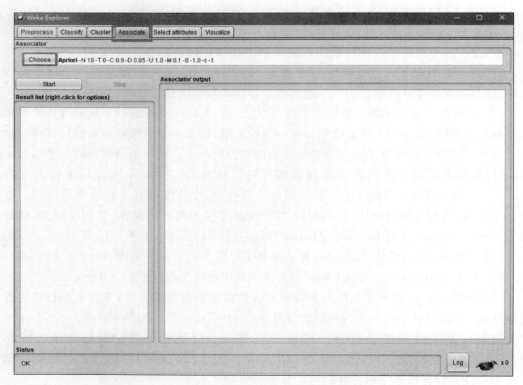

图 6-17 算法选择

第6章 关联规则算法

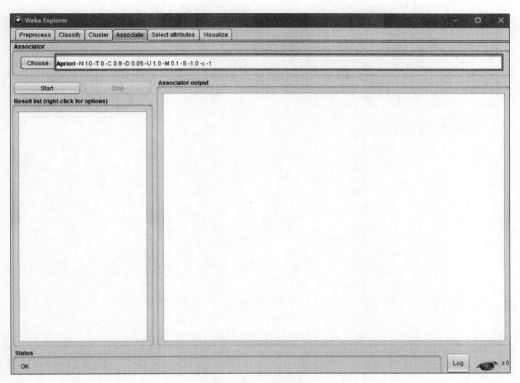

图 6-18 设置参数

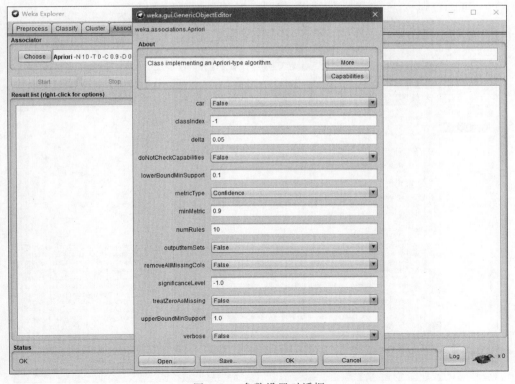

图 6-19 参数设置对话框

（8）设置好参数后单击 Start 按钮运行，如图 6-20 所示。

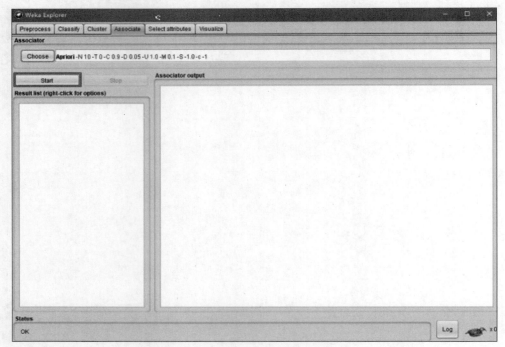

图 6-20　运行程序

（9）可以看到 Apriori 的运行结果，如图 6-21 所示。

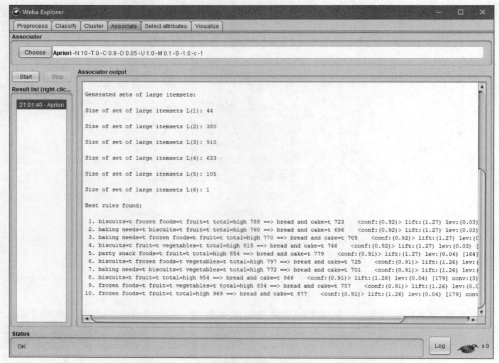

图 6-21　运行结果展示

该样本数据的实验结果是：频繁 1-项集 44 个，频繁 2-项集 380 个，频繁 3-项集 910 个，频繁 4-项集 633 个，频繁 5-项集 105 个，频繁 6-项集 1 个。得到最佳关联规则，每条规则都带有项集出现次数、置信度、相关度等数据。如：1. biscuits＝t frozen foods＝t fruit＝t total＝high 788 ＝＝＞ bread and cake＝t 723 ＜ conf：(0.92)＞ lift：(1.27) lev：(0.03) [155] conv：(3.35) 中 biscuits、frozen foods、fruit 是一个好的关联规则并且记录数是 12，其中置信度为 0.92，提升度为 1.27，杠杆率为 0.03，确信度为 3.35。关闭 Weka 软件，完成实验。

6.5.2 基于 Python 的 Apriori 简单实现

1. 实验目的

（1）熟悉 PyCharm、IDEA、Eclipse 等编程软件的使用环境。

（2）掌握 K 最近邻（K-Nearest Neighbor，KNN）算法的原理和步骤。

2. 实验内容

Python 是一种计算机程序设计语言，是一种动态的、面向对象的脚本语言，最初被设计用于编写自动化脚本(shell)，随着版本的不断更新和语言新功能的添加，越来越多地被用于独立的、大型项目的开发，尤其适用于当前机器学习领域。

K 最近邻算法，或者说 KNN 分类算法，是数据挖掘分类技术中最简单的方法之一。所谓 K 最近邻，就是 K 个最近的邻居的意思，说的是每个样本都可以用与它最接近的 K 个邻居来代表。KNN 算法的核心思想是：如果一个样本在特征空间中的 K 个最相邻的样本中的大多数属于某一个类别，则该样本也属于这个类别，并具有这个类别上样本的特性。KNN 算法在类别决策时，只与极少量的相邻样本有关。

3. 实验步骤

（1）创建脚本文件。打开 PyCharm 工具后创建项目，如图 6-22 所示。

（2）单击 File→New Project 命令创建新项目，如图 6-23 所示。

图 6-22　PyCharm 启动界面

图 6-23　创建新项目

（3）设置项目名称为 knn_demo，并选择工作区间，可以保持默认设置。单击 Finish 按钮完成创建，如图 6-24 所示。

(4) 项目创建完成后,右击 knn_demo 项目名称,创建一个新的 Python 文件,如图 6-25 所示。新建的 Python 文件为 KNN.py,用于实现 KNN 算法的核心思想。用同样的方法再创建文件 KNNTest.py,用于实现 KNN 算法的测试实验。

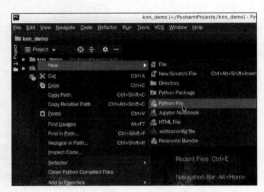

图 6-24　项目创建结果　　　　　　　　图 6-25　创建新 Python 程序

(5) 编写 KNN 算法程序。双击 Python 文件名,在编辑器中分别编写 KNN.py 与 KNNTest.py 文件。首先编写 KNN.py 文件,该程序基于对简单数据的分类实现 KNN 算法的核心思想。具体实验数据如表 6-8 所示。

表 6-8　实验数据

属　性　1	属　性　2	类　别
1.0	0.9	A
1.0	1.0	A
0.1	0.2	B
0.0	0.1	B

未知类别数据如表 6-9 所示。

表 6-9　未知类别数据

属　性　1	属　性　2	类　别
1.2	1	?
0.1	0.3	?

小结

关联规则是用来发现大量数据中项集之间有趣的关联关系的。

本章介绍了关联规则相关算法的基础知识,包括 Apriori 算法、FP-Growth 算法的概念、实现步骤及特点等,总结见表 6-10。通过本章的学习,读者可以对关联规则算法有一个基本的认识,并借助这些算法解决一些数据挖掘领域中的问题。

表 6-10 关联规则算法

算法名称	算法思想
Apriori 算法	Apriori 算法利用逐层搜索的迭代方法多次扫描,计算项集的支持度,找出事务集中的关系,发现所有的频繁项集,从而生成关联规则。它利用"频繁项集的所有非空子集也是频繁项集"的这一先验性质进行迭代,最后利用频繁项集构造最小支持度和最小置信度的规则
FP-Growth 算法	FP-Growth 算法通过将数据集存储在 FP 树的紧凑数据结构中,并直接从该结构中提取频繁项集。FP-Growth 算法只需要对数据库进行两次扫描即可高效地找到频繁项集。其算法发现频繁项集的过程有两步:第一构建 FP 树,第二从 FP 树中发现频繁项集

习题

(1) 对比 Apriori 算法和 FP-Growth 两种算法的优点和缺点。

(2) 对于如表 6-11 所示数据集,定义支持度为 2,置信度为 50%,使用 Apriori 算法发现其中的强关联规则,使用 FP-Growth 算法画出 FP 树。

表 6-11 销售表单

TID	Items	TID	Items
1	啤酒,牛奶,炸鸡	6	牛奶,尿布
2	牛奶,面包	7	啤酒,尿布
3	牛奶,尿布	8	啤酒,牛奶,尿布,炸鸡
4	啤酒,牛奶,面包	9	啤酒,牛奶,尿布
5	啤酒,尿布		

第7章

分　类

随着万物互联时代的到来,社会发展进入智能化时代,物联网边缘设备所产生的数据规模呈几何级增长,如何根据决策和服务目的对大量复杂数据进行有效的分类,是信息技术行业面临的一个巨大挑战。作为数据挖掘领域中研究和应用最广泛的技术之一,分类的目的是利用已有观测数据找出不同类别的概念描述,并用这种描述来构造和刻画一个分类模型,从而预测未知样本数据的类别,为用户提供可靠的智能信息服务。分类模型在医疗诊断、生物信息学、文本挖掘和金融分析等领域都有广泛应用。

本章主要讲述了分类的基本概念、分类模型的性能评判指标以及几种常见的主流数据分类算法,重点介绍了 KNN 算法、决策树算法和 SVM 算法,并从算法的思想入手,描述算法的实现,通过具体案例使读者能够掌握分类算法的整个过程。

7.1　分类的基本知识

7.1.1　分类的概念

分类是数据挖掘中的主要分析手段,其任务是利用数据集通过一定的算法而求得分类规则。简单地说,分类就是按照某种标准给对象贴标签。实现分类的算法称为分类器或分类模型,可将输入数据映射到类别的标签。形式上,可以用数学表达式把它作为一个目标函数 f,用 x 表示数据属性值的集合,y 表示数据的类别标签,如果有 $f(x)=y$,则该分类器可以正确地将属性集映射到一个数据的类别标签。属性集 x 可以包含任何类型的属性,而类别标签 y 必须是可分类的。

例如,在垃圾电子邮件过滤任务中,根据标题和内容中提取的特征属性将邮件分为"垃圾邮件"或"非垃圾邮件"类别;或者在肿瘤鉴定任务中,根据患者从磁共振成像(MRI)扫描中提取的特征属性将肿瘤分为"恶性"或"良性"类别。上述两个任务都是二分类的例子,如果类的数量大于 2,那么该任务为多分类任务。

分类可被用于描述性建模和预测性建模。描述性建模是指分析输入数据,根据数据表现的特性,为每一个类找到一种准确的描述,用来识别和区分不同类中的对象。预测性建模是指未标记的数据中的类别标签是未知的,但通过其属性或特征,来对这些数据所属的类别进行预测。

数据分类前先将数据集划分为两部分:一部分为训练数据集,另一部分为测试数据集,其中包含每个数据的属性值以及类别标签,测试数据集要独立于训练数据集,确保模型能够准确预测训练时未见过的样本的类别标签,这表明该模型具有良好的泛化能力(即对新鲜样本的适应能力)。

数据分类一般分为两步。

第一步将学习算法应用于训练数据集以学习模型,这个过程称为归纳。第一步也称为学习步,目标是建立描述预先定义的数据类或概念集的分类器。分类算法通过分析或从训练集中"学习"来构造分类器,这个过程通常也被描述为"学习或建立一个模型",学习模型可以用分类规则、决策树或数学公式的形式表示。如图7-1所示,数据集为某公司要招聘的员工信息,包含姓名、技能等级和工作年限,聘用情况用 Yes 和 No 来表示,模型通过分类算法的学习,将技能等级为"高级"或工作年限大于 6 表示为聘用该员工的分类规则。

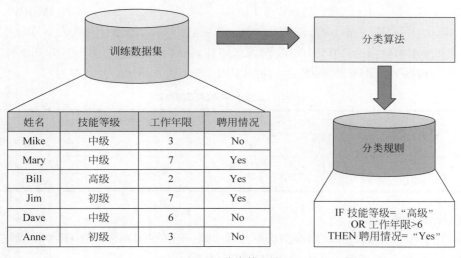

图 7-1 分类第一步

第二步是应用模型对未知数据进行预测,判断其所属类别,这一个过程称为演绎。首先评估模型的预测准确率,对比每个测试样本,将已知的类别标签和该样本学习模型的预测类别进行比较,模型在给定测试数据集上的准确率是正确被模型分类的测试样本的百分比,如果准确率达到可以接受的水平,则可以用该分类模型完成分类任务。如图 7-2 所示,测试数据集根据学习到的分类规则,预测一个未知样本的类别。未知样本的判别特征为技能等级为"高级"和工作年限为 4,与聘用该员工的分类规则符合,故预测该名员工的聘用情况为 Yes。虽然训练数据集中第二行的数据出现误差,但是如果误差在可接受的范围之内,依然可以使用学习到的分类规则完成分类任务。

7.1.2 分类的评价标准

分类模型和分类器的评价标准可以通过比较真实类别和预测类别得出,可利用一个混淆矩阵(误差矩阵)来表示这些信息,见表 7-1,其中每一列代表了预测类别,每一行代表了

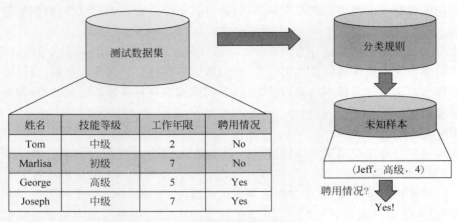

图 7-2 分类第二步

数据的真实归属类别。由表 7-1 可知,真正(True Positive,TP)表示模型预测为正,实际为正。真负(True Negative,TN)表示模型预测为负,实际为负。假正(False Positive,FP)表示模型预测为正,实际为负。假负(False Negative,FN)表示模型预测为负,实际为正。模型进行正确预测的数量为 TP+TN,模型进行不正确预测的数量是 FP+FN,正例样本总数为 $P=\mathrm{TP}+\mathrm{FN}$,负例样本总数为 $N=\mathrm{TN}+\mathrm{FP}$。

表 7-1 二分类的混淆矩阵

真实类别	预测类别	
	正例	负例
正例	TP	FN
负例	FP	TN

可以计算以下指标:

(1)正确率(Accuracy)是指模型能够正确预测、识别正例和负例的样本数量与预测样本总数的比值,即分类正确的样本数除以所有样本数。

$$\mathrm{Accuracy} = \frac{\mathrm{TP}+\mathrm{TN}}{P+N} = \frac{\mathrm{TP}+\mathrm{TN}}{\mathrm{TP}+\mathrm{FN}+\mathrm{TN}+\mathrm{FP}} \tag{7-1}$$

正确率越高,分类器的效果也越好。

(2)错误率(Error rate)是指模型错误预测、错误识别正例和负例的样本数量与预测样本总数的比值,与正确率相反,即 $1-\mathrm{Accuracy}$。

$$\mathrm{Error\ rate} = \frac{\mathrm{FP}+\mathrm{FN}}{P+N} = \frac{\mathrm{FP}+\mathrm{FN}}{\mathrm{TP}+\mathrm{FN}+\mathrm{TN}+\mathrm{FP}} \tag{7-2}$$

(3)真正率(True Positive Rate,TPR)是指所有正例中被分对的比例,用于衡量分类器对正例的识别能力。

$$\mathrm{TPR} = \frac{\mathrm{TP}}{P} = \frac{\mathrm{TP}}{\mathrm{TP}+\mathrm{FN}} \tag{7-3}$$

在信息检索文献中一般用召回率(recall)表示,在医学界则常用灵敏度(sensitive)表示。

(4)真负率(True Negative Rate,TNR)是指所有负例中被分对的比例,用于衡量分类器对负例的识别能力。

$$\text{TNR} = \frac{\text{TN}}{N} = \frac{\text{TN}}{\text{TN} + \text{FP}} \tag{7-4}$$

一般也采用特效度(specificity)表示。

（5）假正率(False Positive Rate,FPR)是指所有负例中被分错的比例,与真负率相反,即 $1-\text{TNR}$。

$$\text{FPR} = \frac{\text{FP}}{N} = \frac{\text{FP}}{\text{TN} + \text{FP}} \tag{7-5}$$

（6）假负率(False Negative Rate,FNR)是指所有正例中被分错的比例,与真正率相反,即 $1-\text{TPR}$。

$$\text{FNR} = \frac{\text{FN}}{P} = \frac{\text{FN}}{\text{TP} + \text{FN}} \tag{7-6}$$

（7）精度(Precision)是指模型预测为正例的总数中被正确预测为正例的比例。

$$\text{Precision} = \frac{\text{TP}}{\text{TP} + \text{FP}} \tag{7-7}$$

其中,精度与召回率是一对矛盾的度量。一般来说,精度高时,召回率往往偏低；反之亦然。将精度和召回率合并成一个变量,称为 $F1$ 度量。实际中 $F1$ 表示为精度和召回率的调和均值：

$$F1 = \frac{2}{\frac{1}{R} + \frac{1}{P}} = \frac{2PR}{P + R} = \frac{2\text{TP}}{2\text{TP} + \text{FP} + \text{FN}} \tag{7-8}$$

一个高 $F1$ 的度量值确保精度和召回率都比较高。$F1$ 度量的一个通用拓展是 F_β 度量：

$$F_\beta = \frac{(\beta^2 + 1)PR}{\beta^2 P + R} = \frac{(\beta^2 + 1)\text{TP}}{(\beta^2 + 1)\text{TP} + \beta^2 \text{FP} + \text{FN}} \tag{7-9}$$

当 $\beta = 1$ 时,F_β 度量就是 $F1$ 度量,而当 $\beta = 0$ 和 $\beta = \infty$ 时,可以将精度和召回率视为 F_β 度量的特例,当召回率更重要时,就设定 $\beta > 1$,当精度更重要时,就设定 $\beta < 1$。

（8）接收者操作特征(Receiver Operating Characteristic,ROC)曲线,如图 7-3 所示,ROC 曲线是用于显示分类器在不同评分阈值下分类性能的图形化方法,曲线用假正率 FPR 指标作为横坐标,真正率 TPR 指标作为纵坐标。在 ROC 曲线中,TPR 随着 FPR 单调递增,一个良好的分类模型应该尽可能地靠近图的左上角,即当 TPR=1,FPR=0 时,表示分类模型没有错误分类。

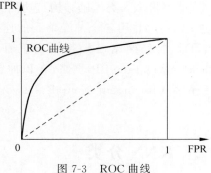

（9）曲线下面积(Area Under Curve,AUC)即处于图 7-3 框中 ROC 曲线下面的那部分的面积。

图 7-3　ROC 曲线

AUC 越大,表示模型的预测效果越好。如果分类模型是完美的,则 AUC 的值为 1；如果模型只是进行简单的随机猜测,那么 AUC 的值正好为对角线连线下的面积 0.5,所以一般 AUC 的值为 0.5～1。

在上述评价准则评价分类器性能时,要根据数据集的特点以及分类器的功能描述,通过侧重点的不同合理的使用精度、F1 值、ROC 曲线等评价指标。

7.1.3 分类的主要方法

不同分类模型的学习方法适用于不同的任务场景,比较常用的分类方法主要包括 KNN、决策树(Decision Tree,DT)、支持向量机(Support Vector Machine,SVM)、贝叶斯方法和人工神经网络(Artificial Neural Network,ANN)等。

(1) KNN 算法是一种基于实例的学习方法,既可以作为分类方法,也可以作为回归方法。KNN 的核心思想是:处理分类问题时,两个实例在特征空间中的距离越近,表示它们之间的相似程度越高,因此可根据数据集中最相似的实例类别推断出目标所属的类别。

(2) 决策树算法是一种类似于流程图的树结构,算法生成一棵形如二叉或多叉的决策树,是一种在分类和预测任务中被广泛使用的方法。决策树的核心思想是:根据自变量的值自顶向下地进行递归划分,找出属性和类别间的关系,在决策树的内部节点进行属性的比较,并根据不同属性值判断从该节点向下的分支,分支路径形成一条分类规则,根据一棵决策树对应的若干分类规则可以直观地对因变量的值进行预测。主要的决策树算法有 ID3 和 C4.5 算法等。

(3) 支持向量机是通过学习属性空间中的线性或非线性决策边界来划分不同的类别,是一种二元分类判别模型。支持向量机的核心思想是:根据区域中的样本计算该区域的决策曲面,也就是在特征空间中寻找一个超平面,将训练样本的正例和负例分离在它的两侧,由此判断未知样本的类别,较好地解决了非线性、高维数、局部极小点等问题。

(4) 贝叶斯分类算法是利用概率论的方法给出某样本属于某个类的概率值,选择其中可能性最大的一个类别作为该样本的最终类别。贝叶斯分类算法的核心思想是:首先假设特征条件之间相互独立,通过已给定的训练集,学习从输入到输出的联合概率分布,再基于学习到的模型,求解使后验概率最大的输出,主要算法包括朴素贝叶斯算法和贝叶斯网络等。贝叶斯分类算法将在 8.3 节中详细介绍。

(5) 人工神经网络是一种由大量神经元按一定规则相互连接形成进行信息处理的数学模型,能够模拟人类大脑结构与功能。以达到处理信息的目的。神经网络通常从训练样本中进行学习,并用各个神经单元的连接权重表示获取到的知识,这样就可以实现分类的功能,目前,神经网络已经衍生出上百种不同的模型,常见的有 Hopfield 网络、反向传播(BackPropagation,BP)网络、卷积神经网络(Convolutional Neural Network,CNN)和循环神经网络(Recurrent Neural Network,RNN)等,神经网络分类算法将在第 9 章中详细介绍。

7.2 KNN 分类

7.2.1 KNN 算法描述

KNN 算法是指给定一个训练数据集,对新的输入实例,在训练数据集中找到与该实例最邻近的 K 个实例,若这 K 个实例的多数属于某个类,则把该输入实例分类到这个类中。这是一种广泛使用的懒惰学习分类方法。所谓懒惰学习,是指延迟训练数据建模的过程,直到需要对测试实例进行分类。

KNN 算法的思想是在训练数据集中数据和标签已知的情况下，根据特征空间中一个样本所处的位置特征，衡量其周围 K 个邻居的权重，距离越近，则表示它们之间的相似程度越高，根据与它最相似的 K 个样本所属的类别，将这个样本归属于权重更大的类别。KNN 根据数据集中最相似的实例类别推断出目标所属的类别，也即"物以类聚"。

如图 7-4 所示为一个简单的 KNN 分类例子。有两类不同的实例样本：三角形以及正方形，正中间的圆形所表示的数据是待分类的数据。采用 KNN 算法的思想，如果 K 值为 3，由于正方形所占比例最大，所以圆形将被赋予正方形所属的类；如果 K 值为 5，由于三角形所占比例最大，所以圆形将被赋予三角形所属的类。

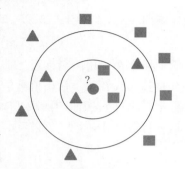

图 7-4 KNN 分类例子

KNN 对自变量和因变量的类型没有特殊限制，把要分类的对象与训练集中已知类标记的所有对象进行对比，通过测量不同之间的距离进行分类。特征空间 $\mathbb{R}^n$ 中两点的距离度量方法如下。

(1) 欧几里得距离也称欧氏距离，是最常见的两点之间或多点之间的距离表示法。欧氏距离在二维空间的计算方法为：

$$\rho = \sqrt{(x_2 - x_1)^2 + (y_2 - y_1)^2} \tag{7-10}$$

$$|X| = \sqrt{x_1^2 + y_1^2} \tag{7-11}$$

其中，ρ 为点 (x_1, y_1) 与点 (x_2, y_2) 的欧氏距离，$|X|$ 为点 (x_1, y_1) 与原点的欧氏距离，将其拓展到 n 维特征空间，有

$$D(\boldsymbol{x}, \boldsymbol{y}) = \sqrt{(x_1 - y_1)^2 + (x_2 - y_2)^2 + \cdots + (x_n - y_n)^2} = \sqrt{\sum_{i=1}^{n}(x_i - y_i)^2} \tag{7-12}$$

其中，$D(\boldsymbol{x}, \boldsymbol{y})$ 为两个 n 维向量 $(x_1, x_2, \cdots, x_n)$ 与向量 $(y_1, y_2, \cdots, y_n)$ 的欧氏距离。

(2) 曼哈顿距离（Manhattan Distance），可以定义为欧几里得空间的固定直角坐标系上两点所形成的线段对轴产生的投影的距离总和，二维空间的计算方法：

$$d = |x_1 - x_2| + |y_1 - y_2| \tag{7-13}$$

其中，d 为点 (x_1, y_1) 与点 (x_2, y_2) 的曼哈顿距离，拓展到 n 维特征空间：

$$M(\boldsymbol{x}, \boldsymbol{y}) = \sum_{k=1}^{n} |x_{1k} - y_{1k}| \tag{7-14}$$

其中，$M(\boldsymbol{x}, \boldsymbol{y})$ 为两个 n 维向量 $(x_{11}, x_{12}, \cdots, x_{1n})$ 与 $(y_{11}, y_{12}, \cdots, y_{1n})$ 的曼哈顿距离。

实际上，以上两种距离可以看作是 $p=2$ 和 $p=1$ 的闵可夫斯基距离（Minkowski Distance）：

$$D(\boldsymbol{x}, \boldsymbol{y}) = \left(\sum_{u=1}^{n} |x_u - y_u|^p\right)^{\frac{1}{p}} \tag{7-15}$$

其中，$D(\boldsymbol{x}, \boldsymbol{y})$ 为两个 n 维向量 $(x_1, x_2, \cdots, x_n)$ 与 $(y_1, y_2, \cdots, y_n)$ 的闵可夫斯基距离；p 为常数，是一个变参数。

(3) 马氏距离(Mahalanobis Distance)表示点与一个分布之间的距离,与欧氏距离不同的是,它考虑到各种特性之间的联系,是一种有效计算两个未知样本集相似度的方法,用 S 表示为 n 个样本向量$(X_1, X_2, \cdots, X_n)$的协方差矩阵,μ 为均值,则样本向量 X 到 μ 的马氏距离为

$$D_M(X) = \sqrt{(X-\mu)^T S^{-1}(X-\mu)} \tag{7-16}$$

样本向量 X_i 到样本向量 X_j 的马氏距离为

$$D_M(X_i, X_j) = \sqrt{(X_i-X_j)^T S^{-1}(X_i-X_j)} \tag{7-17}$$

通常在使用距离度量之前,要把每个属性的值规范化,这是因为一些分类任务中会出现具有较大或者较小初始值域的属性,如果直接用原始指标值进行分析,那么数值较高的指标就会权重过大,因而削弱数值水平较低的指标的作用,一般采用最小-最大规范化将原始数据进行线性变换,使之落在[0,1]区间:

$$v' = \frac{v - \min_A}{\max_A - \min_A} \tag{7-18}$$

其中 $\max_A$ 和 $\min_A$ 分别是属性 A 的最大值和最小值,v 为原属性 A 的值,v' 为属性 A 变化在[0,1]的值。

KNN 算法可以用以下 5 步描述。

(1) 计算测试数据与各个训练数据之间的距离。
(2) 按照距离的递增关系进行排序。
(3) 选取距离最小的 k 个点。
(4) 确定前 k 个点所在类别的出现频率。
(5) 返回前 k 个点中出现频率最高的类别作为测试数据的预测分类。

KNN 的训练过程可以看作是调整 k 值的过程,k 值的选择会直接影响 KNN 算法分类模型的性能。如果 k 值较小,那么只有与输入实例较近的训练实例才会对预测结果起作用,但容易发生过拟合现象。如果 k 值较大,优点是可以减少学习的估计误差,但缺点是学习的近似误差增大,这时与输入实例较远的训练实例也会对预测起作用,从而使预测发生错误。

KNN 分类方法本质上可视为根据训练数据集和 k 值将特征空间划分为任意形状的决策边界。所谓决策边界就是能够把样本正确分类的一条边界,主要有线性决策边界和非线性决策边界。任意形状的决策边界提供了更灵活的模型表示,当 k 值为 1 时,也就是最近邻学习时,分类模型会将输入的测试实例所属的类别预测为与其最近的训练实例的类别。

KNN 分类方法是一种通过实例学习的分类方法。通过使用训练实例对需要测试的样本进行预测,无须建立全局模型,理论成熟,容易实现,既可以用来进行分类也可以用来进行回归,可以很好地解决多分类问题,对数据没有假设,准确度高。

但是,KNN 分类方法也有一定的局限性。首先,难以处理训练集和测试集中的缺失值,因为在计算邻近度量时,需要实例中的属性都存在,如果存在大量不相关属性或者高度相关的冗余属性,则会导致不正确的距离估计,影响模型性能。其次,随着维度的增加,计算距离相似度时的计算量大,效率偏低,并且对异常点不敏感。

7.2.2 KNN 算法的实现

本节通过一个简单的例子讲解 KNN 算法的实现过程。训练数据集见表 7-2，共 10 条数据，分别属于属性 A 和属性 B 两个类别。

表 7-2 KNN 训练数据集

属性 A	属性 B	类 别
3.9756	3.8729	0
3.4278	2.4895	0
2.1047	1.5512	0
3.4065	1.1004	0
1.3966	4.3130	0
8.0766	1.2220	1
6.6891	3.8909	1
9.0577	2.5366	1
7.4349	2.3078	1
7.6881	4.6759	1

为了更直观地观察，将这 10 条数据映射到二维特征空间中，如图 7-5 所示，其中类别 0 用五角星表示，类别 1 用圆点表示。

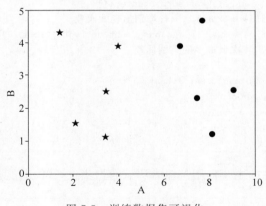

图 7-5 训练数据集可视化

表 7-3 为未知类别属性的测试数据集。下面基于 Python 对 KNN 算法进行的简单实现，分别建立 KNN.py 与 KNN_test.py 文件，其中 KNN.py 文件基于对简单数据的分类实现 KNN 算法的核心思想，具体程序如下：

```
from numpy import import
# 创建数据集，包含两个类别共 10 个样本
def DataSet():
    # 生成一个矩阵，每行表示一个样本
    train_data = array([[3.9756, 3.8729], [3.4278, 2.4895], [2.1047, 1.5512], [3.4065, 1.1004], [1.3966, 4.3130], [8.0766, 1.2220], [6.6891, 3.8909], [9.0577, 2.5366], [7.4349, 2.3078], [7.6881, 4.6759]])
```

```python
    # 每个样本所属类别
    labels = [0, 0, 0, 0, 0, 1, 1, 1, 1, 1]
    return train_data, labels
# 定义 KNN 算法函数
def KNN_Classify(test_data, train_data, labels, k):
    # 第一步:计算欧氏距离
    # shape[0]表示行数
    num_train_data = train_data.shape[0]
    # 按元素求差值
    difference_train_data = tile(test_data, (num_train_data, 1)) - train_data
    # 差值求平方
    squared = difference_train_data ** 2
    # 按行累加
    sum_squared = sum(squared, axis=1)
    # 将差值平方和求开方得到距离
    distance = sum_squared ** 0.5              # 将差值平方和求开方得到距离
    # 第二步:对距离排序
    # 返回排序后的索引值
    sorted_distance = argsort(distance)
    # 定义一个字典存放类别的出现次数
    class_Count = {}
    # 第三步:选择 k 个最近邻
    for i in range(k):
        vote_Label = labels[sorted_distance[i]]
        # 第四步:计算 k 个最近邻中各类别出现的次数
        class_Count[vote_Label] = class_Count.get(vote_Label, 0) + 1
    # 第五步:返回出现次数最多的类别标签
    max_Count = 0
    for Key, value in class_Count.items():
        if value > max_Count:
            max_Count = value
            max_Index = Key
    return max_Index
```

KNN_test.py 文件的主要作用是输入测试数据集进行类别预测,具体程序如下:

```python
import KNN
from numpy import *
    # 生成数据集,类别标签以及 K 值
    train_data, labels = KNN.DataSet()
    k = 5
    # 定义未知类别的数据#,调用分类函数对未知数据进行数据分类
    test1 = array([1.8575, 4.5691])
    test_Label = KNN.KNN_Classify(test1, train_data, labels, k)
    print("输入:", test1, "此输入实例的类别为", test_Label)
    test2 = array([8.9093, 3.3657])
    test_Label = KNN.KNN_Classify(test2, train_data, labels, k)
    print("输入:", test2, "此输入实例的类别为", test_Label)
    test3 = array([5.9471, 2.5128])
    test_Label = KNN.KNN_Classify(test3, train_data, labels, k)
    print("输入:", test3, "此输入实例的类别为", test_Label)
```

表 7-3 测试数据集

属性 A	属性 B	类别
1.8575	4.5691	?
8.9093	3.3657	?
5.9471	2.5128	?

两个文件创建完成后，单击 Run 按钮运行程序 KNN_test.py，观察运行结果，可以得到测试数据集的分类实例：数据[1.8575 4.5691]分类结果为 0；数据[8.9093 3.3657]分类结果为 1；数据[5.9471 2.5128]分类结果为 1。结果如图 7-6 所示。

将测试数据集中预测为 0 的实例类别用浅灰色三角形表示，预测为 1 的实例类别用黑色三角形表示，从图 7-7 中可以清晰地观察到运行 KNN 算法后，输入实例的预测类别。

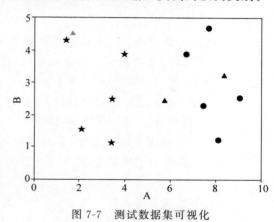

图 7-7 测试数据集可视化

图 7-6 KNN 实验结果

7.3 决策树分类

7.3.1 决策树算法概述

决策树算法是一种非参数的有监督学习方法，它能够从一系列有特征和标签的数据中总结出决策规则，并用树状图的结构来呈现这些规则，以解决分类和回归问题。

图 7-8 就是一个决策树的例子，决策树中的数据可以是分类数据，也可以是数值数据。决策树是树状结构，它的每一个叶节点对应一个分类，非叶节点对应在某个属性上的划分，根据样本在该属性上的不同取值将其划分成若干个子集。构造决策树的关键在于每一步如何选择适当的属性对样本做拆分，对一个分类问题，从已知类标记的训练样本中学习并构造出决策树是一个自上而下、分而治之的过程。

决策树算法的目的就是通过向数据学习，

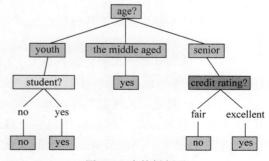

图 7-8 决策树例子

获得输入变量和输出变量在不同取值下的数据分类和预测规律,并用于对新数据对象的分类预测。决策树能够依据新数据输入变量的取值,推断其输出变量的分类取值。

若决策树的每一个内部节点都只包含一个属性,则称为单变量决策树;若决策树存在包含多个变量的内部节点,则称为多变量决策树。对新数据进行分类预测时,只需按照决策树的层次,从根节点开始对新数据的输入变量值进行判断并进入不同的决策树分支,直至叶节点。

7.3.2 决策树的生成

下面介绍决策树的生成过程。

(1) 特征选择:决定生成树的特征顺序。例如,对于年龄、性别、职业等不同特征,分裂树的时候,需要选择从哪个特征开始,一般采用信息增益(ID3)和信息增益率(C4.5)的特征选择方法等。

(2) 生成树及预剪枝:根据选定的特征来生成树。在树的生成过程中,为了防止过拟合,可以进行预剪枝,即在每个节点划分前,先进行评估,如果划分之后,没有提升泛化性能,就不进行划分,并将当前节点标记为叶节点。

(3) 后剪枝:树生成完成后,自底向上地评估非叶节点,如果将该节点的子树替换为叶节点,可以提升泛化性能,则执行替换操作。

决策树的生成过程采用分治法,有3种情形会停止节点递归,该节点将作为叶节点。

(1) 当前节点包含的样本全属于同一类别,无须划分。将该节点的标记设为这个同一类别。

(2) 当前节点包含的属性集为空,或是当前节点包含的样本在所有属性上取值相同,无法划分。将该节点的标记设为该节点所含样本最多的类别。

(3) 当前节点包含的样本集合为空,不能划分。该节点的标记设为其父节点所含样本最多的类别。

决策树算法核心问题是决策树的生长问题和决策树的剪枝问题。决策树的生长过程本质是对训练样本的反复分组过程。决策树的各个分枝是在数据不断分组的过程中逐渐生长出来的,当对某组数据的继续分组不再有意义时,决策树对应的分枝便不再生长。当对所有数据组的继续分组均不再有意义时,决策树的生长过程宣告结束。此时,一棵完整的决策树便形成了。

7.3.3 决策树中规则的提取

决策树中规则的提取是从根节点到叶节点的每条路径创建一个规则,并以 if-then 形式的分类规则表示。

if-then 语句是最基本的控制流语句。沿着给定路径上的每个属性-值对形成规则前件(if 部分)的一个合取项,叶节点包含类预测,形成规则后件(then 部分)。

if-then 语句是当程序仅在特定测试结果为 true 时,才执行代码的特定部分。一棵树生成的 if-then 语句定义了样本到任何一个最终节点的唯一路径,一条规则就是一系列的 if-then 语句,并且它们被展开成了若干相互独立的条件。

从如图 7-8 所示的决策树模型可以看出是否购买计算机与各个属性之间的关系,可将其表示为 if-then 规则,见表 7-4。

表 7-4 if-then 规则描述

序　号	规　则　描　述
1	IF age = "youth" AND student = "no" Then buys_computer = "no"
2	IF age = "youth" AND student = "yes" Then buys_computer = "yes"
3	IF age = "the middle aged" Then buys_computer = "yes"
4	IF age = "senior" AND credit_rating = "fair" Then buys_computer = "no"
5	IF age = "senior" AND credit_rating = "excellent" Then buys_computer = "yes"

即:

若年龄为"青年","不是"学生,则购买计算机为"否";

若年龄为"青年","是"学生,则购买计算机为"是";

若年龄为"中年",则购买计算机为"是";

若年龄为"老年",信用属性为"一般",则购买计算机为"否";

若年龄为"老年",信用属性为"极好",则购买计算机为"是"。

7.3.4　ID3 算法

信息量是指一个样本或者事件中所蕴含的信息。一个事件的概率越大,可以认为该事件所蕴含的信息越少。例如,"太阳从东方升起"这一事件,因为是确定事件,所以可以认为该事件不携带任何信息量。信息熵是用来描述系统信息量的不确定度的,熵越大,则不确定度也就越大。

设某一事件 X 具有 n 种相互独立的可能结果为 $x_1, x_2, \cdots, x_n$,每一种结果出现的概率分别为 $P(x_1), P(x_2), \cdots, P(x_n)$:

$$\sum_{i=1}^{n} P(x_i) = 1 \tag{7-19}$$

那么该事件所具有的信息熵为:

$$H(X) = -\sum_{i=1}^{n} P(x_i) \log_2 P(x_i) \tag{7-20}$$

一般而言,当一种信息出现概率更高的时候,表明它被传播得更广泛,被引用的程度更高。从信息传播的角度来看,信息熵可以表示信息的价值。如果在计算机通信中传输的信息是无损编码的,那么熵提供了一个理论上信息的最短二进制编码。

ID3 算法基于信息熵来选择最佳测试属性,采用信息增益作为度量标准。选择当前样本集中具有最大信息增益值的属性作为测试属性,样本集的划分则依据测试属性的取值进行,测试属性有多少不同取值就将样本集划分为多少个子样本集,同时决策树上相应于该样本集的节点长出新的叶子节点。

设 X 是 x 个数据样本的集合,假定类别属性具有 n 个不同的值 $C_i (i = 1, 2, \cdots, n)$,$x_i$ 是类 C_i 中的样本数,则对于一个给定的样本,它的总信息熵为

$$I(x_1, x_2, \cdots, x_n) = -\sum_{i=1}^{n} P(x_i) \log_2 P(x_i) \tag{7-21}$$

其中，$P(x_i)$是任意样本属于C_i的概率：

$$P(x_i) = \frac{x_i}{x} \tag{7-22}$$

设一个属性A具有k个不同的值$a_1, a_2, \cdots, a_k$，利用属性A将集合X划分为k个子集$X_1, X_2, \cdots, X_k$，其中X_j包含了集合X_k属性A取a_j值的样本。若选择属性A为测试属性，则这些子集就是从集合X的节点生长出来的新的叶节点。设x_{ij}是子集X_j中类别为C_i的样本数，则根据属性A划分样本的信息熵为：

$$E(A) = \sum_{j=1}^{k} \frac{x_{1j} + x_{2j} + \cdots + x_{nj}}{x} I(x_{1j}, x_{2j}, \cdots, x_{nj}) \tag{7-23}$$

$$I(x_{1j}, x_{2j}, \cdots, x_{nj}) = -\sum_{i=1}^{n} P(x_{ij}) \log_2 P(x_{ij}) \tag{7-24}$$

$$P(x_{ij}) = \frac{x_{ij}}{x_{1j} + x_{2j} + \cdots + x_{nj}} \tag{7-25}$$

其中，$P(x_{ij})$是子集X_j中类别为C_i的样本概率。最后，用属性A划分样本集X后所得的信息增益（Gain）为

$$Gain(A) = I(x_1, x_2, \cdots, x_n) - E(A) \tag{7-26}$$

显然，$E(A)$越小，$Gain(A)$的值越大，说明选择测试属性A对于分类提供的信息越大，选择A之后对分类的不确定程度越小。ID3算法的具体实现步骤如下：

（1）对当前样本集合，计算所有属性的信息增益。

（2）选择信息增益最大的属性作为测试属性，把测试属性取值相同的样本划为同一个子样本集。

（3）若子样本集的类别属性只含有单个属性，则分支为叶节点，判断其属性值并标上相应的符号，然后返回调用处；否则对子样本集递归调用本算法。

根据信息论理论，ID3算法采用划分后样本集的不确定性作为衡量划分好坏的标准，其核心是在决策树的各级节点上都用信息增益作为判断标准来进行属性的选择，使得在每个非叶节点上进行测试时，都能获得最大的类别分类增益，使分类后的数据集的熵最小。这样的处理方法使得树的平均深度较小，从而有效地提高了分类效率。

下面结合表7-5给出的测试数据集利用ID3算法生成决策树，即选择根节点和各内部节点上的分支属性。

表 7-5 测试数据集

age	income	student	credit_rating	buys_computer
youth	high	no	fair	no
youth	high	no	excellent	no
middle_aged	high	no	fair	yes
senior	medium	no	fair	yes
senior	low	yes	fair	yes
senior	low	yes	excellent	no
middle_aged	low	yes	excellent	yes
youth	medium	no	fair	no

续表

age	income	student	credit_rating	buys_computer
youth	low	yes	fair	yes
senior	medium	yes	fair	yes
youth	medium	yes	excellent	yes
middle_aged	medium	no	excellent	yes
middle_aged	high	yes	fair	yes
senior	medium	no	excellent	no

采用 ID3 算法构建决策树模型的具体步骤如下：

（1）根据式(7-21)，计算总的信息熵，其中数据中总记录数为 14，而购买计算机为"否"的数据为 5，"是"的数据为 9，则有：

$$I(5,9) = -\frac{5}{14}\log_2\frac{5}{14} - \frac{9}{14}\log_2\frac{9}{14} = 0.9403$$

（2）根据式(7-21)和式(7-23)，计算每个测试属性的信息熵。

对于年龄属性，其属性值有"青年""中年""老年"3 种。其中年龄为"青年"的条件下，购买计算机为"否"的数据为 3，购买计算机为"是"的数据为 2。年龄为"中年"的条件下，购买计算机为"否"的数据为 0，购买计算机为"是"的数据为 4。年龄为"老年"的条件下，购买计算机为"否"的数据为 2，购买计算机为"是"的数据为 3，则年龄属性的信息熵计算过程如下：

$$I(3,2) = -\frac{3}{5}\log_2\frac{3}{5} - \frac{2}{5}\log_2\frac{2}{5} = 0.9710$$

$$I(0,4) = -\frac{0}{4}\log_2\frac{0}{4} - \frac{4}{4}\log_2\frac{4}{4} = 0$$

$$I(2,3) = -\frac{2}{5}\log_2\frac{2}{5} - \frac{3}{5}\log_2\frac{3}{5} = 0.9710$$

$$E(年龄) = \frac{5}{14}I(3,2) + \frac{4}{14}I(0,4) + \frac{5}{14}I(2,3) = 0.6936$$

对于收入属性，其属性值有"低""中""高"3 种。其中收入为"低"的条件下，购买计算机为"否"的数据为 1，购买计算机为"是"的数据为 3。收入为"中"的条件下，购买计算机为"否"的数据为 2，购买计算机为"是"的数据为 4。收入为"高"的条件下，购买计算机为"否"的数据为 2，购买计算机为"是"的数据为 2。则收入属性的信息熵计算过程如下：

$$I(1,3) = -\frac{1}{4}\log_2\frac{1}{4} - \frac{3}{4}\log_2\frac{3}{4} = 0.8113$$

$$I(2,4) = -\frac{2}{6}\log_2\frac{2}{6} - \frac{4}{6}\log_2\frac{4}{6} = 0.9183$$

$$I(2,2) = -\frac{2}{4}\log_2\frac{2}{4} - \frac{2}{4}\log_2\frac{2}{4} = 1$$

$$E(收入) = \frac{4}{14}I(1,3) + \frac{6}{14}I(2,4) + \frac{4}{14}I(2,2) = 0.9111$$

对于学生属性，其属性值有"是"和"否"两种。其中学生属性为"否"的条件下，购买计算机为"否"的数据为 4，购买计算机为"是"的数据为 3。学生属性为"是"的条件下，购买计算

机为"否"的数据为 1,购买计算机为"是"的数据为 6,则学生属性的信息熵计算过程如下:

$$I(4,3) = -\frac{4}{7}\log_2\frac{4}{7} - \frac{3}{7}\log_2\frac{3}{7} = 0.9852$$

$$I(1,6) = -\frac{1}{7}\log_2\frac{1}{7} - \frac{6}{7}\log_2\frac{6}{7} = 0.5917$$

$$E(学生) = \frac{7}{14}I(4,3) + \frac{7}{14}I(1,6) = 0.7884$$

对于信用属性,其属性值有"一般"和"极好"两种。其中信用属性为"一般"的条件下,购买计算机为"否"的数据为 2,购买计算机为"是"的数据为 6。信用属性为"极好"的条件下,购买计算机为"否"的数据为 3,购买计算机为"是"的数据为 3,则信用属性的信息熵计算过程如下:

$$I(2,6) = -\frac{2}{8}\log_2\frac{2}{8} - \frac{6}{8}\log_2\frac{6}{8} = 0.8113$$

$$I(3,3) = -\frac{3}{6}\log_2\frac{3}{6} - \frac{3}{6}\log_2\frac{3}{6} = 1$$

$$E(信用) = \frac{8}{14}I(2,6) + \frac{6}{14}I(3,3) = 0.8922$$

(3) 根据式(7-26),计算年龄、收入、是否是学生和信用属性的信息增益值。

$$\text{Gain}(年龄) = I(5,9) - E(年龄) = 0.9403 - 0.6936 = 0.2467$$
$$\text{Gain}(收入) = I(5,9) - E(收入) = 0.9403 - 0.9111 = 0.0292$$
$$\text{Gain}(学生) = I(5,9) - E(学生) = 0.9403 - 0.7884 = 0.1519$$
$$\text{Gain}(信用) = I(5,9) - E(信用) = 0.9403 - 0.8922 = 0.0481$$

由第(3)步的计算结果可以知道,年龄属性的信息增益值最大,它的 3 个属性值"青年""中年""老年"作为该根节点的 3 个分支。

然后按照第(1)~(3)所示步骤继续对该根节点的 3 个分支进行节点的划分,针对每一个分支节点继续进行信息增益的计算,如此循环反复,直到没有新的节点分支,最终构成一棵决策树。生成的决策树模型见图 7-8。

由于采用 ID3 决策树生成算法,即信息增益作为选择测试属性的标准,所以结果就会偏向于选择取值较多的属性,但是这类属性并不一定是最优的属性,因为当用信息增益来计算时,如果一个特征的类别值很多,例如每个样本都有 ID 这样的列,那么一个 ID 对应一个样本,ID3 算法会为每个 ID 值创建一个分支,每个分支只有一个样本,这样的决策树不具有泛化能力,无法对新样本进行有效预测。

同时 ID3 决策树算法只能处理离散属性,对于连续型的属性,在分类前需要对其进行离散化。为了解决倾向于选择取值较多属性的问题,可将信息增益转变为信息增益比作为选择测试属性的标准,这样便得到了 C4.5 算法。

7.3.5　C4.5 算法

C4.5 算法与 ID3 算法类似,考虑某种属性进行分裂时分支的数量信息和尺寸信息,通过将信息增益变为信息增益比来选择特征,由式(7-20)和式(7-26)可以推出信息增益比的表达形式,用属性 A 划分样本集 X 后所得的信息增益比为:

$$\text{Gain\_Ratio}(A) = \frac{\text{Gain}(A)}{H(A)} \tag{7-27}$$

在决策树的每个节点中，C4.5 算法选择最有效地将其样本集集中于一个类或一个类的子集的数据属性，属性的可能取值数越多，固有值通常越大。但是，增益比对可取值数较少的属性有所偏好，因此，C4.5 算法采用了一个启发式的划分策略：先从候选划分属性中找出信息增益高于平均水平的属性，再从中选择增益比最高的。

C4.5 算法的一般步骤如下：

（1）根据训练数据集中各个属性的值对该训练数据集进行排序。

（2）利用其中各属性的值对该训练数据集进行动态划分。

（3）在划分后得到的不同结果集中确定一个阈值，该阈值将训练数据集数据划分为两个部分。

（4）针对这两个部分的值分别计算它们的增益比，以保证选择的属性划分使得信息增益最大。

为了处理连续属性，C4.5 算法创建了一个阈值，然后将训练数据集拆分为属性值高于阈值的属性值和小于或等于阈值的属性值。同时在处理缺失属性值的训练数据时，允许将属性值标记为"?"，这样缺失的属性值不用于信息增益和熵的计算。

常用的决策树算法总结见表 7-6。

表 7-6　决策树算法总结

算　　法	算 法 描 述
ID3 算法	ID3 算法的核心是在决策树的各级节点上使用信息增益方法作为属性的选择标准，来帮助确定生成每个节点时所应采用的合适属性，但只适用于离散的描述属性
C4.5 算法	C4.5 决策树生成算法相对于 ID3 算法的重要改进是使用信息增益比来选择节点属性。C4.5 算法可以克服 ID3 算法存在的不足，既能够处理离散的描述属性，也可以处理连续的描述属性

7.3.6　蒙特卡罗树搜索算法

在国际象棋、跳棋、围棋和井字游戏等知名的博弈游戏中，可以采用博弈树表示此类博弈中的所有可能博弈状态，这可以用来衡量游戏的复杂性。这样，决策树的概念就可以理解为：任何可以用来解决博弈问题的子树都称为决策树。

由于复杂游戏的博弈树很大，例如国际象棋，通常无法完整地表现博弈树，这样在求解博弈树的过程中就可以用到一种启发式搜索算法——蒙特卡罗树搜索（Monte Carlo Tree Search，MCTS），它是一种基于树结构的蒙特卡罗方法。蒙特卡罗方法使用随机抽样来解决其他方法难以或不可能解决的确定性问题，由 Google 公司开发的程序 AlphaGo 中就使用了用蒙特卡罗树搜索算法。

蒙特卡罗树搜索的思想是：基于蒙特卡罗方法在整个 $2N$（N 为决策次数，即树深度）空间中进行启发式搜索，基于一定的反馈寻找出最优的树结构路径，从全局来看，蒙特卡罗树搜索算法的主要目标是对于一个给定的游戏状态选择最佳的下一步。

如图 7-9 所示，蒙特卡罗树搜索算法根据模拟的输出结果，按照节点进行搜索树的构造,每一轮蒙特卡罗树搜索过程都可分为以下 4 步。

(1) 选择(selection):从根节点 R 开始,递归选择最优的子节点,直到达到叶节点 L。根是当前的游戏状态,即选择向哪个子节点方向生长。

(2) 拓展(expansion):如果叶节点 L 不是一个终止节点,也就是这个节点不会导致博弈游戏终止,那么就创建一个或者更多的子节点,选择其中一个节点 C。

(3) 模拟(simulation):从节点 C 开始运行一个模拟的输出,直到博弈游戏终止。

(4) 反向传播:用模拟的结果输出更新当前行动序列,每个节点包含根据模拟结果估计的值和该节点已经被访问的次数。

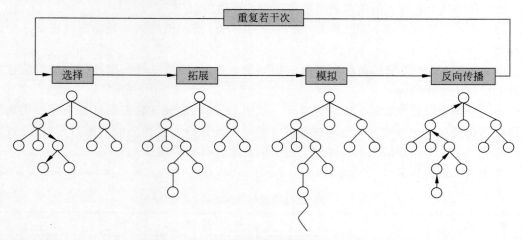

图 7-9 蒙特卡罗树搜索过程

7.4 SVM 预测

7.4.1 线性可分 SVM

SVM 是一种分类算法,既可以对线性数据进行分类,也可以利用核函数进行非线性数据的分类。SVM 算法的基本思想是使用一种非线性映射,将原训练数据集中的数据映射到较高的维度上去寻找一个最优的分类超平面。所谓最优分类超平面,是指不但能够将数据样本无错误地进行分类,而且使不同类的间隔最大,可以保证算法对未知样本具有很好的泛化能力。

下面通过二分类的例子详细说明 SVM 算法的过程。设二分类训练数据集 D 可以表示为:

$$D = \{(\boldsymbol{x}_i, y_i) \mid i = 1, 2, \cdots, m\} \tag{7-28}$$

其中,$\boldsymbol{x}_i \in \mathbb{R}^d$ 是 d 维特征空间中的特征向量,表示训练数据集中的一个训练样本。$y_i \in \{-1, 1\}$ 表示类的标号,当 $y_i = 1$ 时,称 $\boldsymbol{x}_i$ 为正样本;当 $y_i = -1$ 时,称 $\boldsymbol{x}_i$ 为负样本,m 为训练数据集中的总样本数。

分类任务中要找到一个线性分类器把这些数据分成两类,线性分类器的学习目标便是在特征空间 $\mathbb{R}^d$ 中找到一个分类超平面将正负样本数据分开,这个超平面 H 的方程可以表示为

$$H: \boldsymbol{\omega}^T \boldsymbol{x} + b = 0 \tag{7-29}$$

其中，$\boldsymbol{\omega}$ 是超平面 H 的法向量，决定了 H 的方向。b 是超平面的截距，决定了超平面和原点之间的距离。

有时，线性分类器将训练数据集 D 中的正、负样本分开的超平面存在很多个，那么，如何找到具有最小分类误差的那一个，即找到最佳超平面？SVM 通过搜索最大边缘超平面来处理该问题，即希望找到离正负样本都比较远（位于中间）的分类超平面，如图 7-10 所示，H 是分类超平面，H_1 和 H_2 分别为通过两类数据样本中离分类超平面最近的点并且平行于分类超平面的平面，则 H_1 和 H_2 之间的距离称为分类间隔，用 γ 表示。落在超平面 H_1 和 H_2 上的训练数据，称为支持向量，即图 7-10 中在边缘侧面上的正负分类样本，也就是说，它们离最优的分类超平面的距离是相等的。H_1 和 H_2 的方程分别为

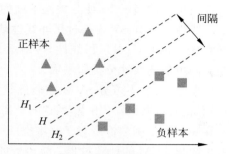

图 7-10 支持向量机分类示意图

$$H_1: \boldsymbol{\omega}^T \boldsymbol{x} + b = 1, \quad y_i = +1 \tag{7-30}$$

$$H_2: \boldsymbol{\omega}^T \boldsymbol{x} + b = -1, \quad y_i = -1 \tag{7-31}$$

求解 SVM 的过程就是在约束下找到最大间隔的过程。正、负样本支持向量到超平面的分类间隔可以表示为：

$$\gamma = \frac{2}{\|\boldsymbol{\omega}\|} \tag{7-32}$$

其中，$\|\boldsymbol{\omega}\|$ 是欧几里得范数，因此，使分类间隔 γ 最大就等价于使 $\frac{\|\boldsymbol{\omega}\|}{2}$ 或 $\frac{\|\boldsymbol{\omega}\|^2}{2}$ 最小。

可以看出，SVM 的求解过程仅与其支持向量有关，学习策略是使间隔 γ 最大化，从而得到一组最优的参数 $\boldsymbol{\omega}$ 和 b 使得超平面 H 为最佳分类超平面。本质上，线性 SVM 的基本型是一个凸二次规划问题，具有全局最小值。通过寻求结构化风险最小来提高分类的泛化能力，在训练数据集较少的情况下，能获得良好的分类效果。

7.4.2 线性不可分 SVM

在实际问题中，大多数的训练数据集都不是线性可分的。一个典型的例子是异或问题（XOR），无法通过一条线性直线将正负样本分开。面对非线性问题，通常有两种解决方案：一种是以决策树为代表的算法，通过使用非线性的划分边界实现分类任务；另一种是通过将数据集中的特征向量进行一个特征映射，使其映射到一个高维度的空间中，将数据集变得线性可分，线性不可分 SVM 就采用了这样的策略。

当训练数据集线性不可分时，可以引入松弛变量 $\varepsilon_i \geqslant 0 (i=1,2,\cdots,m)$，则间隔需要满足的条件为

$$\boldsymbol{\omega}^T \boldsymbol{x}_i + b \geqslant 1 - \varepsilon_i, \quad y_i = +1 \tag{7-33}$$

$$\boldsymbol{\omega}^T \boldsymbol{x}_i + b \leqslant -1 + \varepsilon_i, \quad y_i = -1 \tag{7-34}$$

线性不可分情况下的最优分类超平面称为广义最优分类超平面，其约束条件是使式(7-35)最小的约束优化问题。

$$\frac{1}{2}\|\boldsymbol{\omega}\|^2 + C\sum_{i=1}^{m}\varepsilon_i \tag{7-35}$$

其中，C 为惩罚参数，可以实现控制错误分类样本的比例。松弛变量 ε_i 的作用是在数据集线性不可分的情况下，使分类超平面的鲁棒性更好。

线性不可分 SVM 通过用非线性映射把原输入数据映射到较高维空间，然后在新空间搜索分类超平面，可以用线性 SVM 公式求解，这样在新空间找到的最优分类超平面对应于原空间中的非线性分类超平面。

但是，线性不可分 SVM 在进行非线性映射的过程中，需要计算每个支持向量的点积，点积所涉及的计算开销很大，这时就需要利用核函数的方法。所谓核函数，是指低维输入空间存在的某个函数恰好等于高维空间中的一个点积，则 SVM 不用计算复杂的非线性变换，大大简化 SVM 的计算过程。核函数的表达形式为

$$K(\boldsymbol{x}_i, \boldsymbol{x}_j) = \varphi(\boldsymbol{x}_i) \cdot \varphi(\boldsymbol{x}_j) \tag{7-36}$$

其中，映射函数 φ 表示将数据样本映射到新的空间。

核函数形式和参数的变化会隐式地改变从输入空间到特征空间的映射，进而对特征空间的性质产生影响，避免了"维数灾难"，同时无须知道映射函数 φ 的形式和参数，可以有效地处理高维输入。常见的核函数有：

(1) m 次多项式核函数可表示为

$$K(\boldsymbol{x}_i, \boldsymbol{x}_j) = (\boldsymbol{x}_i^{\mathrm{T}} \boldsymbol{x}_j)^m \tag{7-37}$$

(2) 高斯核函数，也称径向基函数核，可表示为

$$K(\boldsymbol{x}_i, \boldsymbol{x}_j) = \exp\left(-\frac{|\boldsymbol{x}_i - \boldsymbol{x}_j|^2}{\sigma^2}\right) \tag{7-38}$$

多项式核函数的优点在于超参数 m 直接控制了特征映射的复杂度，m 的值越大，对应的特征映射的数值也就越大，但是会导致计算的不稳定。高斯核函数没有多项式核函数不稳定的问题，但是计算速度慢，有过拟合风险。面对一个具体的分类任务，要根据任务的场景选择合适的核函数。

作为一个广义线性分类器，SVM 可以很好地处理线性和非线性的数据集，在不同领域中的模式识别问题上都有广泛的应用，包括自然语言处理中的文本分类任务、计算机视觉中人像识别和手写字符识别等任务。

7.4.3 SVM 算法的实现

本节通过一个简单的例子讲解 SVM 算法的实现过程。训练数据集见表 7-7，共 8 个样本点数据，类别分别属于 1 和 −1 两类。

表 7-7 SVM 训练数据集

样 本 点	类 别	样 本 点	类 别
【1,8】	1	【5,35】	1
【3,20】	1	【4,40】	−1
【1,15】	−1	【7,80】	−1
【3,35】	−1	【6,49】	1

下面基于 Python 对 SVM 算法进行的简单实现,代码如下:

```python
from sklearn import svm
import numpy as np
import matplotlib.pyplot as plt
# 设置子图数量
fig, axes = plt.subplots(nrows=2, ncols=2, figsize=(7, 7))
ax0, ax1, ax2, ax3 = axes.flatten()
# 准备训练样本
x = [[1, 8], [3, 20], [1, 15], [3, 35], [5, 35], [4, 40], [7, 80], [6, 49]]
y = [1, 1, -1, -1, 1, -1, -1, 1]
# 设置子图的标题
plt.rcParams['font.sans-serif'] = ['SimHei']
plt.rcParams['axes.unicode_minus'] = False
titles = ['采用线性核',
          '采用三阶多项式核',
          '采用高斯核',
          '采用 Sigmoid 核']
rdm_arr = np.random.randint(1, 15, size=(15, 2))            # 生成随机试验数据(15 行 2 列)
def drawPoint(ax, clf, tn):
    # 绘制样本点
    for i in x:
        ax.set_title(titles[tn])
        res = clf.predict(np.array(i).reshape(1, -1))
        if res > 0:
            ax.scatter(i[0], i[1], c='r', marker='*')
        else:
            ax.scatter(i[0], i[1], c='g', marker='*')
    # 绘制实验点
    for i in rdm_arr:
        res = clf.predict(np.array(i).reshape(1, -1))
        if res > 0:
            ax.scatter(i[0], i[1], c='r', marker='.')
        else:
            ax.scatter(i[0], i[1], c='g', marker='.')

if __name__ == "__main__":
    # 选择核函数
    for n in range(0, 4):
        if n == 0:
            clf = svm.SVC(kernel='linear').fit(x, y)
            drawPoint(ax0, clf, 0)
        elif n == 1:
            clf = svm.SVC(kernel='poly', degree=3).fit(x, y)
            drawPoint(ax1, clf, 1)
        elif n == 2:
            clf = svm.SVC(kernel='rbf').fit(x, y)
            drawPoint(ax2, clf, 2)
        else:
            clf = svm.SVC(kernel='sigmoid').fit(x, y)
            drawPoint(ax3, clf, 3)
    plt.show()
```

实验结果如图 7-11 所示,根据设置的核函数的参数不同,得出分类结果的显示也会不同,实验数据集采用的是线性可分的数据集,采用线性核函数可以快速准确地将正负样本点分开。而多项式核函数、高斯核函数和 Sigmoid 核函数则适用于线性不可分的 SVM。

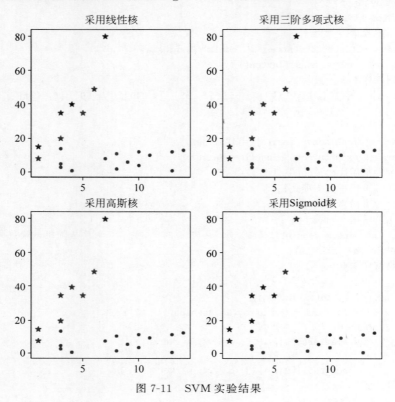

图 7-11　SVM 实验结果

小结

本章主要从概念、评判指标、主要方法介绍数据挖掘领域中分类的基本知识,同时介绍了 3 种常见的主流数据分类算法,并从算法的思想入手,实现算法的过程,最后比较各类算法的优势与劣势,总结见表 7-8。

表 7-8　常用的分类算法

算法名称	算法描述
KNN	KNN 是一种基于实例的学习方法,既可以作为分类方法,也可以作为回归方法。KNN 的核心思想是处理分类问题时,两个实例在特征空间中的距离越近,则表示它们之间的相似程度也就越高,根据数据集中最相似的实例类别推断出目标所属的类别
决策树	决策树是一种类似于流程图的树结构,算法生成一棵形如二叉或多叉的决策树,是一种在分类和预测任务中广泛使用的方法。决策树的核心思想是根据自变量的值自顶向下地进行递归划分,找出属性和类别间的关系,决策树的内部节点进行属性的比较,并根据不同属性值判断从该节点向下的分支,分支路径形成一条分类规则,一棵决策树对应的若干分类规则可用于直观地对因变量的值进行预测,主要的决策树算法有 ID3 和 C4.5 算法等

续表

算法名称	算法描述
SVM	SVM是通过学习属性空间中的线性或非线性决策边界来划分不同的类别,是一种二分类判别模型。支持向量机的核心思想是根据区域中的样本计算该区域的决策曲面,也就是在特征空间中寻找一个超平面,将训练样本的正例和负例分隔在它的两侧,由此判断未知样本的类别,较好地解决了非线性、高维数、局部极小点等问题

习题

1. 选择题

(1) 以下关于分类的评价标准说法错误的是(　　)。

    A. 准确率 accuracy＝TP/(P＋N),就是被分对的样本数除以所有的样本数,通常来说,准确率越高,分类器越好

    B. 灵敏度 sensitive＝TP/P,表示的是所有正例中被分对的比例,衡量了分类器对正例的识别能力

    C. 特效度 specificity＝TN/N,表示的是所有负例中被分对的比例,衡量了分类器对负例的识别能力

    D. 精度 precision＝TP/N,是指模型预测为正例的总数中被正确预测为正例的比例,是精确性的度量

(2) 以下关于评估模型的预测准确率的说法错误的是(　　)。

    A. 对每个测试样本,将已知的类标号和该样本的学习模型类预测比较

    B. 模型在给定测试集上的准确率是正确被模型分类的测试样本的百分比

    C. 测试集要独立于训练样本集,否则会出现欠拟合的情况

    D. 利用分类函数将测试集中的数据映射到给定类别中的一个

2. 判断题

(1) KNN 算法是最近邻算法的一个延伸。基本思路是选择未知样本一定范围内确定个数的 k 个样本,该 k 个样本大多数属于某一类型,则未知样本判定为该类型。(　　)

(2) 自信息量只能反映符号的不确定性,而信息熵可以用来度量整个信源 X 整体的不确定性。(　　)

(3) ID3 系列的搜索策略为优先选择那些信息增益高的属性。(　　)

(4) SVM 的目的是找到一个 p 维的超平面,来划分 p 维向量空间的数据。(　　)

(5) 核函数可以将低维的数据映射到更高的维次,使数据重新线性可分。(　　)

第8章

统 计 分 析

统计分析是研究如何将收集和整理的资料进行量化分析、推断的一套方法。统计分析的方法是基于数据构建概率统计模型,从而对数据进行预测分析。统计分析在科学计算、工业和金融领域有着重要应用,是机器学习的基本方法。

本章介绍经典统计分析算法中的回归分析、EM 算法、贝叶斯分类算法,使读者对这 3 类常用的算法有一定的认识。

8.1 回归分析

"回归"一词最初来源于生物学,高尔顿在研究身高的遗传问题时,发现父辈身高与子辈身高之间存在一定的关系:就身高的平均意义而言,父辈的身高和子辈的身高之间存在着无论高个子或矮个子的子女都有向人的平均身高回归的趋势。高尔顿把这种孩子的身高向平均值靠近的趋势称为一种回归效应。

现实世界中大多数现象都表现出相关关系。人们通过大量的观察,将现象之间的相关关系抽象概括为函数关系,并用函数形式或模型来描述与推断现象间的具体变动关系,用一个或一组变量的变化来估计与推算另一变量的变化。这种分析方法称为回归分析。例如,矩形面积(S)与矩形的长(a)和宽(b)之间的关系为 $S=a \times b$。大多数现象表现出非确定的相关关系,即各变量间虽然有制约/依赖关系,但无法找到一个能准确表达其关系的函数表达式,如上例中人的身高和父辈身高之间的关系。

线性回归(Linear Regression,LR)是通过拟合自变量与因变量之间最佳线性关系,来预测目标变量的方法。回归过程是给出一个样本集,用函数拟合这个样本,使样本集与拟合函数间的误差最小。

回归分析有许多的分类方式,根据因变量和自变量的个数可分为一元回归分析、多元回归分析、逻辑回归分析和其他回归分析;根据因变量和自变量的函数表达式可分为线性回归分析和非线性回归分析。线性回归是回归分析中最基本的方法。对于非线性回归,可以借助数学手段将其转化为线性回归,一旦线性回归问题得到解决,非线性回归问题也就迎刃而解了。

回归分析是对数据进行分析以实现预测,也就是适当扩大已有自变量的取值范围,并承认该回归方程在扩大定义域内成立。回归分析的一般步骤如下:

(1) 收集一组数据,其中包含回归方程中的因变量和自变量。

(2) 根据因变量和自变量之间的关系,求解合理的回归系数,确定回归模型建立回归方程。

(3) 对回归方程进行相关性检验,确定相关系数。

(4) 利用回归方程进行预测或解释,并计算预测值的置信区间。

8.1.1 一元线性回归

一元线性回归是最简单的线性模型,它涉及一个自变量的回归。因变量 y 与自变量 x 之间为线性关系。因变量(dependent variable)是指被预测或被解释的变量,用 y 表示。自变量(independent variable)是预测或解释因变量的一个或多个变量,用 x 表示。因变量与自变量之间的关系用一个线性方程来表示。

1. 回归模型

描述因变量 y 如何依赖于自变量 x 和误差项 ε 的方程称为回归模型。一元线性回归模型为

$$y = b_0 + b_1 x + \varepsilon \tag{8-1}$$

其中,y 是 x 的线性函数(部分)加上误差项。线性部分反映了由于 x 的变化引起的 y 的变化。误差项 ε 是随机变量,它反映了除 x 和 y 之间线性关系之外的随机因素对 y 的影响,是不能由 x 和 y 之间的线性关系所解释的变异性,即随机误差。b_0 和 b_1 称为模型的参数。

2. 回归方程

描述因变量 y 的平均值或期望值如何依赖于自变量 x 的方程称为回归方程,一元线性回归方程的形式为

$$E(y) = \beta_0 + \beta_1 x \tag{8-2}$$

式(8-2)表示一条直线,也称为直线回归方程;β_0 是回归直线在轴上的截距,是当 $x=0$ 时 y 的期望值;β_1 是斜率,称为回归系数,表示当 x 每变动一个单位时 y 的平均变动值。总体回归参数 β_0 和 β_1 是未知的,必须利用样本数据去估计。用样本统计量 $\hat{\beta}_0$ 和 $\hat{\beta}_1$ 代替回归方程中的参数和,就得到了估计的回归方程;一元线性回归估计中的回归方程为

$$\hat{y} = \hat{\beta}_0 + \hat{\beta}_1 x \tag{8-3}$$

其中,$\hat{\beta}_0$ 是估计的回归直线在 y 轴上的截距 $\hat{\beta}_1$,是直线的斜率,它表示对于一个给定的 x 的值 $\hat{y}$ 是 y 的估计值,也表示 x 每变动一个单位时 y 的平均变动值。

3. 参数的最小二乘估计

最小二乘估计(Least Square Estimation,LSE)又称最小平均法,是一元线性回归模型的参数估计方法。它通过最小化误差的平方和求得最佳匹配函数,使因变量的观察值与估计值之间的误差平方和达到最小,即

$$\sum_{i=1}^{n}(y_i - \hat{y})^2 = \sum_{i=1}^{n}(y_i - \hat{\beta}_0 - \hat{\beta}_1 x)^2 = \text{MIN} \tag{8-4}$$

用最小二乘法拟合的直线来代表 x 与 y 之间的关系与实际数据的误差比其他任何直线都小。最小二乘估计如图 8-1 所示。

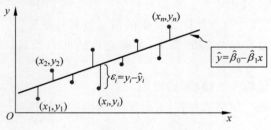

图 8-1 最小二乘估计

最小二乘法在计算参数的估计时，根据微分求极值的原理，通过对 Q 求偏导并置为 0 得到

$$\begin{cases} \dfrac{\partial Q}{\partial \hat{\beta}_0} = -2\sum_{i=1}^{n}(y_i - \hat{\beta}_0 - \hat{\beta}_1 x_i) = 0 \\ \dfrac{\partial Q}{\partial \hat{\beta}_1} = -2\sum_{i=1}^{n}(y_i - \hat{\beta}_0 - \hat{\beta}_1 x_i)x_i = 0 \end{cases} \tag{8-5}$$

求解方程组(8-5)，得到 $\hat{\beta}_0$ 和 $\hat{\beta}_1$ 的公式如下

$$\begin{cases} \hat{\beta}_1 = \dfrac{n\sum\limits_{i=1}^{n} x_i y_i - (\sum\limits_{i=1}^{n} x_i)(\sum\limits_{i=1}^{n} y_i)}{n\sum\limits_{i=1}^{n} x_i^2 - (\sum\limits_{i=1}^{n} x_i)^2} \\ \hat{\beta}_0 = \bar{y} - \hat{\beta}_1 \bar{x} \end{cases} \tag{8-6}$$

由求出的 $\hat{\beta}_0$ 和 $\hat{\beta}_1$ 即可得到最佳拟合曲线。

4. 离差平方和的分解

离差平方和涉及 3 个平方和。

(1) 总平方和用 S 表示：反映因变量的 n 个观察值与其均值的总离差。

(2) 回归平方和用 U 表示：反映自变量 x 的变化对因变量 y 取值变化的影响，是由于 x 与 y 之间的线性关系引起的 y 的取值变化，也称为可解释的平方和。

(3) 残差平方和用 Q 表示：反映除 x 以外的其他因素对 y 取值的影响，也称为不可解释的平方和或剩余平方和。

3 个平方和的关系为：

$$\sum_{i=1}^{n}\underbrace{(y_i - \bar{y})^2}_{\text{总平方和}} = \sum_{i=1}^{n}\left(\underbrace{(\hat{y}_i - \bar{y})^2}_{\text{回归平方和}} + \underbrace{(y_i - \hat{y})^2}_{\text{残差平方和}}\right) \tag{8-7}$$

具体表示为 SST=SSR+SSE 或 $S=U+Q$。

5. 线性关系的检验

可以利用线性关系检验所有自变量与因变量之间的线性关系是否显著。例如，将均方回归(MSR)同均方残差(MSE)进行比较，再应用 F 检验分析二者之间的差别是否显著。常见的线性关系检验包括 F 检验、回归系数的显著性检验、t 检验等。

(1) F 检验。提出假设:$H_0:\beta_1=0$,所有回归系数与零无显著差异,y 与全体 x 的线性关系不显著。计算检验统计量 F 为

$$F = \frac{\text{SSR}/1}{\text{SSE}/(n-2)} = \frac{\text{MSR}}{\text{MSE}} \sim F(1, n-2) \qquad (8\text{-}8)$$

确定显著水平 α,并根据分子自由度 1 和分母自由度 $n-2$ 找出临界值 F_α,然后作出决策:若 $F > F_\alpha$,则拒绝 H_0;若 $F < F_\alpha$,则不能拒绝 H_0。

(2) 回归系数的显著性检验。检验回归方程中的每个自变量 x 与因变量 y 之间是否存在显著的线性关系,确定解释变量能否保留在线性回归方程中。如图 8-2 所示,$\hat{\beta}_1$ 是根据最小二乘法求出的样本统计量,服从正态分布;$\hat{\beta}_1$ 的分布具有如下性质:

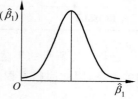

图 8-2 $\hat{\beta}_1$ 的数据分布图

$$E(\hat{\beta}_1) = \hat{\beta}_1 \qquad (8\text{-}9)$$

$$\sigma_{\beta_1} = \frac{\sigma}{\sqrt{\sum x_i^2 - \frac{1}{n}(\sum x_i)^2}} \qquad (8\text{-}10)$$

其中,式(8-9)表示数学期望,式(8-10)表示标准差,由于 σ 未知,所以需用其估计量 S_e 来代替得到 $\hat{\beta}_1$ 的估计标准差:

$$S_{\beta_1} = \frac{S_e}{\sqrt{\sum x_i^2 - \frac{1}{n}(\sum x_i)^2}} \qquad (8\text{-}11)$$

$$S_e = \sqrt{\frac{\sum(y_i - \hat{y}_i)^2}{n-k-1}} = \sqrt{\text{MSE}} \qquad (8\text{-}12)$$

(3) t 检验。t 检验亦称 Student't 检验(Student's t test),主要用于样本含量较小(例如 $n<30$),总体标准差 σ 未知的正态分布。t 检验是用 t 分布理论来推论差异发生的概率,从而比较两个平均数的差异是否显著,其分布如图 8-3 所示。它与 F 检验、卡方检验并列。t 检验是戈斯特为了观测酿酒质量而发明的,并于 1908 年在 Biometrika 上公布。

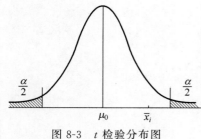

图 8-3 t 检验分布图

① 提出假设。

$$H_0:b_1=0(没有线性关系)$$
$$H_1:b_1\neq 0(有线性关系)$$

② 计算检验的统计量。

$$t = \frac{\hat{\beta}_1 - \beta_1}{S_{\hat{\beta}_1}} \sim t(n-2)$$

③ 确定显著性水平 α,并进行决策。$|t| > t_{\frac{\alpha}{2}}$,拒绝 H_0;$|t| < t_{\frac{\alpha}{2}}$,不能拒绝 H_0。Sig 是显著性指标,这个指标值小于 α 时,拒绝 H_0。

【例 8-1】 假设年薪数据表如表 8-1 所示。大学毕业以后的"工作年数(Year)"属性是描述属性,"年薪(Salary)"属性是预测属性,建立回归方程预测具有 10 年工作经验的大学毕业生的年薪。

表 8-1　工作年数及年薪表

工作年数(Year)	3	8	9	13	3	6	11	21	1	16
年薪(Salary)	30	57	64	72	36	43	59	90	20	83

从图 8-4 所示的年薪散点图可以推测,属性 Year 与预测属性 Salary 之间大致具有线性相关关系,因此回归方程的形式为

$$\text{Salary}(\text{Year}) = a + b \times \text{Year}$$

因为

$$\sum_{i=1}^{10} \text{Year}_i = 91$$

$$\sum_{i=1}^{10} \text{Salary}_i = 554$$

$$\sum_{i=1}^{10} \text{Year}_i \text{Salary}_i = 6311$$

$$\sum_{i=1}^{10} \text{Year}_i^2 = 1187$$

所以

$$\hat{b} = \frac{10 \times 6311 - 91 \times 554}{10 \times 1187 - 91^2} = 3.5$$

$$\hat{a} = \frac{554 - 3.5 \times 91}{10} = 23.6$$

即 Salary 关于 Year 的一元线性回归方程为

$$\text{Salary}(\text{Year}) = 23.6 + 3.5 \times \text{Year}$$

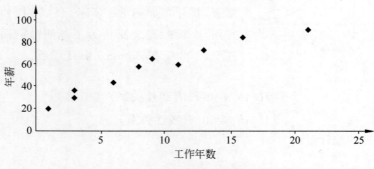

图 8-4　工作年数与年薪散点图

采用 t 检验法,给定显著性水平 $\alpha = 0.05$,假设 $H_0: b = 0$,拒绝域为 $(-\infty, -2.3060)$ 和 $(+2.3060, +\infty)$。所以,拒绝域假设 $H_0: b = 0$ 认为回归效果显著,也就是可以利用 Salary

(Year)$=23.6+3.5\times$Year 分析预测属性取值未知的数据对象。所以具有 10 年工作经验的大学毕业生的年薪为

$$\text{Salary}(10)=23.6+3.5\times 10=58.6$$

8.1.2 多元线性回归

1. 多元线性回归模型

多元线性回归研究一组自变量如何影响一个因变量。涉及 p 个自变量的多元回归模型可表示为

$$y=\beta_0+\beta_1 x_1+\beta_2 x_2+\cdots+\beta_p x_p+\varepsilon \tag{8-13}$$

其中,$\beta_0,\beta_1,\beta_2,\cdots,\beta_p$ 是参数,也称偏回归系数。ε 是被称为误差项的随机变量,也称残差。y 是 $x_1,x_2,\cdots,x_p$ 的线性函数加上误差项 ε。ε 是指包含在 y 中,但不能被 p 个自变量的线性关系所解释的变异性。

自变量 $x_1,x_2,\cdots,x_p$ 是确定性变量,不是随机变量。即 y 与 $x_1,x_2,\cdots,x_p$ 之间具有线性关系。误差项 ε 是一个期望值为 0 的随机变量,即 $E(\varepsilon)=0$。对于自变量 $x_1,x_2,\cdots,x_p$ 的所有值,ε 的方差 σ^2 都相同。误差项 ε 服从正态分布且相互独立,即 $\varepsilon\sim N(0,\sigma^2)$。

2. 多元线性回归方程

回归方程 $Y=\beta_0+\beta_1 x_1+\beta_2 x_2+\cdots+\beta_p x_p+e$,通过最小二乘法处理后的多元线性回归方程为

$$\hat{Y}=b_0+b_1 x_1+b_2 x_2+\cdots+b_m x_m \tag{8-14}$$

3. 最小二乘法估计回归参数

使因变量的观察值与估计值之间的离差平方和达到最小来求得 $\hat{\beta}_0,\hat{\beta}_1,\hat{\beta}_2,\cdots,\hat{\beta}_p$,即

$$Q(\hat{\beta}_0,\hat{\beta}_1,\hat{\beta}_2\cdots,\hat{\beta}_p)=\sum_{i=1}^n(y_i-\hat{y}_i)^2=\sum_{i=1}^n e_i^2 \tag{8-15}$$

其中,Q 为误差平方和,亦即误差的方差。多元线性回归分析的目标就是找出最佳 β 值使 Q 达到最小。通过回归得到的最小 Q 值称为剩余平方和或残余方差。

【例 8-2】 总胆固醇、甘油三酯、胰岛素、糖化血红蛋白与血糖的回归分析案例分析如表 8-2 所示。

表 8-2 27 名糖尿病病人的血糖及有关变量的测量结果

序号 i	总胆固醇 x_1/(mmol/L)	甘油三酯 x_2/(mmol/L)	胰岛素 x_3/(μU/ml)	糖化血红蛋白 x_4/%	血糖 Y/(mmol/L)
1	5.68	1.90	4.53	8.2	11.2
2	3.79	1.64	7.32	6.9	8.8
3	6.02	3.56	6.95	10.8	12.3
⋮	⋮	⋮	⋮	⋮	⋮
27	3.84	1.2	6.45	9.6	10.4

各变量的离均差（deviation）为：

$$L_{(1,2)} = (X_{11}X_{12} + X_{21}X_{22} + \cdots + X_{271}X_{272}) - (X_{11} + \cdots + X_{271})(X_{12} + X_{272})/27$$

$$(l_{ij}) = \begin{bmatrix} 66.0103 & 67.3608 & -53.9523 & 31.3687 & 67.6962 \\ 67.3608 & 172.3648 & -9.4929 & 26.7286 & 89.8025 \\ -53.9523 & -9.4929 & 350.3106 & -57.3863 & -142.4347 \\ 31.3687 & 26.7286 & -57.3863 & 86.4407 & 84.5570 \\ 67.6962 & 89.8025 & -142.4347 & 84.5570 & 222.5519 \end{bmatrix}$$

$b_1 = 0.1424 \quad b_2 = 0.3515 \quad b_3 = -0.2706 \quad b_4 = 0.6382$

$\overline{X}_1 = 5.8126 \quad \overline{X}_2 = 2.8407 \quad \overline{X}_3 = 6.1467 \quad \overline{X}_4 = 9.1185$

$\overline{Y} = 11.9259$

$b_0 = \overline{Y} - (b_1\overline{X}_1 + b_2\overline{X}_2 + \cdots + b_m\overline{X}_m) = 5.9433$

$\hat{Y} = 5.9433 + 0.1424x_1 + 0.3515x_2 - 0.2706x_3 + 0.6382x_4$

由上面的方程可以看出，总胆固醇、甘油三酯和糖化血红蛋白的升高会引起血糖的升高，而胰岛素的升高会引起血糖的下降。

4. 多元线性回归模型的检验

多元线性回归模型是复相关系数的检验（检验方程），包含多重相关系数 R，$R = \sqrt{R^2} = \sqrt{\dfrac{SSR}{SST}}$，相关系数越接近 1，则模型越准确。对于其中的决定系数 R^2，$R^2 = 1 - \dfrac{S_{残}}{L_{YY}} = S_{回}/L_{YY}$ ($S_{残} = Q$)。根据 $\sum(Y - \overline{Y})^2 = \sum(\hat{Y} - \overline{Y})^2 + \sum(Y - \hat{Y})^2$ 对应 $SS_{总} = SS_{回归} + SS_{残差}$。可知，不可片面追求过大的决定系数，否则预测效果不佳。

多元线性回归方差分析和 F 检验（检验自变量）见表 8-3。

表 8-3　多元线性回归方差分析表

变异来源	自由度	SS	MS	F	P
总变异	$n-1$	$SS_{总}$			
回归	m	$SS_{回归}$	$SS_{回归}/m$	$MS_{回归}/MS_{残差}$	
残差	$n-m-1$	$SS_{残差}$	$SS_{残差}/(n-m-1)$		

【例 8-3】 某种水泥在凝固时释放的热量与水泥中 4 种化学成分的含量有关，具体见表 8-4。

表 8-4　释放热量与化学成分相关线性表

序　号	x_1	x_2	x_3	x_4	Y
1	7	26	6	60	78.5
2	1	29	15	52	74.3
3	11	56	8	20	104.3
4	11	31	8	47	87.6
5	7	52	6	33	95.9
6	11	55	9	22	109.2
7	3	71	17	6	102.7

续表

序号	x_1	x_2	x_3	x_4	Y
8	1	31	22	44	72.5
9	2	54	18	22	93.1
10	21	47	4	26	115.9
11	1	40	23	34	83.8
12	11	66	9	12	113.3
13	10	68	8	12	109.4

x_1 表示 $3CaO \cdot Al_2O_3$ 的成分(%);

x_2 表示 $3CaO \cdot SiO_2$ 的成分(%);

x_3 表示 $4CaO \cdot Al_2O_3 \cdot Fe_2O_3$ 的成分(%);

x_4 表示 $2CaO \cdot SiO_2$ 的成分(%)。

用 MATLAB 程序求解。在程序中输入：X 数据的 13 行 4 列矩阵；Y 结果的 1 行 1 列矩阵。由 X=[ones(13,1)　x]%生成含常数列的自变量矩阵[B,BINT,R,RINT,STATS]=regress(y,X,0.05),可得 B 的 1 行 5 列的矩阵。

B=　57.51

　　1.6082

　　0.56008

　　0.1886

　　−0.10151

根据 B 数组可以确定模型

$$x = 57.51 + 1.6082x_1 + 0.56008x_2 + 0.1886x_3 - 0.10151x_4$$

STATUS=0.97864　91.639　0.0000　7.2777

8.1.3 非线性回归

在解决实际的应用问题时，常会遇到一些非线性回归问题。对于这类问题，常采用适当的变量代换，把问题转化为线性回归问题，求出线性回归模型后代回，得到非线性回归方程。

【例 8-4】 一只红铃虫的产卵数 y 和温度 x 有关，现收集了 7 组观测数据，具体见表 8-5。

表 8-5　产卵数和温度观测数据表（一）

温度 x/℃	21	23	25	27	29	32	35
产卵数 y/个	7	11	21	24	66	115	325

(1) 分析。首先画出散点图，如图 8-5 所示。再建立 y 关于 x 的回归方程，样本点没有分布在某个带形区域内，那么两个变量之间不呈现线性相关关系，不能直接利用线性回归方程来建立两个变量之间的关系。对于非线性回归问题，常采用适当的变量代换，把问题转化为线性回归问题，求出线性回归模型后代回，得到非线性回归方程。

(2) 确定回归类型，求非线性回归方程。回归模型采用指数函数型。样本点分布在某

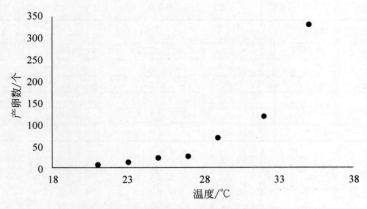

图 8-5　温度与产卵个数散点图（一）

一条指数函数曲线 $y=c_1 \cdot e^{c_2 x}$ 的周围，其中，c_1、c_2 是待定参数。令 $z=\ln y$，变换后样本点应该分布在直线 $z=bx+a$ 的周围，其中，$a=\ln c_1$，$b=c_2$。新数据如表 8-6 所示，散点图如图 8-6 所示。

表 8-6　产卵数和温度观测数据表（二）

x	21	23	25	27	29	32	35
y	7	11	21	24	66	115	325
z	1.946	2.398	3.045	3.178	4.19	4.745	5.784

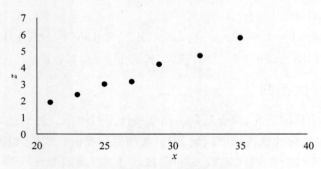

图 8-6　温度与产卵个数散点图（二）

（3）根据公式

$$\begin{cases} \hat{b} = \dfrac{\sum\limits_{i=1}^{n} x_i z_i - n\bar{x}\bar{z}}{\sum\limits_{i=1}^{n} x_i^2 - n\bar{x}^2} \\ \hat{a} = \bar{z} - \hat{b}\bar{x} \end{cases}$$

得到线性回归方程：

$$\hat{z} = 0.272x - 3.849$$

令 $\hat{y}=e^{\hat{z}}$，得到一只红铃虫的产卵数 y 和温度 x 的非线性回归方程为

$$\hat{y}^{(1)} = e^{0.272x-3.849}$$

（4）确定回归类型，求非线性回归方程。这里使用回归模型为二次函数型。样本点分布在某一条二次函数曲线 $y = c_3 x^2 + c_4$ 的周围，其中，c_3、c_4 是待定参数。令 $t = x^2$，变换后样本点应该分布在直线 $y = c_3 t + c_4$ 的周围，其中，$a = c_3$，$b = c_2$。新数据见表 8-7，新的散点图如图 8-7 所示。

表 8-7 产卵数和温度观测数据表（三）

x	21	23	25	27	29	32	35
t	441	529	625	729	841	1024	1225
y	7	11	21	24	66	115	325

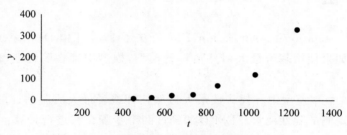

图 8-7 温度与产卵个数散点图（三）

（5）根据公式

$$\begin{cases} \hat{b} = \dfrac{\sum\limits_{i=1}^{n} t_i y_i - n\bar{t}\bar{y}}{\sum\limits_{i=1}^{n} t_i^2 - n\bar{t}^2} \\ \hat{a} = \bar{y} - \hat{b}\bar{t} \end{cases}$$

得到线性回归方程：

$$\hat{y} = 0.367t - 202.543$$

令 $x^2 = t$，得到一只红铃虫的产卵数 y 和温度 x 的非线性回归方程为

$$\hat{y}^{(2)} = 0.367x^2 - 202.543$$

（6）利用残差分析，判定回归模型的拟合效果为

$$R^2 = 1 - \dfrac{\sum\limits_{i=1}^{n}(y_i - \hat{y}_i)^2}{\sum\limits_{i=1}^{n}(y_i - \bar{y})^2}$$

则最终的拟合结果见表 8-8。

表 8-8 最终的拟合效果

x	21	23	25	27	29	32	35	求和
y	7	11	21	24	66	115	325	
y^2	49	121	441	576	4356	13 225	105 625	124 393

续表

x	21	23	25	27	29	32	35	求和
$\hat{y}^{(1)}$	6.443	11.101	19.125	32.95	56.77	128.381	290.325	
$y^{(1)}-\hat{y}^{(1)}$	45.101	122.107	401.626	790.807	3746.790	14 763.779	94 355.532	114 225.742
$(\hat{y}^{(1)})^2$	41.513	123.224	356.768	1085.721	3222.781	16 481.602	84 288.44	105 600.049
$\hat{y}^{(2)}$	−40.696	−8.4	26.832	65	106.104	173.265	247.032	
$(y-\hat{y})^2$	−284.872	−92.4	563.472	1560	7002.864	19 925.475	80 285.4	108 959.939
$(\hat{y}^{(2)})^2$	1656.164	70.560	719.956	4225.000	11 258.059	30 020.760	61 024.809	108 975.308

8.2 EM算法

最大期望(Expectation-Maximization,EM)算法于1977年由Dempster等总结提出,是一种迭代算法。如果使用基于最大似然估计的模型,模型中存在隐性变量,则要用EM算法进行参数估计。

EM算法是在概率模型中寻找参数最大似然估计或者最大后验估计的算法,其中概率模型依赖于无法观测的隐性变量。EM算法经过两个步骤交替进行计算:第一步是计算期望(E),利用对隐藏变量的现有估计值,计算其最大似然估计值;第二步是最大化(M),最大化在E步上求得的最大似然值来计算参数的值。M步上找到的参数估计值被用于下一个E步计算中,这个过程不断交替进行,因此EM算法是一种迭代算法。

8.2.1 EM算法的引入

首先通过一个实例说明EM算法。

【例8-5】 三硬币模型。有硬币A、B、C,进行如下掷硬币实验:先掷硬币A,根据投掷结果选择硬币B或C。A为正面时选B,为反面时选C。然后投掷选择的硬币B或C。出现正面记作1,出现反面记作0;独立重复n次实验(这里$n=10$),得到观测结果:1101001011。假设只能观测掷币结果,不能看掷币过程,如何估算3枚硬币正面出现的概率π、p、q,即3枚硬币模型的参数。

解:3枚硬币模型为

$$P(y\mid\theta)=\sum_z P(y,z\mid\theta)=\sum_z P(z\mid\theta)P(y\mid z,\theta)$$
$$=\pi p^y(1-p)^{1-y}+(1-\pi)q^y(1-q)^{1-y} \tag{8-16}$$

随机变量y是观测变量,表示一次试验观测的结果是1或0;随机变量z是隐性变量,不可观测,表示未观测到的掷硬币A的结果,$\theta=(\pi,p,q)$是模型参数。这一模型是以上数据的生成模型。

观测数据表示为$\boldsymbol{Y}=(Y_1,Y_2,\cdots,Y_n)^{\mathrm{T}}$,未观测数据表示为$\boldsymbol{Z}=(Z_1,Z_2,\cdots,Z_n)^{\mathrm{T}}$,则观测变量的似然函数为

$$P(\boldsymbol{Y}\mid\theta)=\sum_{\boldsymbol{Z}}P(\boldsymbol{Z}\mid\theta)P(\boldsymbol{Y}\mid\boldsymbol{Z},\theta) \tag{8-17}$$

即

$$P(\mathbf{Y} \mid \theta) = \prod_{j=1}^{n} [\pi p^{y_j}(1-p)^{1-y_j} + (1-\pi)q^{y_j}(1-q)^{1-y_j}] \tag{8-18}$$

考虑模型参数 $\theta = (\pi, p, q)$ 的极大似然估计,即

$$\hat{\theta} = \arg\max_{\theta} \log P(\mathbf{Y} \mid \theta) \tag{8-19}$$

该问题没有解析解,只能通过 EM 迭代法求解。EM 算法首先选取参数的初值,记作 $\theta^{(0)} = (\pi^{(0)}, p^{(0)}, q^{(0)})$,然后通过下面的步骤迭代计算参数的估计值,直到收敛为止。第 i 次迭代的估计值为 $\theta^{(i)} = (\pi^{(i)}, p^{(i)}, q^{(i)})$。EM 算法第 $i+1$ 次迭代如下。

E 步:计算在模型参数 $\pi^{(i)}, p^{(i)}, q^{(i)}$ 下观测数据 y_j 来自投掷硬币 B 的概率

$$\mu_j^{(i+1)} = \frac{\pi^{(i)}(p^{(i)})^{y_j}(1-p^{(i)})^{1-y_j}}{\pi^{(i)}(p^{(i)})^{y_j}(1-p^{(i)})^{1-y_j} + (1-\pi^{(i)})(q^{(i)})^{y_j}(1-q^{(i)})^{1-y_j}} \tag{8-20}$$

M 步:计算模型参数的新估计值

$$\pi^{(i+1)} = \frac{1}{n}\sum_{j=1}^{n} u_j^{(i+1)} \tag{8-21}$$

$$p^{(i+1)} = \frac{\sum_{j=1}^{n} u_j^{(i+1)} y_j}{\sum_{j=1}^{n} u_j^{(i+1)}} \tag{8-22}$$

$$q^{(i+1)} = \frac{\sum_{j=1}^{n} (1-u_j^{(i+1)}) y_j}{\sum_{j=1}^{n} (1-u_j^{(i+1)})} \tag{8-23}$$

进行数值计算。假设模型的初值取为

$$\pi^{(0)} = 0.5, \quad p^{(0)} = 0.5, \quad q^{(0)} = 0.5$$

由式(8-20),对 $y_j=1$ 与 $y_j=0$ 均有 $\mu_j^{(1)} = 0.5$。

利用式(8-21)~式(8-23),得

$$\pi^{(1)} = 0.5, \quad p^{(1)} = 0.6, \quad q^{(1)} = 0.6$$

由式(8-20),得

$$\mu_j^{(2)} = 0.5, \quad j=1,2,\cdots,10$$

继续迭代,得

$$\pi^{(2)} = 0.5, \quad p^{(2)} = 0.6, \quad q^{(2)} = 0.6$$

得到模型参数的极大似然估计为

$$\hat{\pi} = 0.5, \quad \hat{p} = 0.6, \quad \hat{q} = 0.6$$

其中,$\pi = 0.5$ 表示硬币 A 是均匀的。

用 Y 表示观测随机变量的数据,Z 表示隐性随机变量的数据。Y 和 Z 连在一起称为完全数据,观测 Y 又称为不完全数据。如果取初值:$\pi^{(0)} = 0.4, p^{(0)} = 0.6, q^{(0)} = 0.7$,那么得到的模型参数的极大似然估计完全数据是 $\hat{\pi} = 0.4064, \hat{p} = 0.5368, \hat{q} = 0.6432$。通过分析可以发现,EM 算法与初值的选择有关,选择不同的初值可能得到不同的参数估计值。

假设给定观测数据 Y,其概率分布是 $P(Y|\theta)$,其中,θ 是要估计的模型参数,那么不完

全数据 Y 的似然函数是 $P(Y|\theta)$，对数似然函数 $L(\theta)=\log P(Y|\theta)$；假设 Y 和 Z 的联合概率分布是 $P(Y,Z|\theta)$，那么完全数据的对数似然函数是 $\log P(Y,Z|\theta)$。EM 算法通过迭代求 $L(\theta)=\log P(Y|\theta)$ 的极大似然估计。

1. EM 算法的详细步骤

输入：观测变量数据 Y，隐性变量数据 Z，联合分布 $P(Y,Z|\theta)$，条件分布 $P(Z,Y|\theta)$。
输出：模型参数 θ。

（1）选择参数的初值 $\theta^{(0)}$，开始迭代。
（2）E 步：记 $\theta^{(i)}$ 为第 i 次迭代参数 θ 的估计值，在第 $i+1$ 次迭代的 E 步，计算：

$$Q(\theta,\theta^{(i)})=E_Z[\log P(Y,Z\mid\theta)\mid Y,\theta^{(i)}]$$
$$=\sum_Z \log P(Y,Z\mid\theta)P(Z\mid Y,\theta) \tag{8-24}$$

其中，$P(Z|Y,\theta^{(i)})$ 是在给定观测数据 Y 和当前参数估计 $\theta^{(i)}$ 下隐性变量数据 Z 的条件概率分布。

（3）M 步：求使 $Q(\theta,\theta^{(i)})$ 极大化的 θ，确定第 $i+1$ 次迭代的参数的估计值 $\theta^{(i+1)}$

$$\theta^{(i+1)}=\arg\max_\theta Q(\theta,\theta^{(i)}) \tag{8-25}$$

（4）重复第（2）步和第（3）步，直到收敛。

式(8-24)的函数 $Q(\theta,\theta^{(i)})$ 是 EM 算法的核心，称为 Q 函数（Q function）。

2. 定义 Q 函数

完全数据的对数似然函数 $\log P(Y,Z|\theta)$ 关于在给定观测数据 Y 和当前函数 $\theta^{(i)}$ 下对未观测数据 Z 的条件概率分布 $P(Y,Z|\theta^{(i)})$ 的期望称为 Q 函数，即

$$Q(\theta,\theta^{(i)})=E_Z[\log P(Y,Z\mid\theta)\mid Y,\theta^{(i)}] \tag{8-26}$$

EM 算法步骤如下：

步骤 1，参数的初值可以任意选择，但需注意 EM 算法对初值是敏感的。

步骤 2，E 步求 $Q(\theta,\theta^{(i)})$。式(8-26)中 Z 是未观测数据，Y 是观测数据。注意，$Q(\theta,\theta^{(i)})$ 的第一个变元表示要极大化的参数，第二个变元表示参数的当前估计值。每次迭代实际是在求 Q 函数及其极大值。

步骤 3，M 步求 $Q(\theta,\theta^{(i)})$ 的极大化，得到 $\theta^{(i+1)}$，完成一次迭代 $\theta^{(i)}\rightarrow\theta^{(i+1)}$，将证明每次迭代使似然函数增大或达到局部最大值。

步骤 4，停止迭代的条件，一般是对较小的正数 ε_1、ε_2，若满足 $\|\theta^{(i+1)}-\theta^{(i)}\|<\varepsilon_1$ 或 $\|Q(\theta^{(i+1)},\theta^{(i)})-Q(\theta^{(i)},\theta^{(i)})\|<\varepsilon_2$，则停止迭代。

8.2.2 EM 算法的导出

为什么 EM 算法能近似实现对观测数据的极大似然估计？下面通过近似求解观测数据的对数似然函数的极大化问题来导出 EM 算法，由此可以清楚地看到 EM 算法的作用。

面对一个含有隐性变量的概率模型，目标是极大化观测数据（不完全数据）Y 关于参数 θ 的极大似然函数，即

$$L(\theta)=\log P(Y\mid\theta)=\log\sum_Z P(Y,Z\mid\theta)$$

$$= \log\Big(\sum_Z P(Y,Z \mid \theta)P(Z \mid \theta)\Big) \tag{8-27}$$

这一极大化的难点是式(8-27)中有未观测数据并有和(或积分)的对数。

事实上,EM算法是通过迭代逐步近似极大化 $L(\theta)$ 的。假设在第 i 次迭代后 θ 的估计值是 $\theta^{(i)}$。希望新估计的 θ 能使 $L(\theta)$ 增加,即 $L(\theta) > L(\theta^{(i)})$,并逐步达到最大值。为此,考虑二者的差:

$$L(\theta) - L(\theta^{(i)}) = \log\Big(\sum_Z P(Y \mid Z,\theta)P(Z \mid \theta)\Big) - \log P(Y \mid \theta^{(i)})$$

利用Jason不等式得到其下界:

$$L(\theta) - L(\theta^{(i)}) = \log\Big(\sum_Z P(Z \mid Y,\theta^{(i)}) \frac{P(Y \mid Z,\theta)P(Z \mid \theta)}{P(Y \mid Z,\theta^{(i)})}\Big) - \log P(Y \mid \theta^{(i)})$$

$$\geqslant \sum_Z P(Z \mid Y,\theta^{(i)}) \log \frac{P(Y \mid Z,\theta)P(Z \mid \theta)}{P(Y \mid Z,\theta^{(i)})} - \log P(Y \mid \theta^{(i)})$$

$$= \sum_Z P(Z \mid Y,\theta^{(i)}) \log \frac{P(Y \mid Z,\theta)P(Z \mid \theta)}{P(Y \mid Z,\theta^{(i)})}$$

令

$$B(\theta,\theta^{(i)}) \triangleq L(\theta^{(i)}) + \sum_Z P(Z \mid Y,\theta^{(i)}) \log \frac{P(Y \mid Z,\theta)P(Z \mid \theta)}{P(Z \mid Y,\theta^{(i)})P(Y \mid \theta^{(i)})} \tag{8-28}$$

则

$$L(\theta) \geqslant B(\theta,\theta^{(i)}) \tag{8-29}$$

即函数 $B(\theta,\theta^{(i)})$ 是 $L(\theta)$ 的一个下界,而且由式(8-28)可知,

$$L(\theta^{(i)}) = B(\theta^{(i)},\theta^{(i)}) \tag{8-30}$$

因此,任何可以使 $B(\theta,\theta^{(i)})$ 增大的 θ,也可以使 $L(\theta)$ 增大。为了使 $L(\theta)$ 尽可能大地增长,选择 $\theta^{(i)}$ 使 $\theta^{(i+1)}$ 达到极大,即

$$\theta^{(i+1)} = \arg\max_{\theta} B(\theta,\theta^{(i)}) \tag{8-31}$$

现在求 $\theta^{(i+1)}$ 的表达式。省去对 θ 的极大化而言是常数的项,根据式(8-28)、式(8-31)和式(8-27),有

$$\theta^{(i+1)} = \arg\max_{\theta} \Big(L(\theta^{(i)}) + \sum_Z P(Z \mid Y,\theta^{(i)}) \log \frac{P(Y \mid Z,\theta)P(Z \mid \theta)}{P(Z \mid Y,\theta^{(i)})P(Y \mid \theta^{(i)})}\Big)$$

$$= \arg\max_{\theta} \Big(\sum_Z P(Z \mid Y,\theta^{(i)}) \log P(Y \mid Z,\theta)P(Z \mid \theta)\Big)$$

$$= \arg\max_{\theta} \Big(\sum_Z P(Z \mid Y,\theta^{(i)}) \log P(Y \mid Z,\theta)\Big)$$

$$= \arg\max_{\theta} Q(\theta,\theta^{(i)})$$

等价于EM算法的一次迭代,即求 Q 函数及其极大化,EM算法是通过不断求解下界的极大化逼近求解对数似然函数极大化的算法。

图 8-8 给出了EM算法的直观解释。图 8-8 中上方曲线为 $L(\theta)$,下方曲线为 $B(\theta,\theta^{(i)})$。由式(8-24),$B(\theta,\theta^{(i)})$ 为对数似然函数 $L(\theta)$ 的下界。由式(8-25),两个函数在点 $\theta = \theta^{(i)}$ 处相等。由式(8-26)和式(8-27),EM算法找到下一个点 $\theta^{(i+1)}$ 使函数 $B(\theta,\theta^{(i)})$ 极大化,也使函数 $Q(\theta,\theta^{(i)})$ 极大化。由于 $L(\theta) \geqslant B(\theta,\theta^{(i)})$,函数 $B(\theta,\theta^{(i)})$ 的增加,保证对

数似然函数 $L(\theta)$ 在每次迭代中也是增加的。EM 算法在点 $\theta^{(i+1)}$ 重新计算 Q 函数的值,进行下一次迭代。在这个过程中,对数似然函数 $L(\theta)$ 不断增大。从图 8-8 可以推出 EM 算法不能保证找到全局最优值。

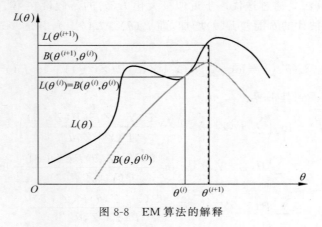

图 8-8 EM 算法的解释

8.2.3 EM 算法的收敛性

EM 算法提供一种近似计算含有隐性变量概率模型的极大似然估计的方法。EM 算法的最突出优点是简单性和普适性。EM 算法得到的估计序列是否收敛?如果收敛,那么是否是全局极大值或局部极大值?下面给出 EM 算法收敛性的两个定理。

【定理 8-1】 设 $P(Y|\theta)$ 为观测数据的似然函数,$\theta^{(i)}(i=1,2,\cdots)$ 为 EM 算法得到的参数,估计序列 $P(Y|\theta^{(i)})(i=1,2,\cdots)$ 为对应的似然函数序列,则 $P(Y|\theta^{(i)})$ 是单调递增的,即

$$P(Y|\theta^{(i+1)}) \geqslant P(Y|\theta^{(i)}) \tag{8-32}$$

证明:由

$$P(Y|\theta) = \frac{P(Y,Z|\theta)}{P(Z|Y,\theta)}$$

取对数有

$$\log P(Y|\theta) = \log P(Y,Z|\theta) - \log P(Z|Y,\theta)$$

由式(8-11),有

$$Q(\theta,\theta^{(i)}) = \sum_{Z} \log P(Y,Z|\theta) P(Z|Y,\theta^{(i)})$$

令

$$H(\theta,\theta^{(i)}) = \sum_{Z} \log P(Z|Y,\theta) P(Z|Y,\theta^{(i)}) \tag{8-33}$$

则对数似然函数可以写成

$$\log P(Y|\theta) = Q(\theta,\theta^{(i)}) - H(\theta,\theta^{(i)}) \tag{8-34}$$

在式(8-34)中分别取 θ 为 $\theta^{(i)}$ 和 $\theta^{(i+1)}$ 并相减,有

$$\log P(Y|\theta^{(i+1)}) - \log P(Y|\theta)$$
$$= [Q(\theta^{(i+1)},\theta^{(i)}) - Q(\theta^{(i)},\theta^{(i)})] - [H(\theta^{(i+1)},\theta^{(i)}) - H(\theta^{(i)},\theta^{(i)})] \tag{8-35}$$

为证式(8-34)只需证式(8-35)右端非负。式(8-35)右端第1项,由于$\theta^{(i+1)}$使$Q(\theta,\theta^{(i)})$为极大值,所以

$$Q(\theta^{(i+1)},\theta^{(i)}) - Q(\theta^{(i)},\theta^{(i)}) \geqslant 0 \tag{8-36}$$

公式第2项,由式(8-33)可得:

$$\begin{aligned} H(\theta^{(i+1)},\theta^{(i)}) - H(\theta^{(i)},\theta^{(i)}) &= \sum_Z \left(\log \frac{P(Z \mid Y,\theta^{(i+1)})}{P(Z \mid Y,\theta^{(i)})} \right) P(Z \mid Y,\theta^{(i)}) \\ &\leqslant \log \left(\sum_Z \frac{P(Z \mid Y,\theta^{(i+1)})}{P(Z \mid Y,\theta^{(i)})} \right) P(Z \mid Y,\theta^{(i)}) \\ &= \log P(Z \mid Y,\theta^{(i+1)}) \\ &= \log \left(\sum_Z P(Z \mid Y,\theta^{(i+1)}) \right) = 0 \end{aligned} \tag{8-37}$$

这里的不等号由Jason不等式得到。由式(8-36)和式(8-37)可知式(8-35)右端是非负的。

【定理8-2】 设$L(\theta) = \log P(Y \mid \theta)$为观测数据的对数似然函数,$\theta^{(i)}(i=1,2,\cdots)$为EM算法得到的参数估计序列,$L(\theta^{(i)})$为对应的对数似然函数序列。

(1) 如果$P(Y \mid \theta)$有上界,则$L(\theta^{(i)}) = \log P(Y \mid \theta^{(i)})$收敛到某一值$L^*$;

(2) 在函数$Q(\theta,\theta')$与$L(\theta)$满足一定条件下,由EM算法得到的参数估计序列$\theta^{(i)}$的收敛值θ^*是$L(\theta)$的稳定点。

证明:(1) 由$L(\theta) = \log P(Y \mid \theta^{(i)})$的单调性及$P(Y \mid \theta)$的有界性立即得到。

(2) 证明从略,参阅文献[5]。

定理8-2关于函数$Q(\theta,\theta')$与$L(\theta)$的条件在大多数情况下都是满足的。EM算法的收敛性包含关于对数似然函数序列$L(\theta^{(i)})$的收敛性和关于参数估计序列$\theta^{(i)}$的收敛性两层意思,前者并不蕴含后者。此外,定理只能保证参数估计序列收敛到对数似然函数序列的稳定点,不能保证收敛到极大值点。所以在应用中,初值的选择变得非常重要,常用的办法是选取几个不同的初值进行迭代,然后对得到的各个估计值加以比较,从中选择最好的。

8.3 贝叶斯分类

8.3.1 贝叶斯原理

1. 背景

贝叶斯分类基于贝叶斯定理,贝叶斯定理是由18世纪概率论和决策论的早起研究者托马斯·贝叶斯(Thomas Bayes)发明的,故命名为贝叶斯定理。

分类算法的比较研究发现,一种称为朴素贝叶斯分类法的简单贝叶斯分类法可以与决策树和经过挑选的神经网络分类器相媲美。对于大型数据库,贝叶斯分类法也表现出高准确率和高速度。

目前研究较多的贝叶斯分类器主要有4种:朴素贝叶斯(Naive Bayes)、TAN(Tree Augmented Naive Bayes)、BAN(BN Augmented Naive Bayes)和GBN(General Bayesian Network)。

贝叶斯定理(Bayes theorem)是概率论中的一个结果,它与随机变量的条件概率以及边

缘概率分布有关。在有些关于概率的分析中,贝叶斯定理能够告诉我们如何利用新证据修改已有的看法。

通常,事件 A 在事件 B(发生)的条件下的概率,与事件 B 在事件 A 的条件下的概率是不一样的。如吸烟的人得肺癌的概率,与肺癌患者中吸烟人的概率是不同的。然而,这两者有确定的关系,贝叶斯定理就是对这种关系的陈述。

2. 贝叶斯公式

$$P(A \mid B) = \frac{P(B \mid A)P(A)}{P(B)} \tag{8-38}$$

贝叶斯公式提供了从先验概率 $P(A)$、$P(B)$ 和 $P(B|A)$ 计算后验概率 $P(A|B)$ 的方法:$P(A|B)$ 随着 $P(A)$ 和 $P(B|A)$ 的增长而增长,随着 $P(B)$ 的增长而减少,即如果 B 独立于 A 时被观察到的可能性越大,那么 B 对 A 的支持度越小。

3. 贝叶斯分类器原理

贝叶斯分类器的分类原理是基于某对象的先验概率,利用贝叶斯公式计算出其后验概率,即该对象属于某一类的概率,选择具有最大后验概率的类作为该对象所属的类。也就是说,贝叶斯分类器是最小错误率意义上的优化。

根据贝叶斯定理:

$$P(H \mid X) = \frac{P(XH)}{P(X)} = \frac{P(X \mid H)P(H)}{P(X)} \tag{8-39}$$

由于 $P(X)$ 对于所有类为常数,所以只需要 $P(X|H)P(H)$ 最大即可。

8.3.2 朴素贝叶斯分类

朴素贝叶斯是贝叶斯证据独立的表达形式,属于一种特例。在实际应用过程中,贝叶斯表达式非常复杂,但是我们希望把它拆分成多个朴素贝叶斯来表达,这样能够快速获得后验概率。

朴素贝叶斯的基本思想是:对于给定的待分类项 $x\{a_1,a_2,\cdots,a_n\}$,求解在此项中出现的条件下各类别 c_i 出现的概率。哪个类别的 $P(c_i|x)$ 最大,就把此待分类项归属于哪个类别。

1. 算法过程

(1) 每个数据样本用一个 n 维特征向量 $\boldsymbol{X}=(x_1,x_2,\cdots,x_n)$ 表示,分别描述对 n 个属性 $A_1,A_2,\cdots,A_n$ 样本的 n 个度量。

(2) 假定有 m 个类 $C_1,C_2,\cdots,C_m$,给定一个位置的数据样本 $\boldsymbol{X}$,分类器将预测 $\boldsymbol{X}$ 属于具有最高后验概率的类。也就是说,朴素贝叶斯分类将未知的样本分配给类 $C_i (1 \leqslant i \leqslant m)$ 当且仅当 $P(C_i|\boldsymbol{X}) > P(C_j|\boldsymbol{X}), 1 \leqslant j \leqslant m, j \neq i$。这样最大化 $P(C_i|\boldsymbol{X})$。其 $P(C_i|\boldsymbol{X})$ 最大的类称 C_i 为最大后验假定。根据贝叶斯定理,

$$P(C_i \mid \boldsymbol{X}) = \frac{P(\boldsymbol{X} \mid C_i)P(C_i)}{P(\boldsymbol{X})}$$

(3) 由于 $P(\boldsymbol{X})$ 对于所有类为常数,只需要 $P(\boldsymbol{X}|C_i)P(C_i)$ 最大即可。如果 C_i 类的先验概率未知,则通常假定这些类是等概率的,即 $P(C_1)=P(C_2)=\cdots=P(C_m)$,因此就转换为 $P(\boldsymbol{X}|C_i)$ 的最大化。$P(\boldsymbol{X}|C_i)$ 常被称为给定 C_i 时数据 $\boldsymbol{X}$ 的似然度,而使 $P(\boldsymbol{X}|C_i)$ 最

大的假设 C_i 称为最大似然度；否则,需要最大化 $P(X|C_i)P(C_i)$。

注意：类的先验概率可以用 $P(C_i)=|C_i,D|/|D|$ 计算,其中 $|C_i,D|$ 是 C_i 的训练样本数,$|D|$ 是训练样本总数。

（4）给定具有最多属性的数据集,计算 $P(X|C_i)$ 的开销可能非常大。为降低 $P(X|C_i)$ 的开销,可以作类条件独立的朴素假定。给定样本的类标号,假定属性值相互条件独立,即在属性间,不存在依赖关系。这样只需考虑分子：

$$P(X|C_i)=\prod_{k=1}^{n}P(x_k|C)$$

其中,$P(X_1|C_1),P(X_2|C_2),\cdots,P(X_n|C_i)$ 概率可以由训练样本估值。如果 A_k 是离散属性,则 $P(x_k|C)$ 是 D 中属性 A_k 的值为 x_k 的 C_i 类元组数除以 D 中 C_i 类的元组数 $|C_i,D|$；如果 A_k 是连续属性,则通常假定属性服从高斯分布。因而

$$P(X_i|C_i)=g(x_k,\mu_{c_i},\sigma_{c_i})=\frac{1}{\sqrt{2\pi}\sigma_{c_i}}e^{\frac{x_k-\mu_{c_i}}{2\sigma_{c_i}^2}}$$

（5）对未知样本 X 分类,也就是对每个类 C_i,计算 $P(X|C_i)P(C_i)$。样本 X 被指派到 C_i 类,当且仅当 $P(X|C_i)P(C_i)>P(X|C_j)P(C_j),1\leqslant j\leqslant m,j\neq i$。换言之,未知样本被指派到其最大的类。

2. 朴素贝叶斯分类举例

【例 8-6】 表 8-9 是一个样本数据表。该表包含了 14 条记录数据,表述了年龄、收入、是否是学生、信用等级与是否购买计算机之间的关系。数据样本用属性 age、income、student 和 credit_rating 描述。类标号属性 buy_computer 具有两个不同的值。

表 8-9 样本数据

age	income	student	credit_rating	buy_computer
<=30	High	No	Fair	No
<=30	High	No	Excellent	No
31…40	High	No	Fair	Yes
>40	Medium	No	Fair	Yes
>40	Low	Yes	Fair	Yes
>40	Low	Yes	Excellent	No
31…40	Low	Yes	Excellent	Yes
<=30	Medium	No	Fair	No
<=30	Low	Yes	Fair	Yes
>40	Medium	Yes	Fair	Yes
<=30	Medium	Yes	Excellent	Yes
31…40	Medium	No	Excellent	Yes
31…40	High	Yes	Fair	Yes
>40	Medium	No	Excellent	No

设 C1 对应 buy_computer="yes",而 C2 对应 buy_computer="no"。设希望分类的未知样本为

$$X = (\text{age}="<=30", \text{income}="medium", \text{student}="yes", \text{credit\_rating}="fair")$$

具体步骤如下：

步骤1，需要最大化 $P(X|C_i)P(C_i), i=1,2$。每个类的先验概率 $P(C_i)$ 可以根据训练样本计算：

$$P(\text{buy\_computer}="yes") = 9/14 = 0.643$$
$$P(\text{buy\_computer}="no") = 5/14 = 0.357$$

步骤2，为计算 $P(X|C_i), i=1,2$，计算下面的条件概率：

$$P(\text{age}<=30 \mid \text{buy\_computer}="yes") = 2/9 = 0.222$$
$$P(\text{age}<=30 \mid \text{buy\_computer}="no") = 3/5 = 0.600$$
$$P(\text{income}="medium" \mid \text{buy\_computer}="yes") = 4/9 = 0.444$$
$$P(\text{income}="medium" \mid \text{buy\_computer}="no") = 2/5 = 0.400$$
$$P(\text{student}="yes" \mid \text{buy\_computer}="yes") = 6/9 = 0.677$$
$$P(\text{credit\_rating}="fair" \mid \text{buy\_computer}="yes") = 6/9 = 0.667$$
$$P(\text{student}="yes" \mid \text{buy\_computer}="no") = 1/5 = 0.200$$
$$P(\text{credit\_rating}="fair" \mid \text{buy\_computer}="no") = 2/5 = 0.400$$

步骤3，假设条件独立性，使用以上概率数据，得到：

$$P(X \mid \text{buy\_computer}="yes") = 0.222 \times 0.444 \times 0.667 \times 0.667 = 0.044$$
$$P(X \mid \text{buy\_computer}="no") = 0.600 \times 0.400 \times 0.200 \times 0.400 = 0.019$$
$$P(X \mid \text{buy\_computer}="yes")P(\text{buy\_computer}="yes") = 0.044 \times 0.643 = 0.028$$
$$P(X \mid \text{buy\_computer}="no")P(\text{buy\_computer}="no") = 0.019 \times 0.357 = 0.007$$

因此，对于样本 X，朴素贝叶斯分类预测 buy_computer="yes"。

3. 朴素贝叶斯的特点

朴素贝叶斯的核心是假设所有特征都彼此独立，虽然"所有特征彼此独立"这个假设在现实中不太可能成立，但是它可以大大简化计算，而且有研究表明，这对分类结果的准确性影响不大。

8.3.3 贝叶斯信念网络

在讨论朴素贝叶斯分类时，朴素贝叶斯分类有一个限制条件，就是特征属性必须有条件独立或基本独立（实际上在现实应用中几乎不可能做到完全独立）。当这个条件成立时，朴素贝叶斯分类法的准确性是最高的，但不幸的是，现实中各个特征属性间往往并不是条件独立的，而是具有较强的相关性，这就限制了朴素贝叶斯分类的能力。

接下来讨论贝叶斯分类中更高级、应用范围更广的一种算法——贝叶斯网络（又称贝叶斯信念网络或信念网络）。

朴素贝叶斯分类假定类条件独立，即给定样本的类标号，属性的值相互条件独立。但在实践中，变量之间的依赖可能存在。贝叶斯信念网络说明联合条件概率分布，它允许在变量的子集间定义类条件独立性。它提供一种因果关系的图形。

贝叶斯网络由网络结构和条件概率表两部分组成。贝叶斯网的网络结构是一个有向无环图。由节点和有向弧段组成。每个节点代表一个事件或者随机变量，变量值可以是离散的或连续的，节点的取值是完备互斥的。表示起因的假设和表示结果的数据均用节点表示。

如图 8-9 所示，对下雨(R)引起草地变湿(W)建模。天下雨的可能性为 40%，并且下雨时草地变湿的可能性为 90%；也许 10% 的时间雨下得不多，不足以让我们真正认为草地被淋湿了。

在这个例子中，随机变量是二元的：真或假。存在 20% 的可能性草地变湿而实际上并没有下雨，例如，使用喷水器时。

可以看到，3 个值就可以完全指定 $P(R,W)$ 的联合分布。如果 $P(R)=0.4$，则 $P(\sim R)=0.6$。类似地，$P(\sim W|R)=0.1$，而 $P(\sim W|\sim R)=0.8$。

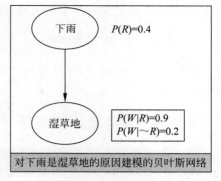

对下雨是湿草地的原因建模的贝叶斯网络

图 8-9 贝叶斯网络

这是一个因果图，解释草地变湿的主要原因是下雨，可以颠倒因果关系并且做出判断。例如，已知草地是湿的，则下过雨的概率可以计算如下：

$$P(R|W)=\frac{P(W|R)P(R)}{P(W)}=\frac{P(W|R)P(R)}{P(W|R)P(R)+PP(W|\sim R)P(\sim R)}$$
$$=\frac{0.9\times 0.4}{0.9\times 0.4+0.2\times 0.6}=0.75$$

现在，假设想把喷水器(S)作为草地变湿的另一个原因，如图 8-10 所示。节点 W 有两个父节点 R 和 S，因此它的概率是这两个值上的条件概率。可以计算喷水器打开时草地会湿的概率。这是一个因果（预测）推理：

$P(W|S)=P(W|R,S)P(R|S)+P(W|\sim R,S)P(\sim R|S)$
$\qquad =P(W|R,S)P(R)+P(W|\sim R,S)P(\sim R)=0.95\times 0.4+0.9\times 0.6=0.92$

给定草地是湿的，能够计算喷水器打开的概率。这是一个诊断推理，如图 8-11 所示。

$$P(S|W)=\frac{P(W|S)P(S)}{P(W)}=\frac{0.92\times 0.2}{0.52}=0.35$$

其中，

$P(W)=P(W|R,S)P(R,S)+P(W|\sim R,S)P(\sim R,S)+$
$\qquad P(W|R,\sim S)P(R,\sim S)+P(W|\sim R,\sim S)P(\sim R,\sim S)$
$\quad =P(W|R,S)P(R)P(S)+P(W|\sim R,S)P(\sim R)P(S)+$
$\qquad P(W|R,\sim S)P(R)P(\sim S)+P(W|\sim R,\sim S)P(\sim R)P(\sim S)$
$\quad =0.95\times 0.4\times 0.2+0.9\times 0.6\times 0.2+0.9\times 0.4\times 0.8+0.1\times 0.6\times 0.8=0.52$

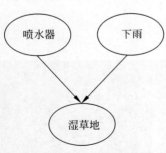

图 8-10 因果（预测）推理

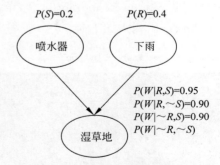

图 8-11 湿草地概率推理图

知道草地是湿的增加了喷水器开着的可能。现在假设下过雨,则有:

$$P(S\mid R,W)=\frac{P(W\mid R,S)P(S\mid R)}{P(W\mid R)}=\frac{P(W\mid R,S)P(S)}{P(W\mid R)}=0.21$$

给定已知下过雨,则喷水器导致草地湿的可能性降低了。已知草地是湿的,这时下雨和喷水器是相互依赖的。

8.3.4 贝叶斯网络应用

贝叶斯网络在人工智能的众多领域已得到应用,包括模式识别、数据挖掘、自然语言处理、辅助智能决策等。对于很多领域中核心的分类问题,大量卓有成效的算法都是基于贝叶斯理论设计的。

在医疗领域,贝叶斯网络用于医疗诊断;在工业领域,贝叶斯网络用于对工业制品的故障检测和性能分析;在军事上被应用于身份识别等各种战场推理;在生物农业领域,贝叶斯网络在基因连锁分析、农作物推断、兽医诊断、环境分析等问题上都有大量的应用;在金融领域可用于构建风控模型;在企业管理上可用于决策支持;在自然语言处理方面可用于文本分类、中文分词、机器翻译。

8.4 实验

8.4.1 使用 PyCharm 进行一元线性回归分析

1. 实验目的

(1) 熟悉 PyCharm 编程软件使用环境。
(2) 掌握一元线性回归算法的原理和实现步骤。

2. 实验内容

应用一元线性回归预测移动餐车的利润。假设你是一家餐饮连锁店的 CEO,考虑在不同的城市开新店。该餐饮店已在许多城市拥有移动餐车,现有各个城市移动餐车的利润和城市人口的数据。这些数据将帮助你选择在哪个城市进行新店扩张。请按要求完成实验。

3. 实验步骤

(1) 运行 PyCharm,创建 Python 文件,命名为 LRegression。

(2) 安装 numpy 和 matplotlib 包,单击 PyCharm 下方的 Terminal,如图 8-12 所示。先安装 python3-tk,输入如下命令:

```
sudo apt - get install python3 - tk
```

图 8-12　PyCharm 的 Terminal 所在位置

提示输入密码时,请输入 Huawei@123,如图 8-13 所示,输入命令:

```
pip install http://file.ictedu.com/fileserver/common/data/numpy-1.17.2-cp35-cp35m-manylinux1_x86_64.whl
```

安装 numpy。

图 8-13　numpy 离线安装过程图

注意:通常使用"pip install numpy",此处采用离线安装,后面也是。

(3) 如图 8-14 所示,输入以下命令安装 matplotlib(注意:通常使用"pip install matplotlib"):

```
pip install http://file.ictedu.com/fileserver/common/data/cycler-0.10.0-py2.py3-none-any.whl
pip install http://file.ictedu.com/fileserver/common/data/kiwisolver-1.1.0-cp35-cp35m-manylinux1_x86_64.whl
pip install http://file.ictedu.com/fileserver/common/data/python_dateutil-2.8.0-py2.py3-none-any.whl
pip install http://file.ictedu.com/fileserver/common/data/pyparsing-2.4.2-py2.py3-none-any.whl
pip install http://file.ictedu.com/fileserver/common/data/six-1.12.0-py2.py3-none-any.whl
pip install http://file.ictedu.com/fileserver/common/data/matplotlib-3.0.3-cp35-cp35m-manylinux1_x86_64.whl
```

图 8-14　成功安装 matplotlib

(4) 编写一元线性回归程序。在 Terminal 中输入以下命令下载实验数据:

```
wget http://file.ictedu.com/fileserver/big_data_warehousemining/data/ex1data1.txt
```

"ex1data1"数据集的数据表示城市移动餐车的利润和城市人口数量。该程序实现的功能是:在已知某个固定城市人口数量时,预测移动餐车的利润,以帮助用户选择在哪个城市进行新店扩张。

实验代码可扫描二维码下载,具体如下:

```
#!/usr/bin/python
```

代码实现

```python
# -*- coding: utf-8 -*-
from numpy import *
import matplotlib.pyplot as plt
import numpy as np
import time
def loadData():
    f = open('ex1data1.txt')
    data = f.readlines()
    l = len(data)
    mat = zeros((l, 2))
    index = 0
    xdata = ones((l, 2))
    ydata = []
    for line in data:
        line = line.strip()
        linedata = line.split(',')
        mat[index, :] = linedata[0:2]
        index += 1
    xdata[:, 1] = mat[:, 0]
    ydata = mat[:, 1]
    return xdata, ydata

def model(theta, x):
    theta = np.array(theta)
    return x.dot(theta)

def cost(theta, xdata, ydata, l):
    SUM = 0
    idex = 0
    ydata = mat(ydata)
    ydata = ydata.T
    for line in ydata:
        yp = model(theta, xdata[idex, :])
        yp = yp - ydata[idex, :]
        yp = yp ** 2
        SUM = SUM + yp
        idex = idex + 1
    return SUM / 2 / l

def grad(theta, idex1, xdata, ydata, signal, l):
    idex = 0
    SUM = 0
    for line in ydata:
        yp = model(theta, xdata[idex, :]) - ydata[idex]
        yp = yp * xdata[idex][idex1]
        idex = idex + 1
        SUM = SUM + yp
    return SUM / l

def gradlient(theta, xdata, ydata, sigmal, l):
    idex1 = 0
    for line1 in theta:
        theta[idex1] = theta[idex1] - signal * grad(theta, idex1, xdata, ydata, signal, l)
        theta[idex1] = theta[idex1]
```

```python
            idex1 = idex1 + 1
        return theta

    def gradlient(theta, xdata, ydata, signal, l):
        idex1 = 0
        for line1 in theta:
            theta[idex1] = theta[idex1] - signal * grad(theta, idex1, xdata, ydata, signal, l)
            theta[idex1] = theta[idex1]
            idex1 = idex1 + 1
        return theta
    def OLS(xdata, ydata):
        start = time.process_time()
        theta = [0, 0]
        iters = 0
        iters = int(iters)
        l = len(ydata)
        l = int(l)
        cost_record = []
        it = []
        signal = 0.01
        cost_val = cost(theta, xdata, ydata, l)
        cost_record.append(cost_val)
        it.append(iters)
        while iters < 1500:
            theta = gradlient(theta, xdata, ydata, signal, l)
            cost_updata = cost(theta, xdata, ydata, l)
            iters = iters + 1
            cost_val = cost_updata
            cost_record.append(cost_val)
            it.append(iters)
        end = time.process_time()
        return mat(theta).T, cost_record, it
    def show(xArr, yArr):
        plt.xlabel('Population', size = 25)
        plt.ylabel('Profit', size = 25)
        plt.title('Linear Regression', size = 30)
        xCopy = xArr.copy()
        xCopy.sort(0)
        yHat = xCopy * ws
        plt.plot(xArr[:, 1], yArr, 'go', label = 'y1')
        plt.plot(xCopy[:, 1], yHat, label = 'y2')
        plt.show()

    def show1(xArr, yArr):
        plt.xlabel('iters', size = 25)
        plt.ylabel('cost', size = 25)
        plt.title('Linear Regression', size = 30)
        plt.plot(xArr[0:, ], yArr[0:, ], 'go', label = 'y1')
        plt.show()

xArr, yArr = loadData()
ws, cost_rec, iters = OLS(xArr, yArr)
test = [1, 3.5]
print("When the population is 35,000, the profit is:")
```

```
print(ws[0][0] * test[0] + ws[1][0] * test[1])
test1 = [1, 7]
print("When the population is 70,000, the profit is:")
print(ws[0][0] * test1[0] + ws[1][0] * test1[1])
show(xArr, yArr)
show1(mat(np.array(iters)), mat(np.array(cost_rec)))
```

(5) 运行结果。首先按 Ctrl＋S 键保存，然后右击 Python 文件，在弹出的快捷菜单中单击"Run ＊＊"按钮运行程序，如果没有错误，则会出现如图 8-15 所示的结果。得到的回归直线如图 8-16 所示，代价变化曲线如图 8-17 所示。

图 8-15　运行结果

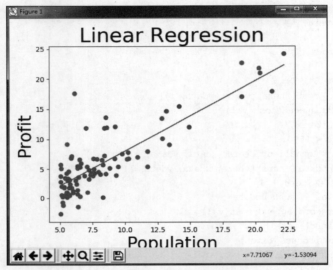

图 8-16　利润预测回归直线

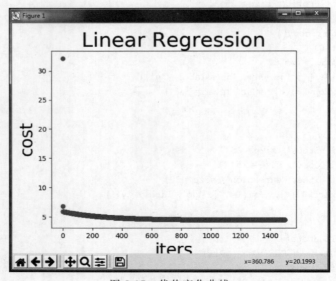

图 8-17　代价变化曲线

8.4.2 使用 PyCharm 进行多元线性回归分析

1. 实验目标

(1) 熟悉 PyCharm 编程软件使用环境。
(2) 掌握多元线性回归算法的原理和实现步骤。

2. 实验内容

应用多元线性回归预测房价。假设你打算出售自己的房子,想知道房子应设置的合适的市场价。常用方法就是收集最近的房屋销售信息并设计一个房屋价格模型。请按要求完成实验。

3. 实验步骤

(1) 运行 PyCharm,创建 Python 文件,命名为 MRegression。
(2) 安装 numpy 和 matplotlib 库,如果已安装过可忽略此步骤。
(3) 编写多元线性回归程序。首先通过在 Terminal 中输入

wget http://file.ictedu.com/fileserver/big_data_warehousemining/data/ex1data2.txt

命令下载实验数据。文件 ex1data2.txt 为该实验部分的数据集,第一列表示房屋的面积(单位为平方英尺),第二列表示房间数量,第三列表示房屋价格。该程序主要实现的功能:在不同房屋面积和房屋数量的情况下,预测房价。

实验代码可扫描二维码下载,具体如下:

代码实现

```python
#!/usr/bin/python
# -*- coding: utf-8 -*-
from numpy import *
import matplotlib.pyplot as plt
import numpy as np
import time

def loadData():
    f = open('ex1data2.txt')
    data = f.readlines()
    l = len(data)
    mat = zeros((l, 3))
    index = 0
    xdata = ones((l, 3))
    ydata = []
    for line in data:
        line = line.strip()
        linedata = line.split(',')
        mat[index, :] = linedata[0:3]
        index += 1
    xdata[:, 1] = mat[:, 0]
    xdata[:, 2] = mat[:, 1]
    ydata = mat[:, 2]
    return xdata, ydata
def model(theta, x):
    theta = np.array(theta)
    return x.dot(theta)
```

```python
def cost(theta, xdata, ydata, l):
    SUM = 0
    idex = 0
    ydata = mat(ydata)
    ydata = ydata.T
    for line in ydata:
        yp = model(theta, xdata[idex, :])
        yp = yp - ydata[idex, :]
        yp = yp ** 2
        SUM = SUM + yp
        idex = idex + 1
    return SUM / 2 / l

def grad(theta, idex1, xdata, ydata, sigmal, l):
    idex = 0
    SUM = 0
    for line in ydata:
        yp = model(theta, xdata[idex, :]) - ydata[idex]
        yp = yp * xdata[idex][idex1]
        idex = idex + 1
        SUM = SUM + yp
    return SUM / l

def gradlient(theta, xdata, ydata, sigmal, l):
    idex1 = 0
    for line1 in theta:
        theta[idex1] = theta[idex1] - sigmal * grad(theta, idex1, xdata, ydata, sigmal, l)
        theta[idex1] = theta[idex1]
        idex1 = idex1 + 1
    return theta

def Min_Max(xdata, ydata):
    index = 1
    while index < len(xdata[0, :]):
        item = xdata[:, index].max()
        item1 = xdata[:, index].min()
        xdata[:, index] = (xdata[:, index] - item1) / (item - item1)
        index = index + 1
    return xdata, ydata

def OLS(xdata, ydata):
    start = time.process_time()
    theta = [0, 0, 0]
    iters = 0
    iters = int(iters)
    l = len(ydata)
    l = int(l)
    cost_record = []
    it = []
    sigmal = 0.1
    cost_val = cost(theta, xdata, ydata, l)
    cost_record.append(cost_val)
    it.append(iters)
    while iters < 1500:
```

```
            theta = gradlient(theta, xdata, ydata, sigmal, 1)
            cost_updata = cost(theta, xdata, ydata, 1)
            iters = iters + 1
            cost_val = cost_updata
            cost_record.append(cost_val)
            it.append(iters)
        end = time.process_time()
        return mat(theta).T, cost_record, it, theta

    def show1(xArr, yArr):
        plt.xlabel('iters', size = 25)
        plt.ylabel('cost', size = 25)
        plt.title('Linear Regression', size = 30)
        plt.plot(xArr[0:, ], yArr[0:, ], 'go', label = 'y1')
        plt.show()


xArr, yArr = loadData()
xcopy = xArr.copy()
ycopy = yArr.copy()
xArr, yArr = Min_Max(xArr, yArr)
ws, cost_rec, iters, thet = OLS(xArr, yArr)
test = [1, 1650.0, 3.0]
test[1] = (test[1] - xcopy[:, 1].min()) / (xcopy[:, 1].max() - xcopy[:, 1].min())
test[2] = (test[2] - xcopy[:, 2].min()) / (xcopy[:, 2].max() - xcopy[:, 2].min())
print("When the size of the house is 1650 square feet and the number of rooms is 3, the measured price is:")
print(test * ws)
show1(mat(np.array(iters)), mat(np.array(cost_rec)))
```

（4）运行结果。首先按 Ctrl＋S 键保存，然后右击 Python 文件，在弹出的快捷菜单中单击"Run ＊＊"运行程序，如果没有错误，则会出现如图 8-18 所示的结果。预测值拟合如图 8-19 所示。

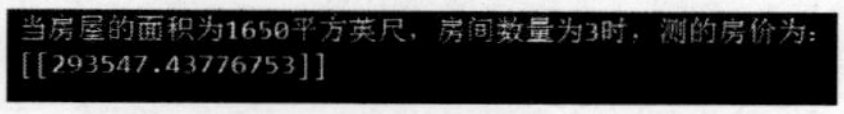

图 8-18　运行结果

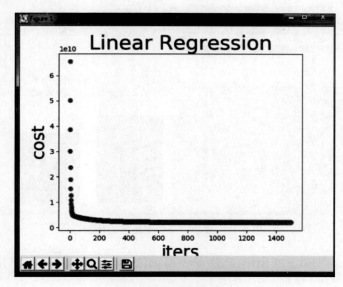

图 8-19　预测值拟合图

8.4.3 使用 Weka 实现朴素贝叶斯

贝叶斯定理也称贝叶斯推理,是关于随机事件 A 和 B 的条件概率(或边缘概率)的一则定理。

朴素贝叶斯分类是一种十分简单的分类算法。之所以称为朴素贝叶斯分类,是因为这种方法的思想十分朴素,朴素贝叶斯的思想基础是:对于给出的待分类项,求解在此项条件下各个类别出现的概率,哪个最大,就认为此待分类项属于哪个类别。

1. 实验目标

(1) 掌握朴素贝叶斯算法的原理及应用。
(2) 掌握朴素贝叶斯算法的步骤及操作。

2. 实验内容

按照实验步骤提示,使用 Weka 实现朴素贝叶斯算法进行分类预测。

3. 实验步骤

(1) 打开 Weka,单击 Explorer 按钮进入操作主界面。进入主界面后,单击 Open file,选择需要挖掘的数据。Weka 的路径下面的 data 文件夹中有自带的数据集,选择 weather.nominal.arff 数据集。成功打开数据集后显示如图 8-20 所示的窗口。在该窗口中,能够查看即将要处理的数据,左侧显示预处理的数据有 5 列(Attributes:5)、14 行(Sum of weights:14);右侧显示用户指定数据类别(Label)、数量(Count)及权重(Weight)等。

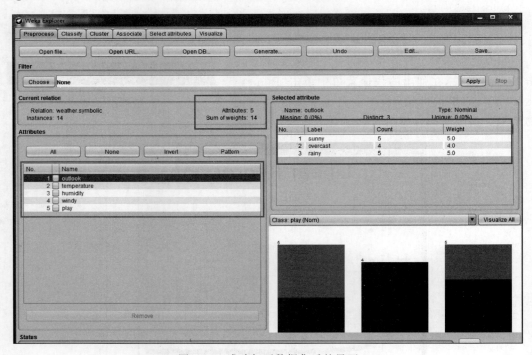

图 8-20 成功打开数据集后的界面

(2) 选择算法。如图 8-21 所示,选择 Classify→Choose,在弹出的对话框中选择 NaiveBayes 算法。

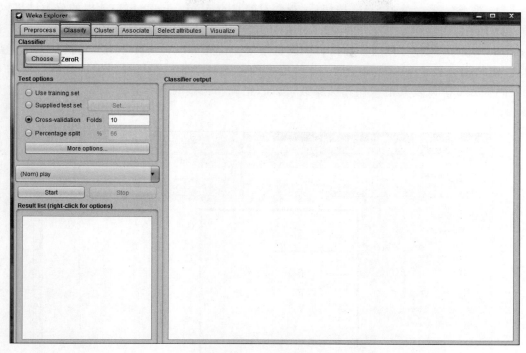

图 8-21 选择算法

(3) 设置参数。如图 8-22 所示,选择 Use training set 构建模型;选择(Nom)play 作为模型的因变量。单击 Start 按钮开始创建回归模型。

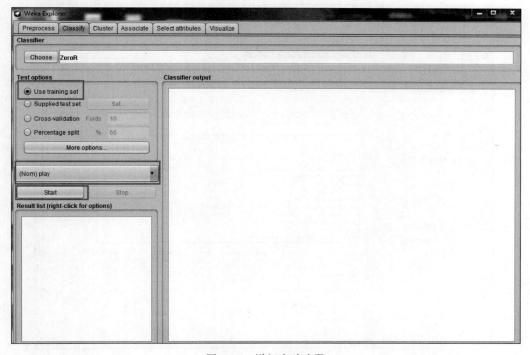

图 8-22 详细实验步骤

（4）实验结果。单击 Start 按钮后，观察右侧 Classifier output 窗口给出的分类结果，如图 8-23 所示。也可以在左下角的 Result list 区域右击本次产生的结果，选择 View in separate window 命令，然后在新窗口中浏览结果。首先可以看到贝叶斯分类器根据不同的属性，将结果分为了 yes 和 no 两类，并给出了相应的概率值。还可以得到训练数据所需要的时间为 0.02s 以及其他一些相关参数，例如，正确和错误的实例分别为 13 和 1，实例总数为 14，具体见图 8-24。

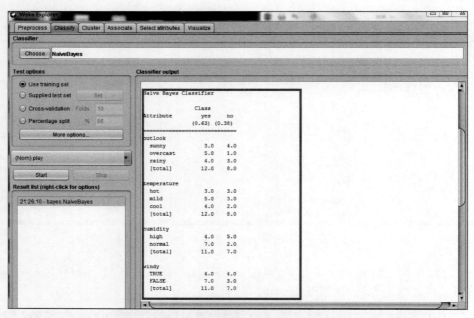

图 8-23　贝叶斯分类器分类后的结果和概率值

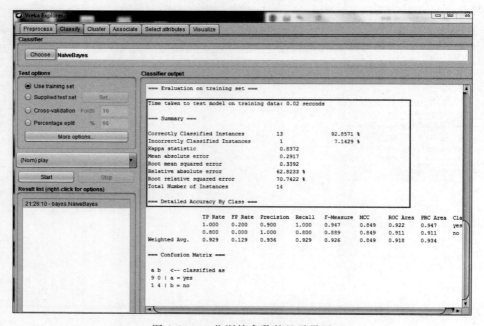

图 8-24　一些训练参数的显示界面

最后是分类以后的详细正确率信息以及结果矩阵。结果矩阵将数据分为 a 和 b 两类，通过朴素贝叶斯分类器进行计算，可以得知：a 是 yes 类，b 是 no 类。

小结

本章介绍了统计分析相关算法的基础知识，包括回归分析、EM 算法、贝叶斯分类原理及其应用。回归分析主要展示了 3 种经典概念和算法，贝叶斯分类原理设计相关算法总结见表 8-10。通过本章的学习，读者可以对统计分析算法有一个基本的认识，并借助学到的算法解决一些数据挖掘领域中的问题，为以后学习机器学习和人工智能领域的研究奠定基础。

表 8-10 统计分析算法

算法名称	算法描述
回归分析	回归是研究一组随机变量和另一组变量之间关系的统计分析方法。线性回归是利用称为线性回归方程的最小平方函数对一个或多个自变量和因变量之间进行建模的一种回归分析方法。回归分析有许多分类方式，根据因变量和自变量的个数可分为一元回归分析、多元回归分析、逻辑回归分析和其他回归分析
EM 算法	EM 算法是在概率模型中寻找参数最大似然估计或者最大后验估计的算法，其中概率模型依赖于无法观测的隐性变量。EM 算法经过两个步骤交替进行计算：第一步是计算期望（E），利用对隐藏变量的现有估计值，计算其最大似然估计值；第二步是最大化（M），最大化在 E 步上求得的最大似然值来计算参数的值
贝叶斯分类	贝叶斯方法是一种研究不确定性的推理方法，不确定性常用贝叶斯概率表示，它是一种主观概率。典型的贝叶斯分类器主要有 4 种，分别是朴素贝叶斯、TAN、BAN 和 GBN

习题

（1）EM 算法得到的估计序列是否收敛？如果收敛，是否是全局极大值或局部极大值？

（2）一只红铃虫的产卵数 y 和温度 x 有关，现收集了 7 组观测数据：

温度（x/摄氏度） 21 23 25 27 29 32 35

产卵数（y/个） 7 11 21 24 66 115 325

试建立 y 关于 x 的回归方程。

第9章

神经网络

神经网络作为一种模拟人脑神经系统进行信息处理的数学模型,通常由很多人工神经元组成,神经元之间相互连接构成网络,可以实现一些分类任务。随着神经科学与认知科学的发展以及算力的突破,研究者逐步掌握了训练深层神经网络的方法,使得神经网络在数据挖掘、计算机视觉、自然语言处理等领域取得了巨大成功。

本章对神经网络的概念、内涵及其学习过程提供一个较全面的基础性介绍。从网络思想的角度,主要关注限制玻耳兹曼机、反向传播神经网络、卷积神经网络以及循环神经网络的特点、作用与用途。

9.1 神经网络概述与定义

9.1.1 神经网络概述

1943年,生理学家McCulloch和数学家Pitts在研究中首次提出一种人工神经元的数学模型,这种模型可以近似模拟人脑神经系统去解决一些计算问题,奠定了神经网络领域发展的基础与研究方向。

1949年,神经生物学家Hebb提出了著名的Hebb法则:神经网络模型中神经元之间突触处的连接变化会影响神经元学习和记忆的过程,即神经元具有活动依赖性的可塑性。这一法则为构造有学习功能的神经网络模型提供了理论基础。

1958年,Rosenblatt提出的感知器模型首次将神经网络理论付诸实践,它证明双层感知器可以对输入进行分类,于是科学界对神经网络的研究进入了一个新的发展阶段。

但是,1969年Minskyh和Papert的研究指出,神经网络在处理某些复杂的现实任务中的学习能力非常有限,并且只能应用于简单的线性问题,不能有效地应用于多层网络,甚至不能解决"异或"的逻辑关系问题。这项研究打击了人们探索神经网络领域的自信心,从此神经网络的发展进入了长时间的低谷期。

21世纪以来,随着计算机科学、脑科学、生物学的迅速发展,国内外在神经网络的理论和应用研究上取得了若干突破性进展,尤其是以多隐层人工神经网络为代表的深度学习的提出,再一次掀起了神经网络发展的浪潮。现如今,神经网络在图像处理、医学、生物学、机器人等领域均取得了非常多的成就。

神经网络可以分为生物神经网络(Biological Neural Network)和人工神经网络(Artificial Neural Network,ANN),现在一般指人工神经网络。生物神经网络是指生物神经系统中的神经元、细胞和突触等组成的网络,用于产生生物的意识,帮助生物进行思考和行动。例如,人类大脑的活动就主要由神经元控制。神经元也称为神经细胞,由一个圆形细胞核和星状细胞体组成。细胞体的一端与多个神经纤维体的树突相连接,作为输入结构接收信息,另一端则与神经纤维体轴突相连接作为输出结构,可以把产生的信号传送到其他神经元,人脑神经元的简化结构如图9-1所示。

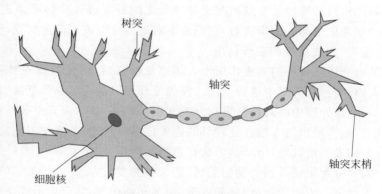

图 9-1 人脑神经元简化结构

类似于生物神经网络,人工神经网络由许多作为基本信息处理单元的人工神经元组成来模拟人脑处理信息和数据的方式,这些神经元相互连接,对应于树突和轴突,单个神经元可以响应其他树突上的神经元信号,并通过轴突将信号传递给受体神经元,两个神经元的连接权重表示神经元之间突触的连接强度。人工神经网络是一种自适应非线性的动态系统,主要目标是调整连接权重,直到符合模型输入与输出的关系。

人工神经元可以通过数学表达式进行抽象和概括,人脑神经细胞接收一次信息的过程,即模拟一次累加和乘法的过程。其数学模型如图 9-2 所示。令输入信号表示为 $\boldsymbol{X}=[x_1, x_2,\cdots,x_n]^{\mathrm{T}}$,则输入总和 u_k 可表示为:

$$u_k = \sum_{i=1}^{n} w_{ij} x_i \tag{9-1}$$

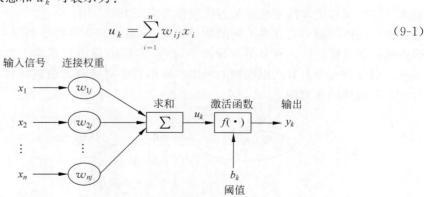

图 9-2 人工神经元的数学模型

其中，w_{ij} 为神经元 i 到 j 的权重，反映了人工神经元之间的连接强度。输出 y_k 为
$$y_k = f(u_k + b_k) \qquad (9-2)$$
其中，$f(\cdot)$ 为激活函数，负责将神经元的输入映射到输出端；b_k 为阈值，也称作偏置，可以提高神经元的拟合能力。

借助数学模型，人工神经网络可以用来近似任何目标函数，同时将复杂的高级特征表示为简单易学习的低级特征的组合，与其他分类器相比，可以更好地用于复杂分类问题模型的创建。

9.1.2 神经网络学习过程

人类大脑通过相同的脉冲反复刺激改变神经元之间的突触连接强度来进行学习，当许多神经细胞连接起来思考和识别事物时，它们会不断地与外部进行信息交互，学习过程分为 3 个部分：信息输入、模式处理和动作输出。

信息输入是指外界环境中的刺激作用于人体感觉器官后，感受器将外界刺激转化为神经冲动传递到大脑，信息在大脑中进行处理。模式处理是以输入信息为基础，将信息送入大脑的各个处理中心，在处理中心对信息进行分析和模式识别，然后将其组装并存储在大脑适当的记忆区域中。动作输出是大脑在处理新的输入信息时，按照上面学习到的模型，产生一系列信号，并将它们发送给其他神经元，以执行适当的动作。

例如，一个人要分辨眼睛看到的动物类别，在大脑视觉皮层至少有 30 个不同区域会参与，每个区域负责处理一方面的信息，比如皮毛、面部和动作等，综合后形成完整图像特征存储到大脑。当再看到具有相同特征的动物时，神经元的相应连接权重会被加强，区域间连接会更稳定。当接收这种新种类的信息时，会重复模型训练这个过程，使得大脑再见到这个动物的时候能够快速准确地判断。

神经网络的学习过程也称为训练过程。与人脑学习相比，神经网络的学习过程具有大规模并行分布式的特点。常见的神经网络的学习方式可分为监督学习和无监督学习。在监督学习中，将带有标签的训练样本数据输入，同时将相应的期望输出与网络输出相比较后得到误差函数，经过多轮次训练后确定网络的连接权重，最小化网络的误差。当样本情况发生变化时，可以对权重进行修改以适应新的输入实例。在无监督学习中，事先不给定有标签的训练样本，根据样本间的相似性对样本进行处理，使相同类的内间距最小，不同类的外间距最大，此时，学习规律的变化服从连接权重的演变方程。

神经网络领域中有许多不同的学习规则，但是没有一种特定的学习算法适用于所有的网络结构和具体问题。在分类与预测中，δ 学习规则（误差校正学习算法）是使用最广泛的一种。误差校正学习算法根据神经网络的输出误差对神经元的连接权重进行修正。图 9-3 为 δ 学习规则的示意图。

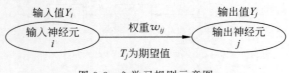

图 9-3　δ 学习规则示意图

δ 学习算法过程如下：设神经网络中神经元 i 作为输入，神经元 j 为输出，它们的连接权重为 w_{ij}，则对权重的修正可以表示为

$$\Delta w_{ij} = \eta \delta_j Y_j \tag{9-3}$$

其中，η 表示学习率，表示了每次参数更新的幅度大小；δ_j 为

$$\delta_j = T_j - Y_j \tag{9-4}$$

其中，δ_j 为 j 的偏差，是输出神经元 j 的实际输出和期望输出信号之间的差值。

神经网络的学习是否完成常用误差函数 E 来衡量。当误差函数小于某一个设定的值时即停止神经网络的训练。误差函数的主要作用是衡量实际输出 Y_k 与期望值 T_k 误差大小的函数，常采用最小二乘误差函数来定义：

$$E = \frac{1}{2} \sum_{k=1}^{N} (Y_k - T_k)^2 \tag{9-5}$$

其中，$k = 1, 2, \cdots, N$ 为训练样本个数。

使用神经网络模型需要确定网络连接的拓扑结构、神经元的特征和学习规则等，针对具体问题设计适合的模型，这样才能发挥计算机的高速运算能力，尽可能快地找到解决问题的优化解。下面将根据网络的作用与用途介绍 4 种常用的神经网络模型。

9.2 限制玻耳兹曼机

9.2.1 RBM 的定义

玻耳兹曼机(Boltzmann Machine，BM)是一种层间全连接的神经网络模型，网络中的神经元都是随机神经元，即每一个神经元的输出只有抑制和激活两种状态。神经元的取值都是布尔型的，一般用二进制的 0 和 1 表示，0 表示抑制，1 表示激活。玻耳兹曼机为其网络状态定义了一个全局能量，当这种能量值最小时，也代表着网络趋于稳定状态。玻耳兹曼机的结构决定其具有较大的无监督学习能力，能够学习数据中复杂的规则。但是缺点也很明显，训练复杂度极高并且网络的学习时间也非常长，不能很好地解决一些计算问题，同时也无法确切地计算所表示的分布。

为克服这一问题，提出了受限制的玻耳兹曼机(Restricted Boltzman Machine，RBM)，将网络结构限制为两层结构，且层内没有互联关系。RBM 模型的节点是一个全连接的二分图，由一个可见层和一个隐层构成，可见层与隐层的神经元之间为双向全连接，是一种随机生成人工神经网络，可以学习其输入集合的概率分布。RBM 可以被当成基于概率模型的无监督非线性特征学习器，所以提取的特征在线性分类器时通常会获得良好的结果。

RBM 的网络模型如图 9-4 所示，图中左边的一层神经元组成隐层(hidden layer)，右边的一层神经元组成可见层(visible layer)，隐层和可见层之间是全连接的，但是隐层内部的神经元之间是独立的，可见层的内部神经元之间也是独立的。

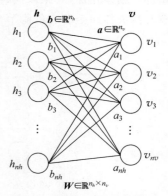

图 9-4 典型 RBM 网络模型

RBM 不区分前向和反向,可见层的状态可以作用于隐层,而隐层的状态也可以作用于可见层。可见层单元用来描述观察数据的一个方面或一个特征,而隐层一般可以看作特征提取层。

RBM 和 BM 的不同之处在于:BM 允许层内神经元之间有连接,而 RBM 则要求层内神经元之间没有连接,因此 RBM 的性质为当给定可见层神经元的状态时,各隐层神经元的激活条件独立;反之,当给定隐层神经元的状态时,可见层神经元的激活也是条件独立的。

9.2.2 RBM 的学习过程

如果一个 RBM 有 n 个可见单元和 m 个隐单元,用向量 $\boldsymbol{v}$ 和 $\boldsymbol{h}$ 分别表示可见单元和隐单元的状态,如图 9-4 所示,其中,v_i 表示第 i 个可见单元的状态,h_j 表示第 j 个隐单元的状态。那么,对于一组给定的状态 $(\boldsymbol{v},\boldsymbol{h})$,RBM 作为一个系统所具备的能量定义为

$$E(\boldsymbol{v},\boldsymbol{h}\mid\theta) = -\sum_{i=1}^{n}a_i v_i - \sum_{j=1}^{m}b_j h_j - \sum_{i=1}^{n}\sum_{j=1}^{m}v_i w_{ij} h_j \tag{9-6}$$

其中,$\theta=\{w_{ij},a_i,b_j\}$ 为 RBM 的参数,均为实数,w_{ij} 表示可见层单元 i 和隐单元 j 的神经元连接权重,a_i 表示可见单元 i 的偏置,b_j 表示隐单元 j 的偏置。

RBM 的学习过程就是求解 θ 的值的过程。使用训练数据训练 θ,然后通过最大 RBM 在训练集(假设包含 T 个样本)上的对数似然函数学习得到。所谓似然函数,就在某些参数未知的情况下使其对应的概率达到最大。

下面详细阐述 RBM 的学习过程。图 9-5 中的每个圆圈代表一个类似于神经元的节点,这些节点通常是进行计算的地方。相邻层之间是相连的,但是同层之间的节点是不相连的。也就是说,不存在层内通信,这就是 RBM 中的限制所在。每个节点都是处理输入数据的单元,每个节点随机决定是否传递输入数据。

图 9-5 RBM 网络的两层表示

图 9-6 展示了单个像素值 x 是如何通过这一双层网络的。在隐层的节点 1 中 x 与一个权重相乘,再与所谓的偏差相加。这两步运算的结果输入到激活函数,得到节点的输出,即输入为 x 时通过节点的信号强度。

图 9-7 展示了一个隐节点如何整合多项输入。每个 x 分别与各自的权重相乘,乘积之和再与偏差相加,其结果同样经过激活函数运算得到节点的输出值。由于每个可见节点的输入都被传递至所有的隐节点,所以也可将 RBM 定义为一种对称二分图。

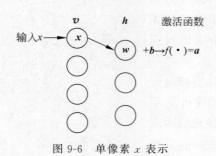

图 9-6 单像素 x 表示

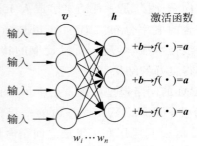

图 9-7 多项输入表示

两层之间的权重总会形成一个矩阵,矩阵的行数等于输入节点的个数,列数等于输出节点的个数。每个隐节点会接收与对应权重相乘的输入,这些乘积的和再一次与偏差相加,并将结果反馈到激活函数中,作为隐层的输出。

构建更深层的网络时,第一个隐层的输出会被传递到第二个隐层作为输入,从这里开始就可以有很多隐层,直到它们增加到最终的分类层。

如图 9-8 所示,一旦 RBM 学到与第一隐层激活值有关的输入数据的结构,那么数据就会沿着网络向下传递一层,第一个隐层就成为新的可见层或输入层,这一层的激活值会和第二个隐层的权重相乘,以产生另一组激活值。这种通过特征分组创建激活值集合序列,并对特征组进行分组的过程是特征层次结构的基础,通过这个过程,网络可以学到更复杂的、更抽象的数据特征。

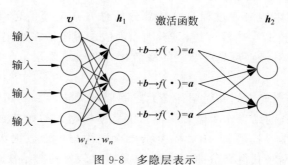

图 9-8 多隐层表示

对于每个新的隐层,权重都被迭代调整,直到该层可以近似于前一层的输入。这样无须使用标签来提高网络的权重,因为这些权重已经接近数据的属性,因此使用 RBM 进行图像分类使得在后续的监督学习阶段更容易学习。

9.2.3 RBM 的能量模型

Hopfield 神经网络是一种单层互相全连接的反馈型神经网络,每个神经元既是输入也是输出,网络中的每一个神经元都将自己的输出通过连接权重传送给所有其他神经元,同时又都接收所有其他神经元传递过来的信息。Hopfield 神经网络如图 9-9 所示。

Hopfield 网络中的神经元在 t 时刻的输出状态实际上间接地与自己 $t-1$ 时刻的输出状态有关。神经元之间互相连接,所以得到的权重矩阵将是对称矩阵。同时,Hopfield 神经网络成功引入了能量函数的概念,这使网络运行的稳定性判断有了可靠依据,结合存储系统和二元系统的神经网络,保证了向局部极小的收敛。

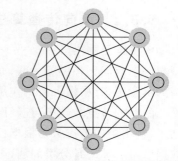

图 9-9 Hopfield 神经网络示意图

限制玻耳兹曼机 RBM 与 Hopfield 网络及其能量函数密切相关。能量函数是描述整个系统状态的一种测度。系统越有序或概率分布越集中,系统的能量越小;反之,系统越无序或趋于均匀分布,系统的能量越大。能量函数的最小值对应系统的最稳定状态。

对 Hopfield 神经网络来说,当信号输入后,各神经元的状态会不断变化,最后趋于稳定或呈现周期性振荡。在一般的 RBM 中,隐层和可见层之间的联合概率分布由能量函数给

出,这一能量函数的形式与 Hopfield 网络相似,可表示为

$$E(\bm{v},\bm{h}) = -(\bm{h}^{\mathrm{T}}\bm{w}\bm{v} + \bm{\alpha}^{\mathrm{T}}\bm{v} + \bm{\beta}^{\mathrm{T}}\bm{h}) \tag{9-7}$$

其中,E 为能量函数,网络训练过程就是最小化能量函数的过程。

概率密度函数即概率的形成就是某一个状态的能量除以总的可能状态能量和,这一能量函数的形式与 Hopfield 网络相似,可表示为

$$P(\bm{v},\bm{h}) = \frac{1}{Z}\mathrm{e}^{-E(\bm{v},\bm{h})} \tag{9-8}$$

其中,Z 为配分函数,定义为在节点的所有可能取值下 $\mathrm{e}^{-E(\bm{v},\bm{h})}$ 的和。

网络的能量函数在某个网络状态按一定规则变化时,能自动趋向极小值,达到稳定时的状态称为网络的吸引子。若把需记忆的样本信息存储于不同的吸引子中,则输入含有部分记忆信息的样本时,网络的演变过程就是从部分信息寻找全部信息(即联想回忆)的过程。由于 RBM 为一个二分图,层内没有边相连,因而隐层是否激活在给定可见层节点取值的情况下是条件独立的。类似地,可见层节点的激活状态在给定隐层取值的情况下也是条件独立的。

RBM 的可见层神经元之间和隐层神经元之间假定无连接。利用无监督预训练方法分层预训练 RBM,将得到的结果作为监督学习训练概率模型的初始值,学习性能可以得到很大改善。无监督特征学习就是在 RBM 的复杂层次结构与大量数据集之间实现统计建模。通过无监督预训练使网络获得高阶抽象特征,并且提供较好的初始权重,将权重限定在对全局训练有利的范围内,使用层与层之间的局部信息进行逐层训练,注重训练数据自身的特性,能够减小对学习目标过拟合的风险,并避免深度神经网络中误差累积传递过长的问题。

RBM 由于表示力强、易于推理等优点被成功用作深度神经网络的结构单元,在近些年受到广泛关注。受限玻耳兹曼机在降维、分类、协同过滤、特征学习和主题建模中得到了应用。

9.3 反向传播神经网络

9.3.1 反向传播算法

深度神经网络(Deep Neural Network,DNN)也称前馈神经网络或者多层感知机,该模型与一个有向无环图相关联,而图描述了函数是如何复合在一起的,图 9-10 为 DNN 神经网络的示意图,其中输入层的作用是将数据输入给神经网络,隐层的作用是增加网络深度和宽度。隐层的节点数越多,神经网络表示能力越强,参数量也会增加。输出层则输出网络计算结果,输出层的节点数是根据任务而设定的。如果是回归问题,那么节点数量为需要回归的数据数量。如果是分类问题,则是分类标签的数量。

反向传播(Back Propagation,BP)算法是利用输出后的误差来估计输出层前一层的误差,再用这个误差估计更前一层的误差,如此一层一层地反向传播下去,就获得了所有其他各层的误差估计。

BP 算法的学习过程由信号的正向传播与误差的逆向传播两个过程组成。正向传播时,输入信号经过隐层的处理后,传向输出层。若输出层节点未能得到期望的输出,则转入误差的逆向传播阶段,将输出误差按某种子形式,通过隐层向输入层返回,并"分摊"给隐层节点

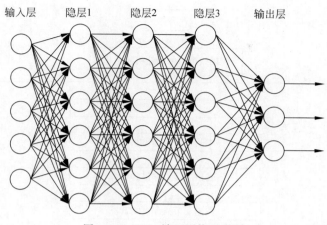

图 9-10 DNN 神经网络示意图

与输入层的输入节点,即前一层的误差项可以通过后一层的误差项计算得到,从而获得各层单元的参考误差或称误差信号,作为修改各单元权重的依据。这种信号正向传播与误差逆向传播的各层权矩阵的修改过程,是周而复始进行的。权重不断修改的过程就是网络的学习过程,此过程一直进行到网络输出的误差逐渐减少到可接受的程度或达到设定的学习次数为止。BP 算法学习过程的流程如图 9-11 所示。

算法开始后,给定学习次数上限,初始化学习次数为 0,对权重和阈值赋予小的随机数,一般在 $[-1,1]$ 区间。输入样本数据,网络正向传播,得到中间层与输出层的值。比较输出层的值与期望信号值的误差,用误差函数 E 来判断误差是否小于误差上限,如不小于误差上限,则对中间层和输出层权重和阈值进行更新,更新的算法为 δ 学习规则。更新权重和阈值后,再次将样本数据作为输入,得到中间层与输出层的值,计算误差函数 E 是否小于上限,学习次数是否到达指定值,如果达到,则学习结束。

BP 算法只用到均方误差函数对权重和阈值的一阶导数(梯度)的信息,使得算法存在收敛速度缓慢、易陷入局部极小等缺陷。为了解决这一问题,通常采用梯度下降策略进行反向传播算法的改进。

9.3.2 反向传播算法的改进

在微积分中梯度就是对多元函数的参数求偏导,把求得的各个参数的偏导数以向量的形式表示。在机器学习算法中,在最小化损失函数时,可以通过梯度下降法来一步步地迭代求解,得到最小化的损失函数和模型参数值。下面介绍 3 种常见的梯度训练方法。

批量梯度下降法(Batch Gradient Descent,BGD)是梯度下降法最原始的形式,具体思路是在更新每一个参数时都使用所有的样本来进行,优点是有全局最优解,而且易于并行实现;缺点是当样本数目很多时,训练过程会很慢。

随机梯度下降法(Stochastic Gradient Descent,SGD)的具体思路是在更新每一个参数时都使用一个样本来进行,更新很多次。对比上面的批量梯度下降法,迭代一次需要用到大量训练样本,一次迭代不可能得到最优结果,如果迭代 10 次则需要遍历训练样本 10 次,这种更新方式计算复杂度太高。不过 SGD 伴随的一个问题是噪声较 BGD 要大,这使得 SGD

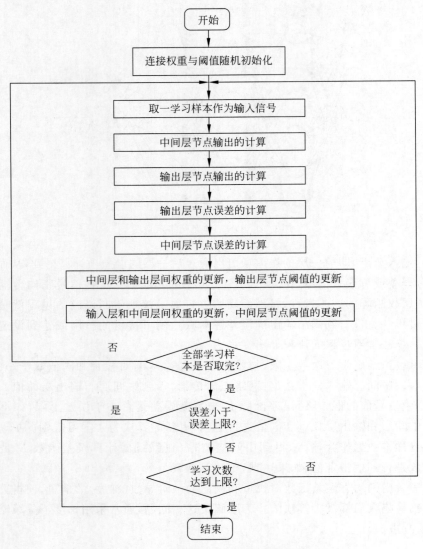

图 9-11 BP 算法学习过程的流程图

并不是每次迭代都向着整体最优化方向。其优点是训练速度快,但是准确度下降,找到的解并不一定是全局最优。

小批量梯度下降法(Mini-batch Gradient Descent,MBGD)的具体思路是在更新每一个参数时都使用一部分样本来进行,以克服上面两种方法的缺点,又同时兼顾两种方法的优点。

如果样本量比较小,则采用批量梯度下降算法。如果样本量太大,或者对于在线算法,则使用随机梯度下降算法。一般情况下,采用小批量梯度下降法。

下面以典型的三层 BP 网络为例,描述改进的 BP 算法。如图 9-12 所示是一个三层 BP 神经网络。

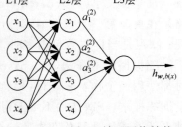

图 9-12 三层 BP 神经网络结构

对于第二层的输出 $a_1^{(2)}$、$a_2^{(2)}$、$a_3^{(2)}$，假设选择的激活函数是 $\sigma(z)$，w 的下标第一个数表示当前层，第二个下标值表示前一层，上标(2)表示代表第一层到第二层，则有：

$$a_1^{(2)} = \sigma(z_1^{(2)}) = \sigma(w_{11}^{(2)} x_1 + w_{12}^{(2)} x_2 + w_{13}^{(2)} x_3 + b_1^{(2)}) \tag{9-9}$$

$$a_2^{(2)} = \sigma(z_2^{(2)}) = \sigma(w_{21}^{(2)} x_1 + w_{22}^{(2)} x_2 + w_{23}^{(2)} x_3 + b_2^{(2)}) \tag{9-10}$$

$$a_3^{(2)} = \sigma(z_3^{(2)}) = \sigma(w_{31}^{(2)} x_1 + w_{32}^{(2)} x_2 + w_{33}^{(2)} x_3 + b_3^{(2)}) \tag{9-11}$$

将上面的例子一般化，假设第 $l-1$ 层共有 m 个神经元，则对于第 l 层的第 j 个神经元的输出 $a_j^{(l)}$ 为

$$a_j^{(l)} = \sigma(z_j^{(l)}) = \sigma\left(\sum_{k=1}^{m} w_{jk}^{(l)} a_k^{(l-1)} + b_j^{(l)}\right) \tag{9-12}$$

进行 DNN 反向传播算法前，需要选择一个损失函数，来度量训练样本计算出的输出和真实的训练样本输出之间的损失。这里使用最常见的均方差来度量损失。针对不同的任务，可以选择不同的损失函数。即对于每个样本，期望最小化为

$$J(\boldsymbol{W}, \boldsymbol{b}, \boldsymbol{x}, \boldsymbol{y}) = \frac{1}{2} \| \boldsymbol{a}^{(l)} - \boldsymbol{y} \|_2^2 \tag{9-13}$$

其中，$\boldsymbol{a}^{(l)}$ 为维度的向量。

反向传播的第一步，对于输出层的 $\boldsymbol{W}$ 和 $\boldsymbol{b}$ 满足：

$$\boldsymbol{a}^{(l)} = \sigma(\boldsymbol{z}^{(l)}) = \sigma(\boldsymbol{W}^{(l)} \boldsymbol{a}^{(l-1)} + \boldsymbol{b}^{(l)}) \tag{9-14}$$

这样对于输出层的参数，损失函数变为：

$$J(\boldsymbol{W}, \boldsymbol{b}, \boldsymbol{x}, \boldsymbol{y}) = \frac{1}{2} \| \boldsymbol{a}^{(l)} - \boldsymbol{y} \|_2^2 = \frac{1}{2} \| \sigma(\boldsymbol{W}^{(l)} \boldsymbol{a}^{(l-1)} + \boldsymbol{b}^{(l)}) - \boldsymbol{y} \|_2^2 \tag{9-15}$$

根据链式法则，先把输出层的梯度计算出来，然后一步步递推求解前一层的梯度值，对于第 l 层的未激活输出 $z^{(l)}$，它的梯度可以表示为

$$\boldsymbol{\delta}^{(l)} = \frac{\partial J(\boldsymbol{W}, \boldsymbol{b}, \boldsymbol{x}, \boldsymbol{y})}{\partial \boldsymbol{z}^{(l)}} = \frac{\partial J(\boldsymbol{W}, \boldsymbol{b}, \boldsymbol{x}, \boldsymbol{y})}{\partial \boldsymbol{z}^{(l)}} \frac{\partial \boldsymbol{z}^{(l)}}{\partial \boldsymbol{z}^{(l-1)}} \frac{\partial \boldsymbol{z}^{(l-1)}}{\partial \boldsymbol{z}^{(l-2)}} \cdots \frac{\partial \boldsymbol{z}^{(l+1)}}{\partial \boldsymbol{z}^{(l)}} \tag{9-16}$$

则第 l 层的 $\boldsymbol{W}^{(l)}$ 和 $\boldsymbol{b}^{(l)}$ 可以分别表示为

$$\frac{\partial J(\boldsymbol{W}, \boldsymbol{b}, \boldsymbol{x}, \boldsymbol{y})}{\partial \boldsymbol{W}^{(l)}} = \frac{\partial J(\boldsymbol{W}, \boldsymbol{b}, \boldsymbol{x}, \boldsymbol{y})}{\partial \boldsymbol{z}^{(l)}} \frac{\partial \boldsymbol{z}^{(l)}}{\partial \boldsymbol{W}^{(l)}} = \boldsymbol{\delta}^{(l)} (\boldsymbol{a}^{(l-1)})^{\mathrm{T}} \tag{9-17}$$

$$\frac{\partial J(\boldsymbol{W}, \boldsymbol{b}, \boldsymbol{x}, \boldsymbol{y})}{\partial \boldsymbol{b}^{(l)}} = \frac{\partial J(\boldsymbol{W}, \boldsymbol{b}, \boldsymbol{x}, \boldsymbol{y})}{\partial \boldsymbol{z}^{(l)}} \frac{\partial \boldsymbol{z}^{(l)}}{\partial \boldsymbol{b}^{(l)}} = \boldsymbol{\delta}^{(l)} \tag{9-18}$$

将上述反向传播过程简化为式(9-19)~式(9-22)，可以适用于多种损失函数：

$$\boldsymbol{\delta}^{(L)} = \frac{\partial J}{\partial \boldsymbol{a}^{(L)}} \odot \sigma'(\boldsymbol{z}^{(L)}) \tag{9-19}$$

$$\boldsymbol{\delta}^{(l)} = (\boldsymbol{W}^{(l+1)})^{\mathrm{T}} \boldsymbol{\delta}^{(l+1)} \odot \sigma'(\boldsymbol{z}^{(l)}) \tag{9-20}$$

$$\frac{\partial J}{\partial \boldsymbol{W}^{(l)}} = \boldsymbol{\delta}^{(l)} (\boldsymbol{a}^{(l-1)})^{\mathrm{T}} \tag{9-21}$$

$$\frac{\partial J}{\partial \boldsymbol{b}^{(l)}} = \boldsymbol{\delta}^{(l)} \tag{9-22}$$

9.3.3 激活函数选择

激活函数在神经元中非常重要，可以让神经网络解决非线性问题。为了增强网络的学

习和表示能力，激活函数通常为连续并可导的非线性函数。激活函数主要有以下 3 种形式，如表 9-1 所示。

表 9-1 激活函数分类表

激活函数	表达形式	图形	解释说明
域值函数（阶梯函数）	$f(x)=\begin{cases}1, & x \geqslant 0 \\ 0, & x<0\end{cases}$		当函数的自变量小于 0 时，函数的输出为 0；当函数的自变量大于或等于 0 时，函数的输出为 1，用该函数可以把输入分成两类
线性修正单元函数（ReLu）	$f(x)=\max(0,x)$		当函数的自变量小于 0 时，函数的输出为 0；当函数的自变量大于或等于 0 时，函数的输出为 x，神经网络中最常用的激活函数
非线性转移函数（Sigmoid）	$f(x)=\dfrac{1}{1+e^{-x}}$		单极性 S 形函数为实数域 R 到 $[0,1]$ 闭集的连续函数，代表了连续状态型神经元模型。其特点是函数本身及其导数都是连续的

不同的激活函数有不同的作用，要根据解决问题的实际场景合理地在不同神经网络模型中选择运用合适的激活函数。

9.4 卷积神经网络

9.4.1 卷积神经网络定义与结构

卷积神经网络（Convolutional Neural Network，CNN）是一种深层前馈神经网络，具有权重共享、局部连接等特性。它的人工神经元可以响应一部分覆盖范围内的周围单元，对于大型图像的处理有出色表现，是计算机视觉技术中最经典的模型结构。

传统 BP 神经网络的全连接模式，层与层之间的每个神经元都需要进行输入与输出运算，参数过多，运算复杂，因而易发生过拟合、训练时间长、网络学习困难。而卷积神经网络则利用权重共享和局部连接等特性，使得参数更少，更适合处理图像和视频分析的各种任务。

卷积神经网络通常由输入层、隐层、输出层组成。隐层一般包含卷积层（convolutional layer）、池化层（pooling layer）、激活函数（activation function）和全连接层（fully-connected layer）。每层卷积层由若干卷积单元组成，每个卷积单元的参数都是通过反向传播算法优化得到的。卷积运算的目的是提取输入的不同特征，第一层卷积层可能只能提取一些低级的特征，如边缘、线条和角等层级，更多层的网络能从低级特征中迭代提取更复杂的特征；池化层通常在卷积层之后会得到维度很大的特征，将特征分成几个区域，取其最大值或平均值,得到新的、维度较小的特征;卷积神经网络的激活函数一般采用 ReLu 激活函数;全连接层把所有局部特征结合起来变成全局特征,用来计算最后每一类的得分。

图 9-13 是一个典型的卷积神经网络结构,多层卷积和池化层组合作用在输入图片上,在网络的最后通常会加入一系列全连接层,ReLU 激活函数一般加在卷积或者全连接层的输出上,网络中通常还会加入 Dropout 来防止过拟合,最后通过 CNN 处理后,可以很好地完成对输入层的分类任务。

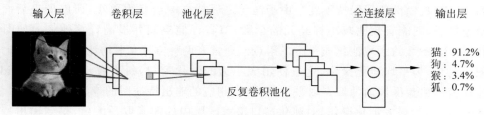

图 9-13 典型的卷积神经网络结构

卷积神经网络与普通神经网络的区别在于:CNN 包含了一个由卷积层和子采样层(降采样层)构成的特征提取器。在 CNN 的一个卷积层中,通常包含若干个特征平面(Feature Map),每个特征平面由一些矩形排列的神经元组成,同一特征平面的神经元共享权重,这里共享权重就是卷积核。卷积核共享权重的特性带来的直接好处是减少网络各层之间的连接,同时又降低了过拟合的风险。子采样也叫池化,包括均值池化和最大池化。池化可以看作特殊的卷积过程。卷积和池化大大简化了模型的复杂度,减少了模型的参数。

在卷积神经网络中,计算范围是在像素点的空间邻域内进行的,卷积核参数的数目也远小于全连接层。卷积核本身与输入图片大小无关,它代表了对空间邻域内某种特征模式的提取。比如,有些卷积核提取物体边缘特征,有些卷积核提取物体拐角处的特征,图像中的不同区域共享同一个卷积核。当输入图片大小不一样时,仍然可以使用同一个卷积核进行操作。

9.4.2 卷积、池化、全连接

卷积是分析数学中的一种重要运算,在图像处理中采用的是卷积的离散形式。在卷积神经网络中,卷积层的实现方式实际上是数学中定义的互相关运算,具体的计算过程如图 9-14 所示。

卷积核也称滤波器,是用来提取局部特征的过滤器,每个卷积核可以学习到一类特征,采用多个卷积核就可以将输入数据映射到多个不同的特

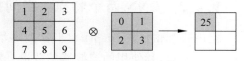

$0\times1+1\times2+2\times4+3\times5=25$
图 9-14 CNN 卷积操作

征。对图像和滤波矩阵做卷积操作也就是做内积操作,对应位置上是数字先乘后相加。卷积核的计算过程表示为

$$b[i,j] = \sum_{u,v} a[i+u, j+v] \cdot w[u,v] \qquad (9\text{-}23)$$

其中,a 代表输入图片;b 代表输出特征图;w 是卷积核参数,它们都是二维数组。例如,3×5 卷积就是指卷积核的高为 3、宽为 5。在如图 9-14 所示的例子中,输入图片尺寸为 3×3,输出图片尺寸为 2×2,经过一次卷积之后,图片尺寸变小。卷积输出特征图的尺寸计算方

法为

$$H_{out} = H - k_h + 1 \qquad (9\text{-}24)$$
$$W_{out} = H - k_w + 1 \qquad (9\text{-}25)$$

其中,k_h 和 k_w 分别表示卷积核的高和宽。

池化作用是进行特征选择,降低特征数量,从而减少参数量。使用某一位置的相邻输出的总体统计特征代替网络在该位置的输出,其好处是当输入数据做出少量平移时,经过池化函数后的大多数输出还能保持不变。由于池化之后特征图会变得更小,所以如果后面连接的是全连接层,则能有效地减小神经元的个数,节省存储空间并提高计算效率。如图 9-15 所示,将一个 2×2 的区域池化成一个像素点。通常有两种方法:平均池化和最大池化。

图 9-15(a)为平均池化操作,这里使用大小为的池化窗口,每次移动的步长(stride)为 2,对池化窗口覆盖区域内的像素取平均值,得到相应的输出特征图的像素值。

图 9-15(b)为最大池化操作,对池化窗口覆盖区域内的像素取最大值,得到输出特征图的像素值。当池化窗口在图片上滑动时,会得到整张输出特征图。池化窗口的大小称为池化大小,用 $k_h \times k_w$ 来表示。

卷积神经网络的全连接层如图 9-16 所示,主要起到分类器作用,将学到的"分布式特征表示"映射到样本标记空间。两层之间所有神经元都有权重连接,通常全连接层在卷积神经网络尾部,节点数目会影响整个模型的拟合情况和复杂度。

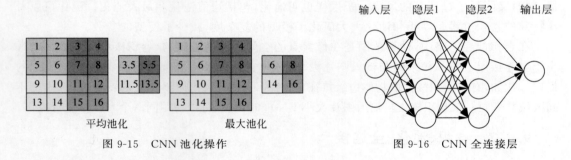

图 9-15 CNN 池化操作　　　　　图 9-16 CNN 全连接层

9.4.3 CNN 两个特点:空间排列与权重共享

空间排列由深度(depth)、步长和零填充(zero-padding)决定。输出数据体的深度:它是一个超参数,和使用的滤波器的数量一致,同时在滑动滤波器的时候,必须指定步长。当步长为 1 时,滤波器每次移动 1 个像素;当步长为 2 时,滤波器滑动时每次移动 2 个像素,以此类推。零填充是指将输入数据体用 0 在边缘处进行填充,它有一个良好性质,即可以控制输出数据体的空间尺寸,最常用的是用来保持输入数据体在空间上的尺寸,使得输入和输出的宽和高都相等。

如图 9-17 所示,上边模型的输入单元有 5 个,步长是 1,感受野是 3,因为每个输出隐藏单元连接 3 个输入单元,可以得到输出隐藏单元的个数是 5 个。下边模型把步长变为 2,其余不变,可以算出输出大小为 3。

权重共享,即同一模型多个函数使用相同的权重矩阵,即卷积核参数值,减少参数数量,降低训练难度。一方面,重复单元能够对特征进行识别,而不考虑它在可视域中的位置。另一方面，权重共享使得我们能更有效地进行特征抽取，因为它极大地减少了需要学习的自由变量的个数。通过控制模型的规模，卷积网络对视觉问题具有很好的泛化能力。

卷积神经网络最重要的特点是针对二维数据而设计的一种局部连接的神经网络结构，引入卷积操作实现局部连接和权重共享的特征提取，引入池化操作对这些特征表示进行过滤，保留最关键的特征信息，因此可以更好地处理图像领域中的任务。

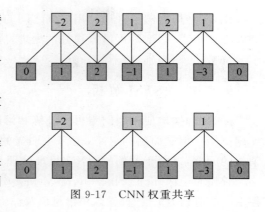

图 9-17　CNN 权重共享

9.5　循环神经网络

9.5.1　循环神经网络概述

在传统的神经网络模型中，是从输入层到隐层再到输出层，层与层之间是全连接的，每层之间的节点是无连接的。由于文本、视频、语义等时序数据的长度一般是不固定的，普通的神经网络对于这些任务无能为力，因此循环神经网络应运而生。

循环神经网络（Recurrent Neural Network，RNN）会对前面的信息进行记忆并应用于当前输出的计算中，即隐层之间的节点不再无连接而是有连接的，并且隐层的输入不仅包括输入层的输出还包括上一时刻隐层的输出，是一类用于处理时间序列数据的神经网络，时间序列数据是指在不同时间点收集到的数据，这类数据反映某一事物、现象等随时间的变化状态或程度。

图 9-18 为 RNN 模型的示意图，中间的方块部分表示它的输入有两部分，分别是系统状态 h_{t-1} 以及按序列输入的学习数据 x_t，代表上一时间步的隐层输出，以及此时间步的输入，它们进入结构体后，会"融合"到一起。将二者进行拼接，形成新的张量$[x_t, h_{t-1}]$，之后这个新的张量将通过一个全连接层，该层使用 tanh 作为激活函数，最终得到该时间步的输出 h_t，它将作为下一个时间步的输入和 x_{t+1} 一起进入结构体，以此类推：

$$h_t = f(s_{t-1}, x_t, \theta) \tag{9-26}$$

其中，s 为内部状态，求解当前的系统状态需要使用前一个时间步的内部状态，θ 为循环单元内部的权重系数。

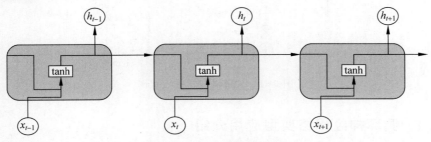

图 9-18　RNN 模型的示意图

RNN 结构能够很好地利用序列之间的关系,因此针对自然界具有连续性的输入序列,如人类的语言、语音等可进行很好的处理,广泛应用于 NLP 领域的各项任务,如文本分类、情感分析、意图识别、机器翻译等。

9.5.2 LSTM 解析

RNN 的提出使神经网络可以训练和解决带有时序信息的任务,大大拓宽了神经网络的使用范围。但是原始的 RNN 有一个明显的缺陷:训练过程中经常会出现梯度爆炸和梯度消失的问题,以至于原始的 RNN 很难处理长距离的依赖问题。

长短时记忆(Long Short-Term Memory,LSTM)网络是一种特殊的 RNN,用 3 个门来动态控制内部遗忘历史信息、输入新信息以及输出信息的多少,并且可以解决长序列训练过程中的梯度消失和梯度爆炸问题,与普通 RNN 相比,LSTM 能够在更长的序列中有更好的表现。

图 9-19 为 LSTM 模型的示意图,LSTM 单元包含 3 个门控:输入门、遗忘门和输出门。相对于 RNN 对系统状态建立的递归计算,3 个门控对 LSTM 单元的内部状态建立了自循环,输入门决定当前时间步的输入和前一个时间步的系统状态对内部状态的更新;遗忘门决定前一个时间步内部状态对当前时间步内部状态的更新;输出门决定内部状态对系统状态的更新。运用式(9-27)~式(9-32)表示:

$$f_t = \sigma(W_f \cdot [h_{t-1}, x_t] + b_f) \tag{9-27}$$

$$i_t = \sigma(W_f \cdot [h_{t-1}, x_t] + b_i) \tag{9-28}$$

$$\widetilde{C}_t = \tanh(W_C \cdot [h_{t-1}, x_t] + b_C) \tag{9-29}$$

$$C_t = f * C_{t-1} + i_t * \widetilde{C}_t \tag{9-30}$$

$$o_t = \sigma(W_o \cdot [h_{t-1}, x_t] + b_o) \tag{9-31}$$

$$h_t = o_t * \tanh(C_t) \tag{9-32}$$

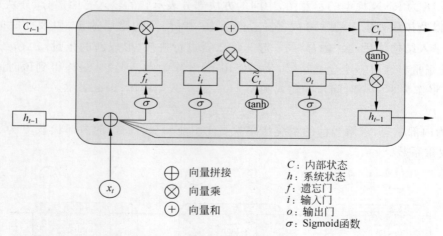

图 9-19 LSTM 模型的示意图

9.5.3 循环神经网络典型应用介绍

循环神经网络通过使用带自反馈的神经元处理任意长度的时序数据,如图 9-20 所示,在图像分类、情感分类、机器翻译、序列标注等研究领域都有很多应用。

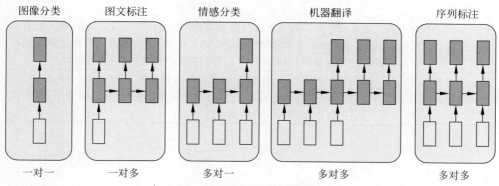

图 9-20　循环神经网络运用场景

语言模型和文本生成就是指给定一个单词序列，根据前面的单词预测每一个单词的可能性。语言模型能够给出一个语句正确的可能性，可能性越大，语句越正确。在语言模型中，典型的输入是单词序列中每个单词的词向量，输出的是预测的单词序列。

情感分类是针对特定场景下带有主观描述的篇章文本，自动识别文本中的核心实体词，并分别判断每个实体词对应的情感和对应的置信度，自动判断该文本的情感极性类别并给出相应的置信度，情感极性分为积极、消极、中性。

语音识别是指给定一段声波的声音信号，预测该声波对应的某种指定源语言的语句以及该语句的概率值，包括特征提取技术、模式匹配准则及模型训练技术 3 个方面，应用循环神经网络可以很好地提高其准确率。

机器翻译是将一种将源语言语句变成意思相同的另一种源语言语句，如将英语语句变成同样意思的中文语句。机器翻译与语言模型的主要区别在于，机器翻译需要将源语言语句序列输入后，才进行输出，即输出第一个单词时，便需要从完整的输入序列中进行获取。

小结

本章介绍了神经网络的相关基础知识，包括神经网络的概念和定义等，并着重讲解神经网络的学习过程，主要展示了 4 种常见的神经网络的概念和算法，总结见表 9-2。通过本章的学习，读者可以对神经网络领域有一个基本的认识，并借助神经网络解决一些数据挖掘领域中的问题，为以后机器学习和人工智能领域的研究奠定基础。

表 9-2　人工神经网络算法

算法名称	算法描述
受限玻耳兹曼机	是一类具有两层结构、对称连接且无自反馈的随机神经网络模型，层间全连接，层内无连接。在降维、分类、协同过滤、特征学习和主题建模中得到了应用
BP 神经网络	是一种按误差逆传播算法训练的多层前馈网络，学习算法是 δ 学习规则，是目前应用最广泛的神经网络模型之一

续表

算法名称	算法描述
卷积神经网络	是一类包含卷积计算且具有深度结构的前馈神经网络,可以进行监督学习和非监督学习,其隐层内的卷积核参数共享和层间连接的稀疏性,使得卷积神经网络能够以较小的计算量保留关键特征,被应用于计算机视觉、自然语言处理等领域
循环神经网络	是一类以序列数据为输入,在序列的演进方向进行递归且所有节点(循环单元)按链式连接的递归神经网络,具有记忆性、参数共享并且图灵完备,在语音识别、异常值检测、字符识别、生物序列识别领域有很多应用

习题

1. 选择题

(1) 神经网络的计算能力具有以下( )的特点。
   A. 大规模的并行分布式结构　　　　B. 结构容易理解
   C. 具有更强的记忆性学习能力　　　D. 泛化能力

(2) 以下关于 DNN 代价函数与激活函数选择的说法错误的是( )。
   A. 如果使用 Sigmoid 激活函数,则交叉熵损失函数一般比均方差损失函数好
   B. 如果使用 Softmax 激活函数,则交叉熵损失函数一般比均方差损失函数好
   C. 如果是 DNN 用于分类,则一般在输出层使用 Softmax 激活函数和对数似然损失函数
   D. ReLU 激活函数可在一定程度上解决梯度消失问题,尤其是在 CNN 模型中

2. 判断题

(1) 人工神经网络是一种基于模仿生物大脑神经结构和功能进行信息处理的数学模型,是对人脑若干基本特性的抽象和模拟,常简称为神经网络。( )

(2) 玻耳兹曼机的神经元必须包含来自两组单元之间的对称的连接,组内的节点之间没有连接。( )

(3) RBM 定义具有 3 个要素:两层结构图、可视层和隐层;同层无边,上下层全连接;二值状态值,前向反馈和逆向传播。( )

(4) Hopfield 神经网络中的神经元在 t 时刻的输出状态实际上间接地与自己 $t-1$ 时刻的输出状态有关。( )

(5) 反向传播算法最常使用均方差损失函数与 Softmax 激活函数,Softmax 函数的(0,1)输出可以表示为概述或用于输入的归一化。( )

(6) 循环神经网络由 3 部分构成:第一部分是输入层;第二部分由 n 个卷积层和池化层的组合组成;第三部分由一个全连接的多层感知机分类器构成。( )

(7) ReLU 函数其实是分段线性函数,把所有的负值都变为 0,而正值不变,这种操作称为单侧抑制。( )

3. 简答题

(1) 卷积神经网络有什么优势?一般用来做什么?

(2) 循环神经网络有哪些典型应用?举例说明。

第10章

聚 类 分 析

数据分类方法是在已知类标号的训练集基础上进行分类器设计工作的,所以分类方法又称为监督学习方法。但是,在许多实际的应用领域中,由于缺少形成类别的先验知识或者由于实际工作中的困难,搜集或者存储的数据集样本没有类标号。对于没有类标号的数据集,人们通常使用聚类分析方法对其进行研究和处理,因此聚类分析方法又称为非监督学习方法。

本章介绍聚类分析的基本概念和方法。引进差异度计算方法,对数据集上聚类的可行性以及聚类方法产生的结果和质量进行评估;根据聚类技术的分类,分别介绍基于分割的方法、基于密度的方法、谱聚类方法。

10.1 聚类分析概述

10.1.1 聚类分析的定义

聚类是一个把数据对象集划分成多个组或簇(簇是数据对象的集合)的过程,簇内的对象具有很高的相似性,但与其他簇中的对象很不相似。

数据聚类技术正在蓬勃发展,有贡献的研究领域包括数据挖掘、统计学、机器学习、空间数据库技术、信息检索、Web 搜索、生物学、市场营销等。由于数据库中收集了大量的数据,所以聚类分析已经成为数据挖掘研究领域一个非常活跃的研究课题。

10.1.2 聚类分析的要求

根据不同的应用,数据挖掘对聚类算法提出了不同的要求,典型要求可以通过以下几个方面来描述。

(1) 可伸缩性。许多聚类算法在小于几百个数据对象的小数据集合上运行良好。然而,大型数据库可能包含数百万甚至数十亿个对象,Web 搜索尤其如此,在大型数据集的样本上进行聚类可能会导致有偏的结果。因此,需要具有高度可伸缩性的聚类算法。

(2) 处理不同属性类型的能力。许多算法是为聚类数值(基于区间)的数据设计的。然而，应用可能要求聚类其他类型的数据，如二元的、标称的(分类的)、序数的，或者这些数据类型的混合。最近，越来越多的应用需要对诸如图、序列、图像和文档这样的复杂数据类型进行聚类的技术。

(3) 发现任意形状的簇。许多聚类算法基于欧几里得或曼哈顿距离度量来确定簇。基于这些距离度量的算法趋向于发现具有相近尺寸和密度的球状簇。然而，实际中一个簇可能是任意形状的，因此需要设计能够发现任意形状簇的聚类算法。

(4) 用于决定输入参数的领域知识最小化。许多聚类算法需要用户输入聚类分析中所需要的一些参数(如期望所获得聚类的个数)，聚类结果通常与输入参数密切相关。而这些参数常常很难决定，特别是包含高维对象的数据集。这不仅加重了用户的负担，也使得聚类质量难以控制。一个好的聚类算法应该对这个问题给出一个好的解决方法。

(5) 处理噪声数据的能力。现实世界中的大部分数据集都包含离群点和/或缺失数据、未知或错误的数据。一些聚类算法可能对这样的噪声敏感，从而产生低质量的聚类结果。因此，我们需要对噪声鲁棒的聚类方法。

(6) 对于输入记录的顺序不敏感。在许多应用中，增量更新(提供新数据)可能随时发生。一些聚类算法不能将新插入的数据(如数据库更新)合并到已有的聚类结构中，而是需要从头开始重新聚类。一些聚类算法还可能对输入数据的次序敏感。也就是说，给定数据对象集合，当以不同的次序提供数据对象时，这些算法可能生成差别很大的聚类结果。需要开发增量聚类算法和对数据输入次序不敏感的算法。

(7) 聚类高维数据的能力。数据集有可能包含大量的维或属性。例如，在文档聚类时，每个关键词都可以看作一个维，并且常常有数以千计的关键词。许多聚类算法擅长处理低维数据，如只涉及两三个维的数据。发现高维空间中数据对象的簇是一个挑战，特别是考虑这样的数据可能非常稀疏，并且高度倾斜。

(8) 基于约束的聚类。现实世界的应用可能需要在各种约束条件下进行聚类。假设你的工作是在一个城市中为给定数目的自动提款机选择安放位置。为了做出决定，你可以对住宅进行聚类，同时考虑如城市的河流和公路网、每个簇的客户类型和数量等情况。找到既满足特定的约束又具有良好聚类特性的数据分组是一项具有挑战性的任务。

(9) 可解释性和可用性。用户希望聚类结果是可解释的、可理解的和可用的。也就是说，聚类可能需要与特定的语义解释和应用相联系。重要的是研究应用目标如何影响聚类特征和聚类方法的选择。

10.1.3 聚类方法的分类

文献中有大量的聚类算法。很难对聚类方法进行简单的分类，因为这些类别可能重叠，从而使得一种方法具有几种类别的特征。尽管如此，对各种不同的聚类方法提供一个相对有组织的描述仍然是十分有用的。一般而言，传统的聚类算法可以划分为如下几类。

(1) 基于分割的方法。划分聚类算法预先指定聚类数目或聚类中心，通过反复迭代运算，逐步优化目标函数的值，当目标函数收敛时，得到最终聚类结果。本节介绍两种典型的划分聚类算法，即 k-均值算法和 k-中心点算法。

(2) 基于密度的方法。很多算法都使用距离来描述数据之间的相似性，但对于非凸数据集，只用距离来描述是不够的。此时可用密度来取代距离描述相似性，即基于密度的聚类算法。它不是基于各种各样的距离,所以能克服基于距离的算法只能发现"类圆形"聚类的缺点。其指导思想是:只要一个区域中的点的密度(对象或数据点的数目)大过某个阈值,就把它加到与之相近的聚类中。该算法从数据对象的分布密度出发,把密度足够大的区域连接起来,从而发现任意形状的簇,并可用来过滤"噪声"数据。常见的基于密度的聚类算法有 DBSCAN 和 OPTICS 等。

(3) 基于层次的方法。层次聚类算法是一种已得到广泛使用的经典方法,它通过将数据对象组织成若干组并形成一棵相应的树来进行聚类。常用的层次聚类算法有 DIANA、AGNES、BIRCH、CURE、ROCK 和 Chameleon 等。

(4) 基于模型的方法。基于模型的聚类算法假设数据集是由一系列的概率分布所决定的,给每一个聚簇假定了一个模型,然后在数据集中寻找能够很好地满足这个模型的簇。这个模型可以是数据点在空间中的密度分布函数,它由一系列的概率分布决定,也可以是通过基于标准的统计来自动求出聚类的数目。常用的基于模型的聚类算法有 EM 和 COBWEB。

(5) 基于网格的方法。基于网格的聚类方法使用一种多分辨率的网格数据结构,将对象空间量化为有限数目的单元,形成网格结构,所有的聚类操作都在网格上进行。其处理速度独立于数据对象的个数,仅依赖于量化空间中每一维的单元个数,因此处理速度快。常用的基于网格的聚类算法有 STING、Wave Cluster 和 CLIQUE 等。

10.2 差异度的计算方法

聚类分析方法将给定的数据集合划分为多个类别,聚类主要依据对象间的相似性,同一类别中任意两个数据样本之间具有较高的相似性,而不同类别的数据样本之间具有较低的相似性。而对象间是否相似是通过对象间的差异度确定的。在不同的应用领域中,数据样本描述属性的类型可能不同,因此差异度的计算方法也不同。下面分别介绍当属性为区间变量、二元变量、标称变量、序数变量、混合类型变量时,数据样本之间的差异度计算方法。

10.2.1 聚类算法中的数据结构

在差异度计算中,往往需要用到两种代表性的数据结构:数据矩阵(对象-变量结构)和差异度矩阵(对象-对象结构)。

数据矩阵(data matrix):这种数据结构用关系表的形式或者 $n \times p$(n 个对象 $\times p$ 个变量)矩阵存放 n 个数据对象:

$$\begin{bmatrix} x_{11} & \cdots & x_{1f} & \cdots & x_{1p} \\ \cdots & \cdots & \cdots & \cdots & \cdots \\ x_{i1} & \cdots & x_{if} & \cdots & x_{ip} \\ \cdots & \cdots & \cdots & \cdots & \cdots \\ x_{n1} & \cdots & x_{nf} & \cdots & x_{np} \end{bmatrix} \quad (10\text{-}1)$$

每行对应于一个对象。

差异度矩阵:存放 n 个对象两两之间的差异度,通常用一个 $n \times n$ 矩阵表示:

$$\begin{bmatrix} 0 & & & & \\ d(2,1) & 0 & & & \\ d(3,1) & d(3,2) & 0 & & \\ \vdots & \vdots & \vdots & 0 & \\ d(n,1) & d(n,2) & \cdots & \cdots & 0 \end{bmatrix} \tag{10-2}$$

其中，$d(i,j)$是对象i和对象j之间的差异度。一般而言，$d(i,j)$是一个非负的数值，对象i和j彼此高度相似或"接近"时，其差异度接近于0；而越不同，差异度越大。注意，$d(i,i)=0$，即一个对象与自己的差别为0。此外，$d(i,j)=d(j,i)$（为了易读性，一般不显示$d(j,i)$，差异度矩阵是对称的）。

数据矩阵由两种实体或"事物"组成，即行（代表对象）和列（代表变量）。因而，数据矩阵经常被称为二模（two-mode）矩阵。差异度矩阵只包含一类实体，因此被称为单模（one-mode）矩阵。许多聚类和最近邻算法都在差异度矩阵上运行。在使用这些算法之前，可以把数据矩阵转化成差异度矩阵。

10.2.2 区间标度变量及其差异度计算

本节介绍广泛用于计算数值变量刻画的对象的差异度的距离度量。在某些情况下，在计算距离之前数据应该规范化。这涉及变换数据，使之落入较小的公共值域，如[-1,1]或[0.0,1.0]。例如，考虑表示高度的变量，它可能以米或英寸作为测量单位。一般而言，用较小的单位表示一个变量将导致该变量具有较大的值域，这样对聚类的结果影响就越大。度量单位的选用直接影响聚类分析的结果，为了避免对度量单位选择的依赖性，需要对数据进行标准化。标准化度量数据试图给所有属性相同的权重。

1. 通过规范化变换数据

一般而言，用较小的单位表示属性将导致该属性具有较大的值域，因此趋向于使这样的属性具有较大的影响或较高的"权重"。为了避免对度量单位选择的依赖性，数据应该规范化或标准化。对于涉及基于距离度量的聚类，规范化特别有用，可以帮助防止具有较大初始值域的属性与具有较小初始值域的属性（如二元属性）权重过大。有许多数据规范化的方法，主要学习z分数规范化。

在z分数（z-score）规范化（或零均值规范化）中，基于均值绝对值偏差进行规范化。假设有n个对象，被p个变量（属性或特征）所刻画。这些对象是$x_1=(x_{11},x_{12},\cdots,x_{1p})$，$x_2=(x_{21},x_{22},\cdots,x_{2p})$，等等。其中，$x_{ij}$是对象$x_i$的第$j$个属性的值，使用$f$作为遍取$p$个变量的下标。对象$x_i$第$f$个属性的值被规范为$z_{if}$：

$$z_{if} = \frac{x_{if} - m_f}{s_f} \tag{10-3}$$

$$m_f = \frac{1}{n}(x_{1f} + x_{2f} + \cdots + x_{nf})$$

$$s_f = \frac{1}{n}(|x_{1f} - m_f| + |x_{2f} - m_f| + \cdots + |x_{nf} - m_f|)$$

其中，m_f和s_f分别为第f个属性的均值和均值绝对偏差。

2. 基于距离的差异度计算方法

距离度量是广泛用于计算数值变量刻画的对象的差异度的计算方法，包括欧几里得距离、曼哈顿距离和闵可夫斯基距离。

最流行的距离度量是欧几里得距离。为简单表示，令对象 x_i 为对象 i，$i=(x_{i1},x_{i2},\cdots,x_{ip})$ 和 $j=(x_{j1},x_{j2},\cdots,x_{jp})$ 是两个被 p 个数值变量描述的对象。对象 i 和对象 j 之间的欧几里得距离定义为

$$d(i,j)=\Big(\sum_{k=1}^{p}(x_{ik}-x_{jk})^2\Big)^{1/2} \tag{10-4}$$

另一个著名的度量方法是曼哈顿距离，定义如下：

$$d(i,j)=\sum_{k=1}^{p}|x_{ik}-x_{jk}| \tag{10-5}$$

闵可夫斯基距离是欧几里得距离和曼哈顿距离的推广，定义如下：

$$d(i,j)=\Big(\sum_{k=1}^{p}|x_{ik}-x_{jk}|^h\Big)^{1/h} \tag{10-6}$$

其中，h 是实数，$h\geqslant 1$。当 $p=1$ 时，它表示曼哈顿距离；当 $p=2$ 时，它表示欧几里得距离。

如果对每个变量根据其重要性赋予一个权重，则加权的欧几里得距离为：

$$d(i,j)=\Big(\sum_{k=1}^{p}(w_k(x_{ik}-x_{jk})^2)\Big)^{1/2} \tag{10-7}$$

10.2.3 二元变量的差异度计算

二元变量是指只有两种取值的变量，通常用 1 代表变量的一种取值，用 0 代表变量的另一种取值。在实际的应用领域中，二元变量比较常见，例如，性别是男还是女、体检结果是否合格、考试成绩是否通过等。

那么，如何计算两个二元变量之间的差异度？一种方法涉及由给定的二元数据计算差异度矩阵。如果所有的二元变量都被看作具有相同的权重，则得到一个列联表（见表 10-1），其中，q 是对象 i 和 j 都取 1 的变量数，r 是在对象 i 取 1、对象 j 取 0 的变量数，s 是对象 i 取 0、对象 j 取 1 的变量数，而 t 是对象 i 和 j 都取 0 的变量数。变量的总数是 p，其中，$p=q+r+s+t$。

表 10-1 二元变量列联表

		对象 j		
		1	0	sum
对象 i	1	q	r	$q+r$
	0	s	t	$s+t$
	sum	$q+s$	$r+t$	p

根据数据样本的二元变量的取值情况计算样本之间的距离 $d(i,j)$。需要说明的是，对称的二元变量和不对称的二元变量的 $d(i,j)$ 的计算方法不同。下面分别进行介绍。

对称的二元变量是指其取值为 1 或 0 时同等重要。例如，性别就是对称的二元变量，用 1 表示性别为男，用 0 表示性别为女；或者用 0 表示性别为男，用 1 表示性别为女，两种取值没有主次之分。对于这种变量，$d(i,j)$ 的计算公式为

$$d(i,j)=\frac{r+s}{q+r+s+t} \tag{10-8}$$

不对称的二元变量是指其取值为 1 或 0 时不是同等重要的。例如,血液的检测结果是不对称的二元变量,阳性结果的重要程度要远远高于阴性结果。通常用 1 来表示重要的变量取值(例如阳性),而用 0 来表示另一种取值(例如阴性)。对于这种变量,$d(i,j)$ 的计算公式为

$$d(i,j) = \frac{r+s}{q+r+s} \tag{10-9}$$

在式(10-9)右边的分母中没有 t,这是因为样本 i 和 j 取值同时为 0 的情况被认为不重要,不必参与差异度的计算。

【例 10-1】 二元变量之间的差异度。假设患者记录表(见表 10-2)包含变量姓名、发烧、咳嗽、测试 1、测试 2、测试 3 和测试 4,其中姓名是对象标识符,其余变量都是非对称二元的。

表 10-2 患者记录表

姓 名	发 烧	咳 嗽	测试 1	测试 2	测试 3	测试 4
张某	Y	N	Y	N	N	N
李某	Y	N	Y	N	Y	N
王某	Y	Y	N	N	N	N

表 10-2 中,值 Y 被设置为 1,值 N 被设置为 0。假设对象(患者)之间的距离只基于非对称变量来计算。根据式(10-9),3 个患者张某、王某和李某两两之间的距离如下:

$$d(张某,李某): q=2, r=0, s=1$$
$$d(张某,王某): q=1, r=1, s=1$$
$$d(李某,王某): q=1, r=1, s=2$$

$$d(张某,李某) = \frac{0+1}{2+0+1} = 0.33$$

$$d(张某,王某) = \frac{1+1}{1+1+1} = 0.67$$

$$d(张某,李某) = \frac{1+2}{1+1+2} = 0.75$$

这些度量显示李某和王某不大可能患类似的疾病,因为他们具有最高的差异度。在这 3 个患者中,张某和王某最可能患类似的疾病。

10.2.4 标称变量的差异度计算

标称变量是二元变量的推广,它可以具有多于两个状态的值。

设一个标称变量的状态数目是 M。这些状态可以用字母、符号或者一组整数(如 1, 2, $\cdots$, M)表示。注意,这些整数只是用于数据处理,并不代表任何特定的顺序。

"如何计算标称变量所刻画的对象之间的差异度?"两个对象 i 和 j 之间的差异度可以根据不匹配率来计算:

$$d(i,j) = \frac{p-m}{p} \tag{10-10}$$

其中,m 是匹配的数目(即 i 和 j 取值相同状态的变量数),而 p 是刻画对象的变量总数。可

以通过赋予 m 较大的权重；或者赋给有较多状态的变量更大的权重来增加 m 的影响。

【例 10-2】 假设有表 10-3 中的样本数据，计算标称变量之间的差异度。

表 10-3 标称变量样本数据表

对象	属性 1	属性 2	属性 3	属性 4	属性 5
对象 1	A1	B1	C2	D2	E1
对象 2	A1	B3	C2	D2	E5
对象 3	A2	B2	C2	D1	E4

计算不同对象之间的差异度：

$$d(1,2) = \frac{5-3}{5} = 0.4$$

$$d(1,3) = \frac{5-1}{5} = 0.8$$

$$d(2,3) = \frac{5-1}{5} = 0.8$$

由此，对象 1 与对象 2 之间的差异度较小，对象 1 和对象 3 或对象 2 和对象 3 之间的差异度较大。

10.2.5 序数型变量的差异度计算

序数属性的值之间具有有意义的序或排位，而相邻值之间的具体量值不重要，可以未知。例子包括 size 属性的值序列 small、medium、large。序数属性也可以通过把数值属性的值域划分成有限个类别，对数值属性离散化得到，即数值属性的值域可以映射到具有 M_f 个状态的序数属性 f。例如，区间标度的属性 temperature（摄氏温度）可以组织成如下状态：$-30 \sim -10$、$-10 \sim 10$、$10 \sim 30$，分别代表 cold temperature、moderate temperature 和 warm temperature。令序数属性可能的状态数为 M。这些有序的状态定义了一个排位 $1, 2, \cdots, M_f$。

"如何处理序数属性？"在计算对象之间的差异度时，序数属性的处理与数值属性的非常类似。假设 f 是用于描述 n 个对象的一组序数属性之一。关于 f 的差异度计算涉及如下步骤。

（1）第 i 个对象的 f 值为 x_{if}，属性 f 有 M_f 个有序的状态，表示排位 $1, 2, \cdots, M_f$。用对应的排位 $r_{if} \in \{1, 2, \cdots, M_f\}$ 取代 x_{if}。

（2）由于每个序数属性都可以有不同的状态数，所以通常需要将每个属性的值域映射到 $[0.0, 1.0]$，以便每个属性都有相同的权重。通过用 z_{if} 代替第 i 个对象的 r_{if} 来实现数据规格化，其中，

$$z_{if} = \frac{r_{if}-1}{M_{f}-1} \tag{10-11}$$

（3）差异度可以用 10.2.2 节介绍的任意一种数值属性的距离度量计算，使用 z_{if} 作为第 i 个对象的 f 值。

【例 10-3】 序数型属性间的差异度。假定有表 10-4 中的样本数据，不过这次只有对象

标识符和连续的序数属性 test-2 可用。test-2 有 3 个状态,分别是 fair(一般)、good(好)和 excellent(优秀),也就是 $M_f=3$。

表 10-4　包含混合型属性的样本数据表

对象 i 标识符	test-1(标称的)	test-2(序数的)	test-3(数值的)
1	A	excellent	45
2	B	fair	22
3	C	good	64
4	A	excellent	28

第一步,如果把 test-2 的每个值替换为它的排位,则 4 个对象将分别被赋值为 3、1、2、3。第二步通过将排位 1 映射为 0.0,排位 2 映射为 0.5,排位 3 映射为 1.0 来实现对排位的规格化。第三步可以使用比如说欧几里得距离得到如下的差异度矩阵:

$$\begin{bmatrix} 0 & & & \\ 1.0 & 0 & & \\ 0.5 & 0.5 & 0 & \\ 0 & 1.0 & 0.5 & 0 \end{bmatrix}$$

因此,对象 1 与对象 2 最不相似,对象 2 与对象 4 也不相似(即,$d(2,1)=1.0,d(4,2)=1.0$)。这符合直观,因为对象 1 和对象 4 都是 excellent。对象 2 是 fair,在 test-2 的值域的另一端。

序数属性的相似性值可以由差异度得到:

$$\text{sim}(i,j)=1-d(i,j)$$

10.2.6　混合类型变量的差异度计算

前面讨论了如何计算由相同类型的属性描述的对象之间的差异度,其中这些类型可能是标称的、对称二元的、非对称二元的、数值的或序数的。然而,在许多实际的数据库中,对象采用混合型属性进行描述。一般来说,一个数据库可能包含上面列举的所有属性类型。

"那么,我们如何计算混合类型变量间的差异度?"一种方法是将每种类型的属性分成一组,对每种类型分别进行数据挖掘分析(例如,聚类分析)。如果这些分析得到兼容的结果,则这种方法是可行的。然而,在实际的应用中,每种属性类型分别分析不大可能产生兼容的结果。

一种更可取的方法是将所有属性类型一起处理,只做一次分析。这样的技术将不同的属性组合在单个差异度矩阵中,把所有有意义的属性转换到共同的区间[0.0,1.0]上。假设数据集包含 p 个混合类型的属性,对象 i 和 j 之间的差异度 $d(i,j)$ 定义为

$$d(i,j)=\frac{\sum_{f=1}^{p}\delta_{ij}^{(f)}d_{ij}^{(f)}}{\sum_{f=1}^{p}\delta_{ij}^{(f)}} \tag{10-12}$$

其中,指示符 $\delta_{ij}^{(f)}=0$,如果 x_{if} 或 y_{jf} 缺失(即对象 i 或对象 j 没有属性 f 的度量值),或者 $x_{if}=y_{jf}=0$,并且 f 是非对称的二元属性;否则,指示符 $\delta_{ij}^{(f)}=1$。属性 f 对 i 和 j 之间相

异性的贡献 $d_{ij}^{(f)}$ 根据它的类型计算。

(1) f 是数值的：$d_{ij}^{(f)} = \dfrac{|x_{if} - x_{jf}|}{\max_h x_{hf} - \min_h x_{hf}}$，其中，$h$ 遍取属性 f 的所有非缺失对象。

(2) f 是标称或二元的：如果 $x_{if} = x_{jf}$，则 $d_{ij}^{(f)} = 0$；否则 $d_{ij}^{(f)} = 1$。

(3) f 是序数的：计算排位 r_{if} 和 $z_{if} = \dfrac{r_{if} - 1}{M_f - 1}$，并将 z_{if} 作为数值属性对待。

上面的步骤与所见到的各种单-属性类型的处理方法相同。唯一的不同是对于数值属性的处理，其中规格化使得变量值映射到了区间[0.0, 1.0]。这样，即便描述对象的属性具有不同类型，对象之间的差异度也能够进行计算。

【例 10-4】 混合类型属性间的差异度。计算表 10-4 中对象的差异度矩阵。现在将考虑所有属性，它们具有不同类型。例 10-1 到例 10-3 中对每种属性计算了差异度矩阵。处理 test-1(它是标称的)和 test-2(它是序数的)的过程与上面所给出的处理混合类型属性的过程是相同的。因此，在下面计算式(10-12)时，可以使用由 test-1 和 test-2 所得到的差异度矩阵。然而，首先需要对第 3 个属性 test-3(它是数值的)计算差异度矩阵。即必须计算 $d_{ij}^{(3)}$。根据数值属性的规则，令 $\max_h x_{hf} = 64, \min_h x_{hf} = 22$。二者之差用来规格化差异度矩阵的值。结果，test-3 的差异度矩阵为

$$\begin{bmatrix} 0 & & & \\ 0.55 & 0 & & \\ 0.45 & 1.00 & 0 & \\ 0.40 & 0.14 & 0.86 & 0 \end{bmatrix}$$

现在就可以在计算式(10-12)时利用这 3 个属性的差异度矩阵了。对于每个属性 f，指示符 $d_{ij}^{(f)} = 1$。例如，得到 $d(3,1) = \dfrac{1(1) + 1(0.5) + 1(0.45)}{3} = 0.65$。由 3 个混合类型的属性所描述的数据得到的结果差异度矩阵如下：

$$\begin{bmatrix} 0 & & & \\ 0.85 & 0 & & \\ 0.65 & 0.83 & 0 & \\ 0.13 & 0.71 & 0.79 & 0 \end{bmatrix}$$

由表 10-3，基于对象 1 和对象 4 在属性 test-1 和 tes-2 上的值，可以直观地猜测出它们两个最相似。这一猜测通过差异度矩阵得到了验证，因为 $d(4,1)$ 是任何两个不同对象的最小值。类似地，差异度矩阵表明对象 2 和对象 4 最不相似。

10.3 基于分割的聚类方法

10.3.1 分割聚类方法的描述

聚类分析最简单、最基本的版本是分割，它把对象组织成多个互斥的组或簇。假设数据集 D 包含 n 个欧氏空间中的对象。分割方法是把 D 中的对象组织成 k 个分区(分配到 k 个簇 $C_1, C_2, \cdots, C_k$ 中)，其中每个分区代表一个簇。这些簇的形成旨在优化一个客观分割

准则,使得同一个簇中的对象是"相似的",不同簇中的对象是"相异的"。通常,使用一个目标函数来评估划分的质量,该目标函数以簇内高相似性和簇间低相似性为目标。

本节将学习最著名、最常用的分割方法:k 均值和 k 中心点,还将学习这些经典划分方法的一些变种以及如何扩展它们以处理大型数据集。

10.3.2　k 均值算法

1. 基于分割的聚类质量评估

基于形心的划分技术使用簇 C_i 的形心代表该簇。从概念上讲,簇的形心是它的中心点。形心可以用多种方法定义,例如用分配给该簇的对象(或点)的均值或中心点定义。

那么,怎么输出一个"好"的划分聚类 C 呢?通俗地说,就是 C 的每个簇 C_i 是紧凑的,而任意两个不同簇 C_i 与 $C_j(i\neq j)$ 之间是疏远的。因此,算法中要求的评价函数就是衡量每个簇是否紧凑,不同簇之间是否疏远的标准。一般是根据实际需要,选择或重新定义一种距离函数或相似度函数作为评价标准。算法的优化目标是使同一个簇内的对象之间越近越好,比如选择某种簇内距离或距离的平方和来刻画;而不同簇中对象之间越远越好,比如选择某种簇间距离或距离的平方和来描述。

对象 $p\in C_i$,与该簇的代表 c_i 之差用 $\mathrm{dist}(p,c_i)$ 度量,其中 $\mathrm{dist}(x,y)$ 是两个点 x 和 y 之间的欧氏距离。簇 C 的聚类质量可以用簇中所有对象和形心 c_i 之间的误差的平方和来度量,定义为

$$\mathrm{SSE}=\sum_{i=1}^{k}\sum_{p\in C_i}\mathrm{dist}(p,c_i)^2 \tag{10-13}$$

其中,SSE(Sum of the Squared Error)是数据集中所有对象的误差的平方和;p 是空间中的点,表示给定的数据对象;c_i 是簇 C_i 的形心(p 和 c_i 都是多维的)。换言之,对于每个簇中的每个对象,求对象到其簇中心距离的平方,然后求和。这个目标函数试图使生成的结果簇尽可能紧凑和独立。

2. k 均值算法流程

k 均值算法的每个簇的形心都用簇中所有对象的均值来表示。该算法的基本过程如下:

输入:
- k:结果簇的数目;
- D:包含 n 个对象的数据集合。

输出:k 个簇的集合。

方法:
(1) 从 D 中随机选择 k 个对象作为初始簇形心;
(2) repeat
(3) 根据簇中对象的均值,将每个对象分配到最相似的簇;
(4) 更新簇均值,即重新计算每个簇中对象的均值;
(5) until 不再发生变化。

具体计算过程如下:

(1) 首先输入 k 的值,即希望将数据集 $D=\{o_1,o_2,\cdots,o_n\}$ 经过聚类得到 k 个分类或分组。

(2) 从数据集 D 中随机选择 k 个数据点作为簇形心,每个簇形心代表一个簇。这样得到的簇形心集合为 Centroid=$\{c_1,c_2,\cdots,c_k\}$。

(3) 对 D 中每一个数据点 o_i,计算 o_i 与 $c_j(j=1,2,\cdots,k)$ 的距离,得到一组距离值,从中找出最小距离值对应的簇形心 c_s,则将数据点 o_i 划分到以 c_s 为形心的簇中。

(4) 根据每个簇所包含的对象集合,重新计算得到一个新的簇形心。若 $|C_i|$ 是第 i 个簇 C_i 中的对象个数,c_i 是这些对象的形心,即

$$c_i = \frac{1}{|C_i|}\sum_{o \in C_i} o \quad i=1,2,\cdots,k \tag{10-14}$$

这里的簇形心 c_i 是簇 C_i 的均值,这就是 k 均值算法名称的由来。

(5) 如果这样划分后满足目标函数的要求,则可以认为聚类已经达到期望的结果,算法终止,否则需要迭代(3)~(5)步骤。通常目标函数设定为所有簇中各个对象与均值间的误差平方和小于某个阈值 ε,即

$$\text{SSE} = \sum_{i=1}^{k}\sum_{o \in C_i}|o-c_i|^2 \leqslant \varepsilon \tag{10-15}$$

3. k 均值算法的特点

k 均值算法具有如下优点:
(1) 算法框架清晰、简单、容易理解。
(2) 当类与类之间区别明显时,效果较好。
(3) 对于处理大数据集,这个算法是相对可伸缩和高效的。

k 均值算法具有如下缺点:

(1) 算法中 k 值要事先给定,往往带有选择者自身的主观性。当聚类子集的个数不能确定时,可以对不同的 k 值使用多次 k 均值算法,随着 k 值的增加,评价聚类性能的误差平方和准则函数的值会相应减小。由此,根据 k 值的变化可以得到一个误差平方和准则函数变化的曲线,从曲线的变化规律,结合实际问题的经验,找到一个相对最合适的聚类个数。

(2) 算法首先需要确定一个初始划分,然后对初始划分进行优化。需要指出的是,聚类初始代表点的选择往往会影响聚类的最终性能,即得到的是局部最优解而不是全局最优解。关于聚类初始代表点的选择,一般有以下几种方法:

① 根据实际问题的特点,按照经验来确定聚类子集的数量,从数据中找出从直观上看来是比较合适的 k 个聚类的初始代表点。

② 将数据集随机地分成 k 个聚类,之后计算每个聚类的均值,并且将这些均值作为各个聚类的初始代表点。

③ 随机地选择 k 个数据样本作为聚类的初始代表点。

4. k 均值算法实例

有一个如表 10-5 所示的数据集,本示例介绍采用 SQL Server 提供的 k 均值算法进行聚类分析的过程。

表 10-5　数据集

	X_1	X_2	X_3	X_4	X_5	X_6	X_7	X_8	X_9	X_{10}
X_{11}	5	7	6	8	7	8	7	1	2	3
X_{12}	4	6	6	5	8	4	3	8	2	3

（1）建立数据表，启动 SQL Server，根据所给的数据集在 DM 数据库中建立一个 data 表，输入表中的数据。

（2）建立数据源视图。定义数据源视图 DM5.dsv，它只对应 DM 数据库中的 data 表。

（3）建立挖掘结构 data.dmm。

① 在解决方案资源管理器中，右击"挖掘结构"选项，再选择"新建挖掘结构"选项以打开数据挖掘向导。两次单击"下一步"按钮。

② 在"创建数据挖掘结构"页面的"您要使用何种数据挖掘技术？"选项下，选中列中的"Microsoft 聚类分析"，单击"下一步"按钮。选择数据源视图为 DM5，单击"下一步"按钮。

③ 在"指定表类型"页面上，保持默认设置。单击"下一步"的按钮。在"指定定性数据"页面中，设置数据挖掘结构。单击"下一步"按钮。

④ 出现"指定列的内容和数据类型"页面，将列的"内容类型"设置为 Ordered。单击"下一步"按钮。在"创建测试集"页面上，"测试数据百分比"选项的默认值为 30%，将该选项更改为 0。单击"下一步"按钮。

⑤ 在"完成向导"页面的"挖掘结构名称"和"挖掘模型名称"选项中输入 data。然后单击"完成"按钮。

⑥ 在"挖掘结构"选项卡中设置算法的参数，表示采用不可伸缩的 k 均值算法（因为本数据集很小，不考虑伸缩性），设置 MINIMUM_SUPPORT 为 2，这表示每个聚类簇中至少有 2 个对象。注意，SQL Server 采用的 k 均值算法不同于前面介绍的算法，它不需要指定 k，由系统自动确定，在这里算法结束的条件是每个簇中至少有两个对象。

（4）部署神经网络分类项目并浏览结果。在解决方案资源管理器中单击 DM，在出现的下拉菜单中选择"部署"命令，系统开始执行部署，完成后出现部署成功的提示信息。右击"挖掘结构"下的 data.dmm，在出现的下拉菜单中选择"浏览"命令，查看聚类的分类关系图。通过查看器选择"Microsoft 一般内容树查看器"命令可以查看分类的条件。

（5）挖掘模型预测。单击"挖掘模型预测"选项卡，再弹出的"选择输入表"对话框中单击"选择示例表"命令，指定 DM5 数据源中的 data 表。保持默认的数据字段关系，将 data 表中的各个列拖放到下方的列表中，在该列表的最下行的"源"中选择"预测函数"选项，在"字段"中选择 Cluster 选项，表示该列是对该对象的聚类。在任意空白处右击，并在弹出的快捷菜单中选择"结果"命令，观察其聚类结果。

10.3.3　PAM 算法

k 均值算法对离群点非常敏感，因为这种远离大多数数据的对象，当分配到某个簇时，它们可能会严重地扭曲簇的均值。这不经意间影响了其他对象到簇的分配。改进的方法是不采用簇中对象的均值作为形心，而是在每个簇中选出一个实际的对象来代表该簇，这个对象称为簇的中心点，其余的每个对象聚类到与其最相似的中心点所在簇中。分割方法基于最小化所有对象与其对应中心点之间的距离之和的原则来执行。目标函数使用绝对误差标准，其定义如下：

$$E = \sum_{i=1}^{k} \sum_{o \in C_i} |o - o_i| \qquad (10-16)$$

其中，E 是数据集 D 中所有对象的绝对误差和，o_i 是簇 C_i 的中心点。以簇中的中心点来代表这个簇，所以这种改进的算法称为 k-中心点（k-medoids）算法。

PAM(Partitioning Around Medoids)是最早的 k-中心点算法之一。它用迭代、贪心的方法处理该问题。PAM 聚类算法的基本思想为：首先随机选择 k 个对象作为中心点，该算法反复地用非中心点对象来代替中心点对象，试图找出更好的中心点，以改进聚类的质量；对可能的各种组合，估算聚类结果的质量，当聚类结果的质量不可能因替换提高时结束迭代。

PAM 聚类算法的基本过程如下：

输入：
- k：结果簇的个数。
- D：包含 n 个对象的数据集合。

输出：k 个簇的集合。

方法：
（1）从 D 中随机选择 k 个对象作为初始的代表对象或种子；
（2）repeat
（3）将每个剩余的对象分配到最近的代表对象所代表的簇；
（4）随机地选择一个非代表对象 o_{random}；
（5）计算用 o_{random} 代替代表对象 o_i 的总代价 S；
（6）if $S<0$，then o_{random} 替换 o_i，形成新的 k 个代表对象的集合；
（7）until 不发生变化。

在上述过程中，$o_1,o_2,\cdots,o_k$ 是当前代表对象（即中心点）的集合。为了决定一个非代表对象 o_{random} 是否能替代当前代表对象 $o_j(1\leqslant j\leqslant k)$，我们通过计算绝对误差值的差来确定代价。交换的总代价是所有非代表对象所产生的代价之和。如果总代价为负，则实际的绝对误差 E 将会减小，o_j 可以被 o_{random} 取代或交换。如果总代价为正，则认为当前代表对象 o_j 是可以接受的，在本次迭代中没有变化发生。如果 o_j 被 o_{random} 替换，则需要根据距离远近，判断是否需要将对象 p 重新分配到不同的簇中。如果对象 p 离 $o_i(j\neq i)$ 最近，则对象 p 被重新分配到 o_i；如果对象 p 离 o_{random} 最近，则被重新分配到 o_{random}。下面是对象 p 重新分配的 4 种情况：

（1）p 当前隶属于中心点对象 o_j，如果 o_j 被 o_{random} 代替作为中心点，且 p 离 o_i 最近 $(i\neq j)$，那么 p 被重新分配给 o_i，如图 10-1 所示。

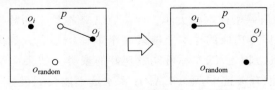

图 10-1　情况 1

（2）p 当前隶属于中心点对象 o_j，如果 o_j 被 o_{random} 代替作为一个中心点，且 p 离 o_{random} 最近，那么 p 被重新分配给 o_{random}，如图 10-2 所示。

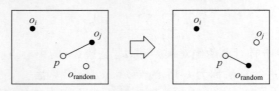

图 10-2 情况 2

（3）p 当前隶属于中心点对象 o_i，$i \neq j$，如果 o_j 被 o_{random} 代替作为一个中心点，且 p 仍然离 o_i 最近，那么对象的隶属不发生变化，如图 10-3 所示。

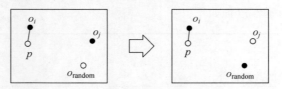

图 10-3 情况 3

（4）p 当前隶属于中心点对象 o_i，$i \neq j$，如果 o_j 被 o_{random} 代替作为一个中心点，且 p 离 o_{random} 最近，那么 p 被重新分配给 o_{random}，如图 10-4 所示。

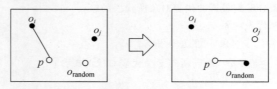

图 10-4 情况 4

10.3.4 CLARA 和 CLARANS 算法

例如像 10.3.3 节中 PAM 这样的典型 k 中心点算法在小型数据集上运行良好，但是不能很好地用于大数据集。为了处理大数据集，可以使用一种称为 CLARA（Clustering LARge Applications，大型应用聚类）的基于抽样的方法。CLARA 并不考虑整个数据集合，而是使用数据集的一个随机样本。然后使用 PAM 方法由样本计算最佳中心点。理论上，样本应该近似地代表原数据集。在许多情况下，大样本都很有效，如果每个对象都以相同的概率被选到样本中，那么被选中的代表对象（中心点）类似于从数据集选取的中心点。CLARA 由多个随机样本建立聚类，并返回最佳的聚类作为输出。CLARA 能够处理的数据集比 PAM 更大。

CLARA 的有效性依赖于样本的大小。注意，PAM 在给定的数据集上搜索 k 个最佳中心点，而 CLARA 在数据集选取的样本上搜索 k 个最佳中心点。如果最佳的抽样中心点都远离最佳的 k 个中心点，则 CLARA 不可能发现好的聚类。如果一个对象是 k 个最佳中心点之一，但它在抽样时没有被选中，则 CLARA 将永远不能找到最佳聚类。

在搜索最佳中心点时，PAM 针对每个当前中心点考查数据集的每个对象，而 CLARA

把候选中心点仅局限在数据集的一个随机样本上。一种称作 CLARANS(Clustering Large Application based upon RANdomized Search,基于随机搜索的聚类大型应用)的随机算法可以在使用样本得到聚类的开销和有效性之间找到平衡点。

首先,它在数据集中随机选择 k 个对象作为当前中心点,然后,随机地选择一个当前中心点 x 和一个不是当前中心点的对象 y。如果用 y 替换 x 能够改善绝对误差,则进行替换。CLARANS 进行这种随机搜索 l 次。l 步之后的中心点的集合被看作一个局部最优解。CLARANS 重复以上随机过程 m 次,并返回最佳局部最优解作为最终的结果。

10.4 基于密度的聚类方法

10.4.1 基于密度的聚类方法描述

分割算法使用距离来描述数据之间的相似性,往往只能发现凸形的聚类簇。为了发现任意形状的聚类结果,提出了基于密度的聚类方法。这种方法将簇看作是数据空间中被低密度区域分割开的高密度对象区域。

基于密度聚类方法的主要思想是:只要"邻域"中的密度(对象或数据点的数目)超过某个阈值,就继续扩大给定的簇。也就是说,对给定簇中的每个数据点,在给定半径的邻域中必须至少包括最少数目的点。这样的方法可以用来过滤噪声或离群点,从而发现任意形状的簇。常见的基于密度的聚类算法有 DBSCAN 和 OPTICS 等。

10.4.2 DBSCAN 算法

DBSCAN(Density-Based Spatial Clustering of Applications with Noise)算法是一种性能优越的基于高密度连通区域的聚类算法,它将类簇定义为高密度相连点的最大集合。它本身对噪声不敏感,并且能发现任意形状的簇。它的基本思想是:如果一个点 p 和另一个点 q 是密度相连的,则 p 和 q 属于同一个簇。

【定义 10-1】 以数据集 D 中一个点 p 为圆心,以 ε 为半径的圆形区域内的数据点的集合称为 p 的 ε-邻域,用 $N\varepsilon(p)$ 表示,即

$$N\varepsilon(p) = \{q \mid q \in D \quad dist(p,q) \leqslant \varepsilon\} \tag{10-17}$$

其中,D 是数据点集合,$dist(p,q)$ 是点 p 与点 q 间的距离,通常采用欧几里得距离。点 p 的 ε-邻域如图 10-5 所示。显然,如果 $q \in N(p)$,则 $p \in N\varepsilon(q)$。

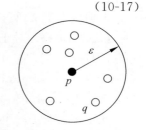

图 10-5 点 p 的 ε-邻域

【定义 10-2】 给定一个参数 MinPts,如果数据集 D 中的一个点 p 的 ε-邻域至少包含 MinPts 个点(含点 p 自身),则称 p 为核心点。在图 10-5 中,如果 MinPts=7,则 p 为核心点(核心点用实心圆点表示)。

【定义 10-3】 给定数据集 D 中的两个点 p、q,如果 q 在 p 的 ε-邻域内,而 p 是一个核心点,则称点 q 是从 p 出发直接密度可达的。在图 10-5 中,$q \in N\varepsilon(p)$,如果 p 是一个核心点,则 q 是从 p 出发直接密度可达的。

直接密度可达关系不一定是对称的,即如果 p 是从 q 出发直接密度可达的,那么 q 是核心点,但是 p 可能不是核心点。通常在图示中用从 q 到 p 的有向箭头表示 p 是从 q 出发直接密度可达关系。显然两个核心点的直接密度可达关系是对称的。

【定义 10-4】 对于给定的 ε 和 MinPts,如果数据集 D 中存在一个点链 $p_1, p_2, \cdots, p_n$,$p_1 = q, p_n = p$,对于 $p_i \in D (1 \leq i < n)$,p_{i+1} 是从 p_i 出发直接密度可达的,则点 p 是从点 q 出发密度可达的。显然 $p_i (1 \leq i < n)$ 都是核心点,p 从点 q 出发密度可达,如图 10-6 所示,在图中用 q 到 p 的有向箭头表示 p 是从 q 出发密度可达的。

【定义 10-5】 对于给定的 ε 和 MinPts,如果数据集 D 中存在点 $o \in D$,使点 p 和 q 都是从 o 出发密度可达的,那么点 p 到 q 是密度相连的。密度相连关系是对称的。如图 10-7 所示,p 到 q 是密度相连的,则 q 到 p 是密度相连的。

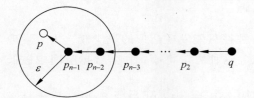

图 10-6 点 p 是从点 q 密度可达的

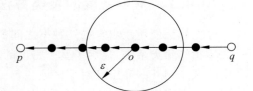

图 10-7 p 到 q 是密度相连的

【定义 10-6】 对于给定的 ε 和 MinPts,数据集 D 中基于密度可达性的最大密度相连点的集合称为基于密度的簇。基于密度的簇 C 是满足如下条件 D 的非空子集。

(1) 连通性:对于 D 中任意的点 p、$q \in C$,有 p 与 q 是密度相连的。

(2) 极大性:对于 D 中任意的点 p、q,如果 $p \in C$,并且 q 是从 p 密度可达的,则 $q \in C$。

【定义 10-7】 数据集 D 中不是核心点,但落在某个核心点的邻域内的点称为边界点。边界点可能落在多个核心点的邻域内,边界点为稠密区域边缘上的点。数据集 D 中不是核心点也不是边界点的点称为噪声点,噪声点不属于任何簇,它是稀疏区域中的点。

例如,如图 10-8 所示,MinPts=4,用实心圆点表示核心点,用空心圆点表示边界点,用方形点表示噪声点。

根据以上定义,可以得出以下两个有用的定理。

【定理 10-1】 对于任意 $X \in S$,如果 X 是一个核心点,即 $|\varepsilon(X)| \geq \text{MinPts}$,则集合 $C_X = \{Y | Y \in S$ 且从 X 到 Y 关于 $(\varepsilon, \text{MinPts})$ 是密度可达的$\}$。称为 S 上一个关于密度 $(\varepsilon, \text{MinPts})$ 的簇。

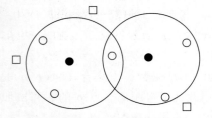

图 10-8 核心点、边界点和噪声点

此定理其实是一个关于密度 $(\varepsilon, \text{MinPts})$ 的簇的生成方法,即由核心对象 X 及其所有从 X 密度可达对象 Y 所构成的集合,就是一个关于密度 $(\varepsilon, \text{MinPts})$ 的簇,我们将其称为由核心对象 X 生成的簇。

【定理 10-2】 设 C_o 为一个关于密度 $(\varepsilon, \text{MinPts})$ 的簇,$X \in C_o$ 且 $|\varepsilon(X)| \geq \text{MinPts}$,则 $C_o = \{Y | Y \in S$ 且从 X 到 Y 关于 $(\varepsilon, \text{MinPts})$ 是密度可达的$\}$。此定理进一步说明,一个关于密度 $(\varepsilon, \text{MinPts})$ 的簇 C_o 等同于它的任一核心对象 X 生成的簇。

> 算法：DBSCAN，一种基于密度的聚类算法。
>
> 输入：
> - D：一个包含 n 个对象的数据集。
> - ε：半径参数。
> - MinPts：邻域密度阈值。
>
> 输出：基于密度的簇的集合。
>
> 方法：
> (1) 标记所有对象为 unvisited；
> (2) do
> (3)   随机选择一个 unvisited 对象 p；
> (4)   标记 p 为 visited；
> (5)   if p 的 ε-邻域至少有 MinPts 个对象
> (6)   创建一个新簇 C，并把 p 添加到 C；
> (7)   令 N 为 p 的 ε-邻域中的对象的集合；
> (8)   for N 中每个点 p'
> (9)   if p' 是 unvisited
> (10)   标记 p' 为 visited；
> (11)   if p' 的 ε-邻域至少有 MinPts 个点，把这些点添加到 N；
> (12)   if p' 还不是任何簇的成员，把 p' 添加到 C；
> (13)   end for
> (14)   输出 C；
> (15)   else 标记 p 为噪声；
> (16) until 没有标记为 unvisited 的对象。

10.4.3 OPTICS 算法

尽管 DBSCAN 能够根据给定的输入参数 ε（邻域的最大半径）和 MinPts（核心对象的邻域中要求的最少点数）聚类对象，但是它把选择能产生可接受的聚类结果的参数值的责任留给了用户。这是许多其他聚类算法都存在的问题。参数的设置通常依靠经验，难以确定，对于现实世界的高维数据集来说尤其如此。大多数算法都对这些参数值非常敏感：设置的细微不同都可能导致差别很大的聚类结果。此外，现实的高维数据集常常具有非常倾斜的分布，全局密度参数不能很好地刻画其内在的聚类结构。

注意，基于密度的簇关于邻域阈值是单调的。也就是说，在 DBSCAN 中，对于固定的 MinPts 值和两个邻域阈值 $\varepsilon_1 < \varepsilon_2$，关于 ε_1 和 MinPts 的簇 C 一定是关于 ε_2 和 MinPts 的簇 C' 的子集。这意味，如果两个对象在同一个基于密度的簇中，则它们一定也在同一个具有较低密度要求的簇中。

为了克服在聚类分析中使用一组全局参数的缺点，提出了 OPTICS 聚类分析方法。OPTICS 并不显式地产生数据集聚类，而是输出簇排序（cluster ordering）。这个排序是所有分析对象的线性表，并且代表了数据的基于密度的聚类结构。较稠密簇中的对象在簇排序中相互靠近。这个排序等价于从广泛的参数设置中得到的基于密度的聚类。这样，

OPTICS 不需要用户提供特定的密度阈值。簇排序可以用来提取基本的聚类信息(例如,簇中心或任意形状的簇),导出内在的聚类结构,也可以提供聚类的可视化。换句话说,从这个排序中可以得到基于参数 ε 和 MinPts 的 DBSCAN 算法的全部聚类结果。

OPTICS 引入了核心距离和可达距离两个概念。

【定义 10-8】 设 o 是数据集 D 中的一个点,ε 为距离,MinPts 是一个自然数,MinPts-dist(o) 是 o 到其最邻近的 MinPts 个邻接点的最大距离,则 o 的核心距离为:对于点 o,它的核心距离为使 o 成为核心对象的最小 ε。如果 o 不是核心对象,则 o 的核心距离没有定义。

【定义 10-9】 设点 p、o 为数据集 D 中的点,ε 为距离,MinPts 是一个自然数,点 p 关于点 o 的可达距离定义为:

$$p \text{ 关于 } o \text{ 的可达距离} = \begin{cases} \text{无定义}, & \text{若 } o \text{ 不是核心点} \\ \text{MAX}\{o \text{ 的核心距离}, \text{dist}(o, p)\}, & \text{若 } o \text{ 是核心点} \end{cases}$$

点 p 关于点 o 的可达距离是指 o 的核心距离和 o 与 p 之间欧几里得距离中的较大值。如果 o 不是核心对象,o 和 p 之间的可达距离没有意义。

【例 10-5】 核心距离和可达距离。图 10-9 演示了核心距离和可达距离的概念。假设 ε=6mm、MinPts=5。p 的核心距离是 p 与 p 第 4 个最近的数据对象之间的距离 ε′。从 p 到 q_1 的可达距离是 p 的核心距离(即 ε′=3mm),因为它比从 p 到 q_1 的欧氏距离大。q_2 关于 p 的可达距离是从 p 到 q_2 的欧氏距离,因为它大于 p 的核心距离。

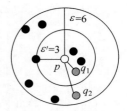

图 10-9 核心距离和可达距离的概念

OPTICS 计算给定数据库中所有对象的排序,并且存储每个对象核心距离和相应的可达距离。OPTICS 维护一个称为 OrderSeeds 的表来产生输出排序。OrderSeeds 中的对象按到各自的最近核心对象的可达距离排序,即按每个对象的最小可达距离排序。

开始,OPTICS 用输入数据库中的任意对象作为当前对象 p。它检索 p 的 ε-邻域,确定核心距离并设置可达距离为未定义。然后,输出当前对象 p。如果 p 不是核心对象,则 OPTICS 简单地转移到 OrderSeeds 表(或输入数据库,如果 OrderSeeds 为空)的下一个对象。如果 p 是核心对象,则对于 p 的 ε-邻域中的每个对象 q,OPTICS 更新从 p 到 q 的可达距离,并且如果 q 尚未处理,则把 q 插入 OrderSeeds。该迭代继续,直到输入完全耗尽并且 OrderSeeds 为空。

数据集的簇排序可以用图形描述,这有助于可视化和理解数据集中的聚类结构。例如,图 10-10 是一个简单的二维数据集的可达性图,它给出了如何对数据结构化和聚类的一般观察。数据对象连同它们各自的可达距离(纵轴)按簇次序(横轴)绘出。其中 3 个高斯"凸起"反映了数据集中的 3 个簇。为在不同的细节层次上观察高维数据的聚类结构,也已开发了一些方法。

由于 OPTICS 算法的结构与 DBSCAN 非常相似,因此两个算法具有相同的时间复杂度。如果使用空间索引,则复杂度为 $O(n\log n)$,否则为 $O(n^2)$,其中 n 是对象数。

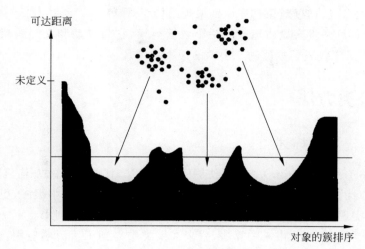

图 10-10　简单的二维数据集的可达性图

OPTICS 算法的结构与 DBSCAN 相似,算法描述如下。

> 输入:数据集 D,邻域半径 ε 和 MinPts。
> 输出:按可达距离排序的数据集。
> 方法:其过程描述如下。
> (1) 创建两个队列,有序队列 SQu 和结果队列 CQu,其中 SQu 用来存储核心点及其该核心点的直接可达点,并按可达距离升序排列,CQu 用来存储点的输出次序。
> (2) 如果所有数据集 D 中所有点都处理完毕,则算法结束。否则,选择一个未处理(即不在结果队列中)且为核心点的点 p,找到 p 的所有直接密度可达的点,如果 p 点不存在于结果队列 CQu 中,则将其放入有序队列 SQu 中,并按可达距离排序。
> (3) 如果有序队列 SQu 为空,则跳至步骤(2),否则,从有序队列 SQu 中取出第一个点 q(即可达距离最小的点)进行拓展,如果 q 点不存在于结果队列 CQu 中,则将 q 点保存至结果队列 CQu 中。
> ① 判断 q 点是否是核心点,如果不是,回到步骤(3),否则找到 q 点所有的直接密度可达点。
> ② 判断该直接密度可达点是否已经存在结果队列,若是则不处理,否则进行下一步。
> ③ 如果有序队列 SQu 中已经存在该直接密度可达点,且此时新的可达距离小于先前的可达距离,则用新的可达距离取代先前的可达距离,并对有序队列 SQu 重新排序。
> ④ 如果有序队列 SQu 中不存在该直接密度可达的点,则插入该点,并对有序队列 SQu 重新排序。
> (4) 算法结束,输出结果队列 CQu 中的有序点。

尽管该算法中也要输入参数 ε 和 MinPts,但和 DBSCAN 算法不同,这里的 ε 和 MinPts 只是起到辅助作用,也就是说,ε 和 MinPts 的细微变化并不会影响到样本点的相对顺序,对分析聚类结果没有任何影响。

OPTICS 算法具有如下特点:

(1) 对于真实的、高维的数据集合而言,绝大多数算法对参数值是非常敏感的,参数的设置通常是依靠经验,难以确定。而 OPTICS 算法可以帮助找出合适的参数。

(2) OPTICS算法通过对象排序识别聚类结构。

(3) OPTICS算法没有显式地产生一个数据类簇,它为自动和交互的聚类分析计算一个簇排序。这个次序代表了数据基于密度的聚类结构。

10.5 谱聚类方法

10.5.1 谱聚类描述

谱聚类(spectral clustering)是广泛使用的聚类算法,比起传统的 k 均值算法,谱聚类对数据分布的适应性更强,聚类效果也很优秀,同时聚类的计算量也小很多,更加难能可贵的是,谱聚类算法实现起来也不复杂。

谱聚类是从图论中演化出来的算法,后来在聚类中得到了广泛的应用。它的主要思想是把所有的数据都看作空间中的点,这些点之间可以用边连接起来。距离较远的两个点之间的边权重较低,而距离较近的两个点之间的边权重较高,通过对所有数据点组成的图进行切图,让切图后不同的子图间边权重和尽可能低,而子图内的边权重和尽可能高,从而达到聚类的目的。

10.5.2 谱聚类的步骤

一般来说,在谱聚类中主要应注意相似矩阵的生成方式。最常用的相似矩阵的生成方式是基于高斯核距离的全连接方式,最常用的切图方式是 Ncut。目前常用的聚类方法为 k 均值算法。下面以 Ncut 总结谱聚类算法流程。

算法流程如下。

输入:样本集 $D=(x_1,x_2,\cdots,x_n)$,相似矩阵的生成方式,降维后的维度 k_1,聚类方法,聚类后的维度 k_2

输出:簇划分 $C(c_1,c_2,\cdots,c_{k_2})$

(1) 根据输入的相似矩阵的生成方式构建样本的相似矩阵 S;

(2) 根据相似矩阵 S 构建邻接矩阵 W,构建度矩阵 D;

(3) 计算出拉普拉斯矩阵 L;

(4) 构建标准化后的拉普拉斯矩阵 $D^{-1/2}LD^{-1/2}$;

(5) 计算 $D^{-1/2}LD^{-1/2}$ 最小的 k_1 个特征值所各自对应的特征向量 f;

(6) 将各自对应的特征向量 f 组成的矩阵按行标准化,最终组成 $n\times k_1$ 维的特征矩阵 F;

(7) 对 F 中的每一行作为一个 k_1 维的样本,共 n 个样本,用输入的聚类方法进行聚类,聚类维数为 k_2;

(8) 得到簇划分 $C(c_1,c_2,\cdots,c_{k2})$。

10.5.3 谱聚类的优点

谱聚类算法是一个使用起来简单,但不容易讲清楚的算法,它需要你有一定的数学基础。掌握了谱聚类，就会对矩阵分析和图论有更深入的理解。同时对降维中的主成分分析也会加深理解。

谱聚类算法的主要优点如下。

（1）谱聚类只需要数据之间的相似度矩阵，因此对于处理稀疏数据的聚类很有效。这点传统聚类算法比如k均值很难做到。

（2）由于使用了降维，因此在处理高维数据聚类时的复杂度比传统聚类算法好。

谱聚类算法的主要缺点如下。

（1）当聚类的类别个数较小的时候，谱聚类的效果会很好，但是当聚类的类别个数较大的时候，则不建议使用谱聚类。

（2）谱聚类算法使用了降维的技术，所以更加适用于高维数据的聚类。

（3）谱聚类只需要数据之间的相似度矩阵，因此对于处理稀疏数据的聚类很有效。这点传统的聚类算法（比如k均值）很难做到。

（4）谱聚类算法建立在谱图理论基础上，与传统的聚类算法相比，它能够在任意形状的样本空间上聚类且收敛于全局最优解。

10.6 实验

10.6.1 k均值聚类算法实现

k均值聚类算法的基本思想是初始随机给定k个形心，按照最邻近原则把待分类样本点分到各个簇。然后按平均法重新计算各个簇的形心，从而确定新的形心。一直迭代，直到形心的移动距离小于某个给定的值。如果初始形心选不好，k均值聚类的结果会很差，所以一般是多运行几次，按照一定标准（比如簇内的方差最小化）选择一个比较好的结果。编写Java程序对随机生成的100个数据点进行k均值聚类，并将结果在窗口进行演示，可以看到聚类坐标系及聚类中心。

1. 创建脚本文件

打开Eclipse软件，进入后选择工作空间，创建一个新的Java项目，命名为k-means。右击src文件夹，单击New按钮分别新建3个文件，并命名为Tuple.java、KmeansCalc.java和KmeansPaint.java，单击Finish按钮完成脚本文件的创建。

2. 算法图形界面可视化程序

编写k均值聚类算法图形界面可视化程序，目的是实现对100个随机点进行3个聚类的划分，通过多次迭代，直到3个聚类中心不发生变化为止，并将整个聚类过程在窗口中可视化展现出来。

（1）实体类程序Tuple.java实现的主要功能就是读取数据点所在的坐标点。在最终的可视化界面中，可以观察到聚类中心点和其他数据点在二维坐标系中的位置显示。具体代码实现可扫描二维码查看。

（2）运算类程序KmeansCalc.java实现k均值算法聚类，假定默认聚类中心为3个，

代码一

代码二

代码三

初始化数据对象为 100 个,收敛的条件为聚类中心点不再变化。通过计算欧氏距离,计算数据对象离哪个中心点更近,从而确认当前对象属于哪个簇。具体代码实现可扫描二维码查看。

(3)界面入口程序 KmeansPaint.java 程序实现的是最终的图形界面可视化结果,包括聚类结果的显示、按钮的选取、聚类中心点的坐标点等。具体代码实现可扫描二维码查看。

3. 运行项目

右击左侧中文件中 src 文件夹,选择 Run As-Java Application 命令,运行之后得到如图 10-11 所示的算法演示系统窗口。

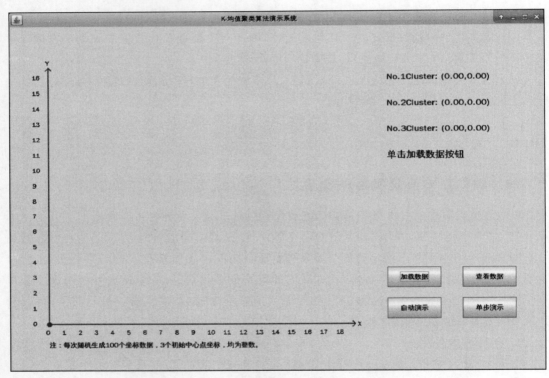

图 10-11 算法演示系统窗口

4. 观察结果

单击"加载数据"按钮,如图 10-12 所示,可见数据对象在二维坐标系中的显示,其中显示了 3 个聚类中心的坐标,可以单击"自动演示"或"单步演示"按钮观察聚类结果。

单击"查看数据"按钮,可以查看 100 个随机数据点的坐标,如图 10-13 所示。

单击"自动演示"按钮,可以看见多次迭代的过程在二维坐标系中的变化,等聚类计算结束后,在右边会显示迭代的次数和最终的聚类中心坐标,如图 10-14 所示。

单击"单步演示"按钮,可以看到每次聚类的中心坐标和二维坐标系里的数据点变化,如图 10-15 所示。

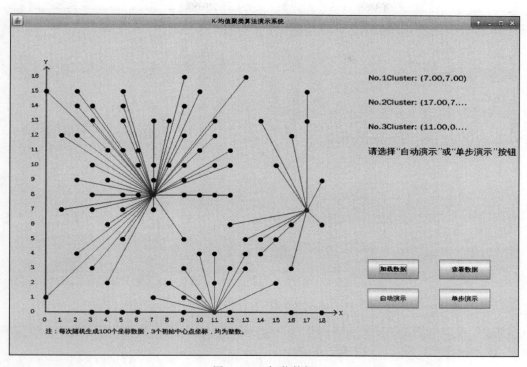

图 10-12 加载数据

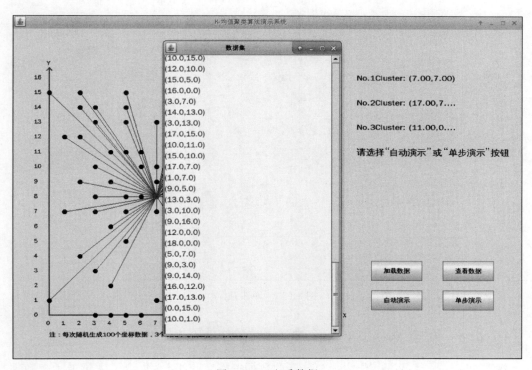

图 10-13 查看数据

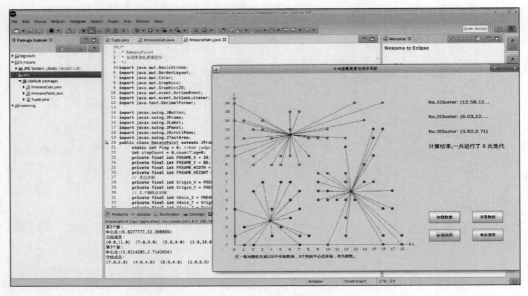

图 10-14　自动演示

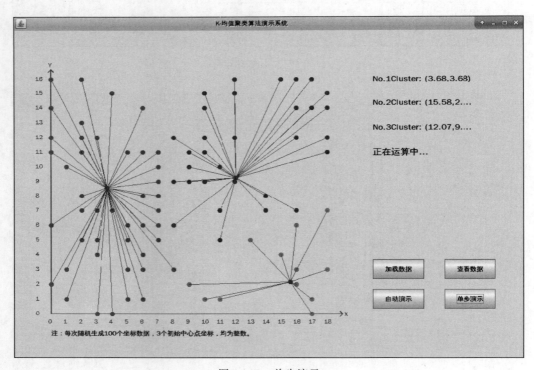

图 10-15　单步演示

10.6.2　利用 Weka 平台实现 k 均值聚类分析

熟悉 Weka 平台，Weka 作为一个公开的数据挖掘工作平台，集合了大量能承担数据挖掘任务的机器学习算法，包括对数据进行预处理、分类、回归、聚类、关联规则以及在新的交互式界面上的可视化。学习掌握 k 均值算法,利用 Weka 和不同参数设置进行聚类分析,对比结果,得出结论,对问题进行总结。

1. 打开数据集

(1) 打开 Weka 3.8 并导入数据。双击 Weka 图标,打开软件,在初始界面中单击 Explorer 按钮,并打开 Weka 自带的数据集 diabetes.arff(包括 768 条实例数据),如图 10-16 所示。

(2) 单击 Open file 选项,查找到 Weka 下的 data 文件夹,找到其中的文件 diabetes.arff,单击右下角的"打开"按钮,如图 10-17 所示。

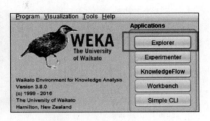

图 10-16 Weka 初始界面

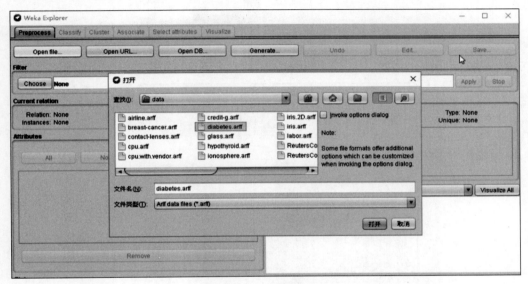

图 10-17 打开 diabetes.arff

(3) 打开数据集后,界面中将出现该数据集的相关描述,比如,可以观察到共有 8 个不同的属性,包括 preg、plas、skin、insu、mass、pedi、age 和 class,共有 768 条实例数据,每类数据的数量可在图 10-18 右下角窗口的柱状图中看到。

2. SimpleKMeans 算法聚类

(1) 如图 10-19 所示,切换到 Cluster 选项卡,单击 Choose 按钮,选择 SimpleKMeans,这是 Weka 中实现的 k 均值聚类的算法。

(2) 单击 Choose 旁边的文本框,修改 numClusters 为 6,即希望把这 768 条实例聚成 6 类,即 $K=6$;下面的 seed 参数是设置一个随机种子,依此产生一个随机数,用来得到 k 均值算法中第一次给出的 K 个簇中心的位置。不妨暂时设它为 10,单击 OK 按钮,如图 10-20 所示。

(3) 选中 Cluster Mode 下的 Use training set(使用训练集)单选按钮,选中 Store clusters for visualization(存储聚类可视化)复选框,单击 Start 按钮,如图 10-21 所示。

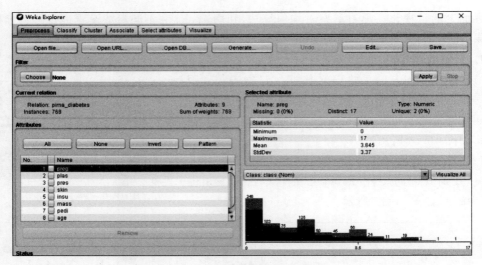

图 10-18 数据集描述

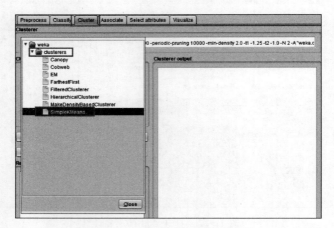

图 10-19 选择 SimpleKMeans

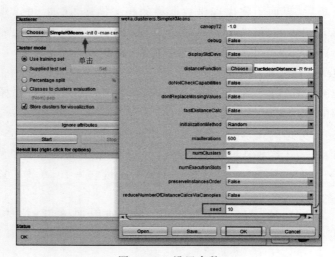

图 10-20 设置参数

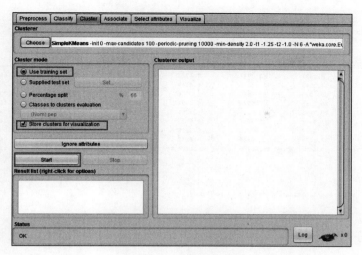

图10-21 开始训练

3. 运行观察结果

(1) 单击 Start 按钮之后,观察右边窗口 Clusterer output 给出的聚类结果。也可以在左下角 Result list 中本次产生的结果上右击,选择 View in separate window 命令,然后在新窗口中浏览结果,结果中的 Cluster centroids 之后列出了各个簇中心的位置。可以观察到,最终聚类实例分为6类,分别为0、1、2、3、4、5,对应的每一类实例所占比重也在后面有标注。例如,第一类共有63条数据实例,占总数据的8%。如图10-22所示。

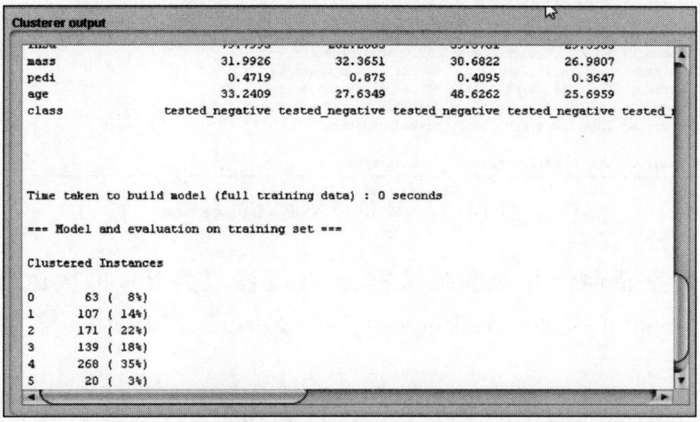

图10-22 聚类输出结果

对于数值型的属性,簇中心就是它的均值(Mean);对于分类型的属性,簇中心就是它的众数(Mode),也就是说,这个属性上取值为众数值的实例最多。对于数值型的属性,还给出了该属性在各个簇中的标准差(Std Devs)。比如第一行数据为 preg 属性,后面的几列数据分别代表其在所有数据和6个簇中的簇中心数值,下面的几行则是其他属性对应的簇中心数值,如图10-23所示。

如图10-24所示,可以看到结果中有这么一行(误差平方和):Within cluster sum of squared errors:110.23525958855677。这是评价聚类好坏的标准,数值越小说明同一簇实例之间的距离越小。

```
Final cluster centroids:
                                   Cluster#
Attribute          Full Data        0            1            2            3            4            5
                    (768.0)       (63.0)       (107.0)      (171.0)      (139.0)      (268.0)      (20.0)
=====================================================================================================
preg                 3.8451        2.0794        7.4766       1.9883       2.2518       4.8657       3.25
plas               120.8945      127.4603      116.6449     100.0702     110.6259     141.2575      99.5
pres                69.1055       69.6508       76.5794      68.2632      70.5971      70.8246       1.2
skin                20.5365       27.8571       15.1682      10.8596      32.7698      22.1642       2.1
insu                79.7995      202.2063       39.5701      29.5965      88.7554     100.3358       1.25
mass                31.9926       32.3651       30.6822      26.9807      34.777       35.1425      19.12
pedi                 0.4719        0.875         0.4095       0.3647       0.333        0.5505       0.3632
age                 33.2409       27.6349       48.6262      25.6959      26.3669      37.0672      29.6
class             tested_negative tested_negative tested_negative tested_negative tested_negative tested_positive tested_negative


Time taken to build model (full training data) : 0.03 seconds

=== Model and evaluation on training set ===

Clustered Instances

0       63 (  8%)
1      107 ( 14%)
2      171 ( 22%)
3      139 ( 18%)
4      268 ( 35%)
5       20 (  3%)
```

图 10-23　聚类属性

```
kMeans
======

Number of iterations: 9
Within cluster sum of squared errors: 110.23525958855677

Initial starting points (random):

Cluster 0: 1,126,56,29,152,28.7,0.801,21,tested_negative
Cluster 1: 8,95,72,0,0,36.8,0.485,57,tested_negative
Cluster 2: 1,97,66,15,140,23.2,0.487,22,tested_negative
Cluster 3: 2,112,68,22,94,34.1,0.315,26,tested_negative
Cluster 4: 14,100,78,25,184,36.6,0.412,46,tested_positive
Cluster 5: 0,94,0,0,0,0.256,25,tested_negative

Missing values globally replaced with mean/mode
```

图 10-24　评价聚类好坏的标准

（2）修改参数值重新运行并观察结果将 seed 值修改为 20，再次运行。观察结果，可以看到：Within cluster sum of squared errors：99.80911137649608，与上面的运行过程相比数值变小，如图 10-25 所示。

这说明同一簇实例之间的距离变小了。再尝试几个 seed，这个数值可能会更小。该数值越小，说明同一簇实例直接的距离越小，聚类的结果也就越好。多次试验，找到该值趋于最小的值（实例容量越大，越难找），就得到了本次实验最好的方案结果。

（3）为了观察可视化的聚类结果，在左下方 Result list 列出的结果上右击，选择 Visualize cluster assignments 命令，如图 10-26 所示。

如图 10-27 所示，弹出的窗口给出了各实例的散点图。最上方的两个框是选择横坐标和纵坐标，第二行的 color 是散点图着色的依据，默认是根据不同的簇 Cluster 给实例标上不同的颜色。可以在这里单击 Save 按钮把聚类结果保存成 ARFF 文件。

第10章　聚类分析

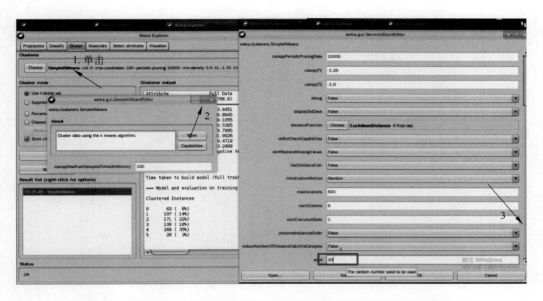

图 10-25　修改 seed 值后的结果

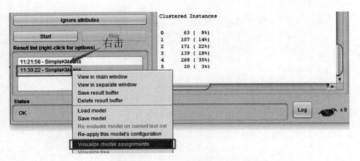

图 10-26　观察可视化的聚类结果

10.6.3　DBSCAN 聚类算法

DBSCAN 是一个比较有代表性的基于密度的聚类算法。与划分和层次聚类方法不同，它将簇定义为密度相连的点的最大集合，能够把具有足够高密度的区域划分为簇，并可在噪声的空间数据库中发现任意形状的聚类。编写 Java 程序对给定的 25 个数据点进行 DBSCAN 聚类，可以分出聚簇集合和噪声点，同时列出聚类的中心点。

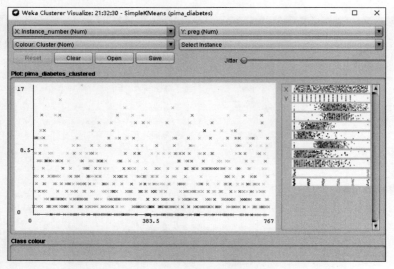

图 10-27 各实例的散点图

1. 创建脚本文件

（1）打开 Eclipse 软件，进入后选择工作空间。单击菜单栏 File→New→Java Project 命令，创建一个新的 Java 项目。将项目命名为 DBSCAN，单击 Finish 按钮完成创建，如图 10-28 所示。

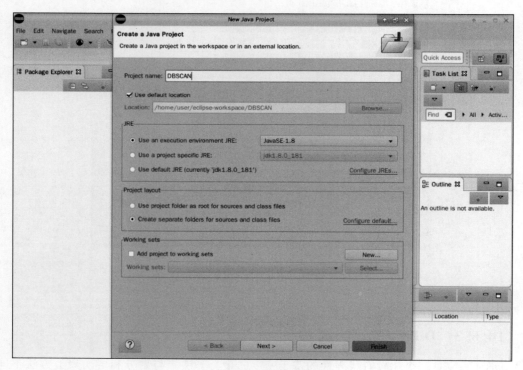

图 10-28 创建项目

（2）右击 src 文件夹，单击 New 新建一个 class 文件，并命名为 MyDBSCAN.java，如图 10-29 所示，单击 Finish 按钮完成创建。

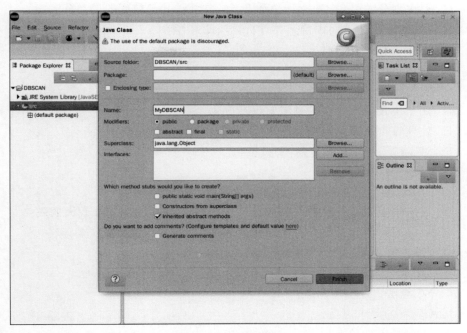

图 10-29　新建文件

2. 编写 DBSCAN 聚类算法程序

编写程序实现对 25 个给定点（点坐标在代码中指定）进行 3 个聚类的划分，最终结果展示中心点坐标、聚簇集合坐标和噪声点坐标。

3. 运行观察结果

右击 src 文件夹，选择 Run As-Java Application 命令，运行之后得到图中的结果。一共 25 个给定点，其中有 13 个中心点，聚成 3 类，另外剩下 8 个噪声点。

小结

聚类分析是数据挖掘应用的主要技术之一，它将给定的数据集合划分为多个类别，同一类别的数据样本之间具有较高的相似度，而不同类别的数据样本之间具有较低的相似度。本章介绍了聚类的基本概念和聚类分析中相似度的计算方法，还介绍了几种常用的基于分割的聚类算法和基于密度的聚类算法。

习题

1. 选择题

（1）以下哪些算法不属于基于密度的聚类算法？（　　）

　　A. DBSCAN　　　　B. STING　　　　C. CLIQUE　　　　D. DENCLUE

（2）以下哪些类型的聚类算法属于新聚类算法？（　　）

　　A. 量子聚类　　　　　　　　　　　　B. 基于网络的方法

  C. 层次划分   D. 基于粒度的聚类算法

（3）可以从以下哪些方面评价聚类分析算法的好坏？（　　）

  A. 可伸缩性和高维性

  B. 处理不同类型属性的能力

  C. 发现任意形状的聚类

  D. 用于决定输入参数的领域知识最大化

  E. 处理噪声数据的能力

  F. 对于输入记录的顺序敏感

  G. 可解释性和可用性

（4）以下哪个选项不属于基于距离划分聚类算法的基本特点？（　　）

  A. 发现球状互斥的簇   B. 发现大小差异较大的簇

  C. 可以用均值或者中心点代表簇的中心   D. 对中小规模数据有效

（5）以下哪些算法不适合处理任何形状的簇？（　　）

  A. DBSCAN 算法   B. CLARANS 算法

  C. SC 算法   D. k 均值算法

（6）ICA 应用的要求包括（　　）。

  A. 成分是统计独立

  B. 独立成分是非高斯分布

  C. 未知的混合矩阵 A 是方阵

  D. 一般假设被观测到的信号数量不小于源信号的数量（$x \geqslant s$）

2. 判断题

（1）AM 算法相对于 k 均值算法而言，没有那么容易受到离群点的影响，其计算复杂度也更低。（　　）

（2）标准偏差比均值绝对偏差对于离群点具有更好的鲁棒性。（　　）

（3）基于密度的聚类算法对噪声比较敏感，但是能发现任意形状的簇。（　　）

（4）在 n 比较大的情况下，CLARA 算法、CLARANS 算法都比 PAM 算法更有效。（　　）

（5）谱聚类的思想来源于谱图划分，它将数据聚类问题看成是一个无向图的多路划分问题。（　　）

（6）由聚类所组成的簇是一组数据对象的集合，这些对象与同一簇中的对象彼此类似，与其他簇中的对象相异。（　　）

第11章

非结构化数据挖掘

按格式分类,数据可分为结构化数据和非结构化数据。结构化数据是有固定的结构,作为行数据被存储在关系数据库中,可以用二位表结构来逻辑表达的数据;而非结构化数据是相对于结构化数据而言的,无固定结构,例如文档、HTML、XML、图片、视频、音频等数据。本章以文本和 Web 数据这两种典型的非结构化数据作为分析对象,介绍利用数据挖掘的方法,从中获取有价值的信息或知识的过程。

11.1 文本数据挖掘

11.1.1 文本挖掘的定义

文本数据挖掘(Text Data Mining)也称为文本挖掘(Text Mining)。文本挖掘一词出现于 1998 年第十届欧洲机器学习会议(European Conference On Machine Learning,ECML)上,这是首次进行的关于文本挖掘的专题讨论会。组织者 Kodratoff 明确地定义了文本挖掘的概念,他认为文本挖掘的目的是从文本集合中搜寻知识,即在目前对自然语言理解的水平上,利用该领域的成果,试图尽可能多地提取知识。因此,文本挖掘需要数据挖掘、语言学、数据库以及文本标记和理解方面专家的参与。

1. 概念

文本挖掘是一个从大量文本数据中提取以前未知的、有用的、可理解的、可操作的知识的过程。文本数据包括技术报告、文本集、新闻、电子邮件、网页、用户手册等。文本挖掘对单个文本或文本集(如 Web 搜索中返回的结果集)进行分析,从中提取概念,并按照指定的方案组织、概括文本,发现文本集中重要的主题。它除了从文本中提取关键词外,还要提取事实,作者的意图、期望和主张等。这些知识对许多应用目标,如市场营销、趋势分析、需求处理等,都是很有用的。

2. 主要任务

文本挖掘的主要任务如下:

(1) 短语和特征的提取。在读取大量的非结构化文本时,应用自然语言处理技术提取文本集中所有相关的短语。文本内容可看成由它所包含的基本语言单位(字、词、词组或短语等)组成的集合。在短语提取中,还要将非结构化的原始文本短语集合的内容转换为更加容易处理的概念级数据。可以形象地把文本挖掘看作是一支荧光笔,它在通读文本时可高亮度显示有关的短语,这些短语放在一起就可以得到对文本的一个概括性理解。

对于能够描述和说明文本的短语,可称之为文本的特征。短语和特征的提取是文本挖掘的首要任务。

(2)文本关联分析。文本挖掘的核心功能表现为分析一个文本集合中的各个文本之间概念共同出现的模式。实际上,文本挖掘依靠算法和启发式方法,跨文本考虑概念分布、频繁概念(项)以及各种概念的关联,其目的是使用户发现概念的关联,这种概念的关联是文本集合作为一个整体所反映出来的。

(3)文本聚类与文本分类。文本聚类是指文本集合中的各个文本之间没有分类,按就近原则聚合成类。文本分类是指文本集合中已经有了类,并建立了各类的规则知识,按此规则对新文本进行分类。

3. 文本挖掘的主要流程

如图 11-1 所示,首先,我们需要有一个数据源,即已经建立好的文本数据库,一些已经发表的期刊、文章等都可以作为数据源,然后对数据源进行预处理,包括分词、去停用词、文本表示和特征提取等操作,然后就得到了中间数据,接着对这种数据进行挖掘分析,包括文本分类、文本聚类、文本相关性分析、文本摘要等操作,然后对所得到的结果进行数据可视化操作,将得到的结果展现给用户,供用户浏览、查询和分析。

图 11-1 文本挖掘的流程图

4. 文本预处理技术

文本预处理技术主要包括特征表示和特征提取。文本特征是指文本的元数据,特征表示是指以一定特征(如词或描述)来代表文档,在文本挖掘时只对这些特征项进行处理。特征表示模型有多种,常用的有向量空间模型(VSM)、布尔模型和概率模型。

在向量空间模型中,假设文章中词条出现的先后次序是无关紧要的,每个特征词对应特征空间的一维,将文本表示成欧氏空间的一个向量。根据

$$V(d) = ((t_1, w_1), (t_2, w_2), \cdots, (t_n, w_n)) \tag{11-1}$$

可以表示出一个文档 d,其中,$t_i(i=1,2,\cdots,n)$ 为文档 d 的特征项(词),w_i 为 t_i 的权重。常使用 TF-IDF(词频-逆文档频率)表示一个词对于文章的类别的影响,作为特征值的权重。

词频(Term Frequency,TF)是指一个词在一个文本中出现的频率:

$$\text{TF}_i = \frac{n_i}{N_i} \tag{11-2}$$

其中，n_i是特征项t_i在文本d中出现的次数，N_i是文本d中所有词出现的总数。显然，一个词的TF值越大，对文本的贡献度越大。

逆文档频率（Inverse Document Frequency, IDF）表示一个词在整个文本集中的分布情况：

$$\text{IDF}_i = \log_2 \frac{N}{m_i} \tag{11-3}$$

其中，N是文本集中包含的文本总数，m_i是包含特征项t_i文本个数。

11.1.2 文本分类

文本分类的目的是让计算机学会一个分类函数或分类模型（如图11-2所示），该模型能把文本映射到已存在的多个类别中的某一类，使检索或查询的速度更快，准确率更高。训练方法和分类算法是分类系统的核心部分。下面介绍基本的文本分类方法。

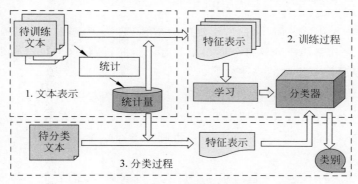

图11-2 文本分类基本过程图

1. 朴素贝叶斯分类算法

其基本思路是计算文本d_i属于某一类别C_j的概率$p(C_j|d_i)$，该类别概率等于文本中每一个特征词属于这个类别的概率的综合表达式，而每个词属于该类别的概率又在一定程度上可以用这个词在该类别训练文本中出现的次数来粗略估计。

假设文本集中每个样本用m维特征向量$\boldsymbol{d} = (t_{i,1}, t_{i,2}, \cdots, t_{i,m})$来表示，基于贝叶斯定理，计算待定文本$d_i$的后验概率，用$p(C_j|d_i)$表示：

$$p(C_j|d_i) = \frac{p(C_j)p(d_i|C_j)}{p(d_i)} \tag{11-4}$$

其中，$p(d_i)$对计算结果没有影响，因此可以不计算。朴素贝叶斯分类算法假设词与词之间是独立的，于是：

$$p(d_i|C_j) = p(t_{i,1}, t_{i,2}, \cdots, t_{i,m}|C_j) = \prod_{k=1}^{m} p(t_{i,k}|C_j) \tag{11-5}$$

类别的先验概率$p(C_j)$和条件概率$p(t_{j,k}|C_j)$在文本训练集中用式（11-6）估算：

$$p(C_j) = \frac{n_j}{N}, \quad p(t_{i,k}|C_j) = \frac{n_{j,k}+1}{n_j+r} \tag{11-6}$$

其中，n_j表示样本集中属于类C_j的训练文本数目，N表示样本集中总的训练样本数。$n_{j,k}$

表示类别 C 中出现特征词 t_k 的文本数目。r 表示固定参数,作为输入参数。

将文本 d_i 分配到类别 C_j 中,有

$$j = \mathrm{argmax}\{p(C_j \mid d_i)\}$$

朴素贝叶斯分类算法的优点是逻辑简单、易于实现,文本分类过程时空开销小,算法稳定。但基于文本中各个特征词之间相互独立,其中一个词的出现不受另一个词的影响。这显然不符合实际情况。

2. KNN 分类算法

KNN 分类算法是一种基于实例的文本分类方法,将文本转化为向量空间模型。其基本思想是:对于待分类的文本,计算出训练文本集中与它距离最近的 k 个文本,依据这 k 个文本所属的类别来判断它所属的类别。

可以用夹角余弦、向量内积或欧几里得距离计算出 k 个最相似的文本。基本的决策规则是统计这 k 个文本中属于每一个类别的文本数,最多文本数的类别即为待分类文本的类别。

在考虑到样本平衡问题时,目前应用较广的是 SWF 决策规则,它根据 k 个近邻与待分类文本的相似度之和来加权计算每个近邻文本对分类的贡献,这样可以减少分布不均匀对分类的影响。SWF 决策规则的描述如下:

$$\mathrm{SCORE}(d,C_j) = \sum \mathrm{sim}(d,d_i) \times y(d_i,C_j) - b_i \tag{11-7}$$

其中,$\mathrm{SCORE}(d,C_j)$ 表示文本 d 属于类 C_j 的分值,$\mathrm{sim}(d,d_i)$ 表示文本 d 与 d_i 之间的相似度。当 d_i 属于类别 C_j 时,$y(d_i,C_j)=1$,否则 $y(d_i,C_j)=0$,b_i 是一个阈值,通过训练得到。

KNN 分类算法的不足之处是判断一个新文本的类别时,需要把它与现存所有训练文本都比较一遍。另外,当样本不平衡时,即如果一个类别的样本容量很大而其他类别很小时,可能导致输入一个新样本时,该样本的 k 个近邻中大容量样本占多数。

11.1.3 文本分类与聚类

文本分类是将文档归入到已经存在的类中,文本聚类的目标和文本分类是一样的,只是实现的方法不同。文本聚类是根据文本数据的不同特征,按照事物间的相似性,将其划分为不同数据类的过程。其目的是使同一类别的文本间相似度尽可能大,而不同类别的文本间相似度尽可能小。目前文本聚类大部分采用数据挖掘的各类聚类算法,只是将聚类对象变为文本的特征向量。

文本聚类方法根据分类的方法可以划分为以下比较有代表性的几种。

1. 基于划分

基于划分的聚类算法是文本聚类应用中最为普遍的算法。它将文本集分成若干个子集,根据设定的划分数目 k 选出 k 个初始簇,得到一个初始划分,然后采用迭代方式,反复在 k 个簇之间重新计算每个簇的聚类中心,并重新分配每个簇中的对象,以改进划分的质量。

典型的划分聚类方法有 k-均值算法和 k-中心点算法,两者的区别在于簇代表点的计算方法不同。前者使用所有点的均值来代表簇,后者则采用簇中某个文本来代表簇。簇的代表点用特征向量表示,可以采用夹角余弦、向量内积或欧几里得距离等计算相似度。

基于划分方法的优点是执行速度快,但该方法必须事先确定 k 的取值。算法容易局部

收敛,且不同的初始簇选取对聚类结果影响较大。为此,应用最广泛的 k 均值算法有很多变种,在初始 k 个聚类中心的选择、相似度的计算和计算聚类中心等策略上有所不同,最终实现改进聚类结果的目标。

2. 基于层次

基于层次的聚类算法是通过分解给定的文本集来创建一个层次。这种聚类算法有两种基本的技术途径:一是先把每个文本看作一个簇,然后逐步对簇进行合并,直到所有文本合为一个簇,或满足一定条件为止;二是把文本集中的所有文本看成一个簇,根据一些规则不断选择一个簇进行分解,直到满足一些预定的条件,如簇数目达到了预定值或两个最近簇的距离达到阈值等。前者称为自下而上的凝聚式聚类,后者称为自上而下的分裂式聚类。

在文本聚类中,最常见的是凝聚式的层次聚类算法。使用该算法可以得到较好的聚类结果,而且该算法无须用户输入参数;但是层次聚类算法的时间复杂度比较高,对于大规模的文本集不适用。此外,在层次聚类算法中,一旦两个簇在凝聚和分裂后,这个过程将不能被撤销,簇之间也不能交换对象。如果某一步没有很好地选择要凝聚或者分裂的簇,则会导致低质量的聚类结果。

3. 基于密度

基于密度的聚类算法在当前的文献中较少被用于文本聚类中。这是由于文本间的相似度不稳定,对于同属一簇的文本,有些文本间的相似度较高,所以密度高;有些相似度较低,所以密度低。如果根据全局的密度参数进行判断,显然是不适合的。并且密度单元的计算复杂度大,需要建立空间索引来降低计算量,并且数据维数的伸缩性较差。

11.1.4 文本检索

信息检索泛指用户从包含各种信息的文档集中查找所需要的信息或知识的过程。人们借助某种检索工具,运用某种特定的检索策略从待检索的信息源中查找出自己需要的信息。在日常生活中,文本信息占据很大的比例,它主要以文字(辅以图片)形式呈现在人们面前。信息检索是一种不确定性检索,用户在检索信息时,并不知道信息源中是否有符合要求的内容,有时候检索出来的信息并不是需要的信息。信息的检索过程就是信息源中的信息和用户需求之间相互匹配的过程。

1. 信息检索的度量方式

最常用的衡量信息检索性能的尺度是信息检索的查准率和查全率。查准率是检索到的文档中的相关文档占全部检索到的文档的百分比,它所衡量的是检索系统的准确性。查全率是被检索出的文档中的相关文档占全部文档的百分比,它所衡量的是检索系统的全面性。

2. 基于模型的检索

在信息检索中,信息获取方式的优劣主要取决于信息模型的建立方法。信息模型建立方法主要分为 3 类:布尔模型、向量模型和概率模型。在布尔模型中,文档和查询式都表示为特征项的集合,可以通过运用集合运算来检索;在向量空间模型中,文档和查询式表示为高维空间中的向量,可以通过对向量的代数运算进行检索;在概率模型中,文档和查询式是通过概率理论形式化为概率分布,检索模型建立在概率运算的基础之上。

检索模型包含如下 3 个要素。

(1) 文本集。早期文本信息检索基本局限于目录或者摘要等二次文献,它们的建立一般都采用传统的人工赋词标引方法。随着各类信息的大量出现以及相关技术的发展,人们对全文检索系统的需求越来越大,对检索的要求也越来越高。全文检索不同于早期的检索系统,它是将整个文本信息作为检索对象,建立文本集,利用计算机抽取标识符,建立索引,再用全文检索技术实现检索。

(2) 用户提问。用户提交问题给检索系统,系统将其作为处理目标,搜寻文本集,并判断其中哪一个对象与用户的问题相匹配。

(3) 文本与用户提问相匹配。给定文本集与用户提问的描述,通常要判断该文本集与用户提问间的匹配程度。匹配处理的技术基础是自然语言处理技术以及能对文本集和用户提问做出严格的表示。

11.1.5 文本相似度分析

在自然语言处理任务中,我们经常需要判断两篇文档是否相似,计算两篇文档的相似程度。比如,在问答系统会准备一些经典问题和对应的答案,当用户的问题和经典问题很相似时,系统直接返回准备好的答案。文本相似度是一种非常有用的工具,有助于解决很多问题。本节介绍两种文本相似度的计算方法。

1. 基于余弦距离的文本相似度计算

假设 X 和 Y 是两个 n 维向量,$X=(x_1,x_2,\cdots,x_n)$,$Y=(y_1,y_2,\cdots,y_n)$,则 X 与 Y 的夹角的余弦计算公式如下:

$$\cos(\theta)=\frac{x_1y_1+x_2y_2+\cdots}{\sqrt{x_1^2+x_2^2+\cdots}\sqrt{y_1^2+y_2^2+\cdots}} \tag{11-8}$$

余弦值越接近 1,表明夹角越接近 0,即两个向量越相似。

2. 基于杰卡德相似度的文本相似度计算

集合 A 和 B 交集元素的个数在 A、B 并集中所占的比例,称作这两个集合的杰卡德系数,计算公式如下:

$$J(A,B)=\frac{|A\cap B|}{|A\cup B|} \tag{11-9}$$

11.2 Web 数据挖掘

11.2.1 Web 数据挖掘的分类

Web 数据挖掘是从海量的 Web 数据中自动高效地提取有用知识的一种新兴的数据处理技术。在数据挖掘的最初阶段,人们把注意力集中在对存放在数据库中的数据进行挖掘。从数据库中获取知识(Knowledge Discovery in Database,KDD)的概念就是在这种背景下提出来的。近年来,Internet 的飞速发展与广泛使用,使得 Web 上的信息量以惊人的速度增长,为了从这些海量的 Web 数据中获取对自己有用的信息,Web 挖掘技术应运而生,它是一种能自动地从 Web 资源中发现、获取信息,不至于在数据的海洋中迷失方向的技术。

Web 数据挖掘是用数据挖掘技术在 Web 文档和服务器中自动发现和提取感兴趣的内容、有用的模式和隐含的信息。按照挖掘对象的不同,可以将 Web 挖掘分为 3 类:Web 内容挖掘(Web content mining)、Web 结构挖掘和 Web 使用挖掘,如图 11-3 所示。

图 11-3　Web 挖掘分类

11.2.2　Web 数据挖掘的应用

Web 挖掘的应用领域十分广泛,以下为常见的应用领域。

(1) Web 挖掘在搜索引擎中的应用有网页文本自动分类、权威网页的发现、用户兴趣偏好挖掘等。

(2) Web 挖掘在电子商务中的主要应用有用户的分类与聚类、网站内容的重组、网络流量分配情况、用户访问随时间变化情况分析、用户来源分析等。

(3) Web 挖掘在知识服务中的主要应用有知识建构、网站广告点击率、访问站点用户的浏览器和平台分析、用户的个性和兴趣挖掘、预测用户可能访问的网页、用户行为趋势分析和用户分类等。

Web 挖掘的实质就是从 Web 页面及其链接和用户对页面的访问中挖掘出用户感兴趣的知识。通过 Web 数据挖掘,可以从数以亿计存储了大量多种多样信息的 Web 页面及其链接和用户对页面的访问中挖掘出有用的知识。

数据挖掘使得商家能更好地了解客户,同时也使价格更低廉,客户选择更多。例如,在包含大量客户意见的信息中,通过数据挖掘来提出一个模型,该模型具备一种通用的区分客户抱怨还是赞扬的能力。客户的抱怨可以帮助公司制定改进策略以使将来不满意的客户越来越少。

Web 挖掘的数据来源是网站数据,这些数据包括网页文本信息、网页链接信息、网站的访问记录以及其他可收集的信息。但是,不同的挖掘目的、不同的挖掘算法总是依靠一种或几种数据源,例如,Web 日志(服务器日志、错误日志、Cookie 日志等)、在线市场数据、Web 页面、Web 页面超链接以及用户注册信息等数据源。

Web 结构挖掘最著名的算法 PageRank 能够发现网页价值,用于搜索引擎的结果排序。

PageRank 算法是由 Google 的创始人之一 Larry Page 于 1998 年提出的,并直接应用在 Google 搜索引擎的检索结果排序上面,如图 11-4 所示,将网页数据通过 PageRank 算法进行一个排序操作,达到网页排序的目的。

图 11-4　PageRank 算法图

PageRank 算法有两个原理。一是投票表决的思想,标记每一个网页的 PageRank 值 (0~10),PageRank 值越大,网页越重要;当一个网页被越多的网页所链接时,其排名会越靠前;排名越靠前的网页具有越大的表决权。二是 PageRank 值的计算方法,一个网页的 PageRank 值(PR)等于所有链接到该网页的加权 PR 之和

$$PR_i = \sum_{(j,i) \in E} \frac{PR_i}{O_j} \tag{11-10}$$

其中 PR_i 表示第 i 个网页的 PageRank 值,网页之间的链接关系可以表示成一个有向图 $G=(V,E)$,边 (j,i) 表示网页 j 链接到了网页 i,O_j 表示网页的出度,也可以看作网页的外链接数。

【例 11-1】 PageRank 算法实例。如图 11-5 所示,这个有向图表示 $n_1 \sim n_5$ 这 5 个网页之间的关系,将其转化为如图 11-6 所示的矩阵表示。

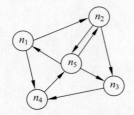

图 11-5 网页关系有向图

$$\begin{matrix} & n_1 & n_2 & n_3 & n_4 & n_5 \\ & \begin{bmatrix} 0 & 0 & 0 & 0 & 1/3 \\ 1/2 & 0 & 0 & 0 & 1/3 \\ 0 & 1/2 & 0 & 0 & 1/3 \\ 1/2 & 0 & 1 & 0 & 0 \\ 0 & 1/2 & 0 & 1 & 0 \end{bmatrix} \end{matrix}$$

图 11-6 转移矩阵图

矩阵中第一列表示用户从网页 n_1 跳转到其他页面的概率,即用户分别有 1/2 的概率跳转到页面 n_2 和 n_4。同样,第二列表示用户从网页 n_2 跳转到其他页面的概率。

如何判断迭代在什么时候结束呢?迭代结束有两个条件:一是结果收敛(不再变化),二是设定迭代次数的最大值。如图 11-7 所示,此例只迭代了两次,将每次迭代的值记录下来,如表 11-1 所示,可以根据所得到的 PageRank 值对网页进行排序,得到想要的结果。

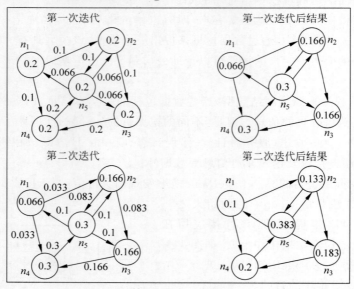

图 11-7 迭代过程图

表 11-1　迭代数据变化表

PageRank 值	$P(n_1)$	$P(n_2)$	$P(n_3)$	$P(n_4)$	$P(n_5)$
初始值	0.2	0.2	0.2	0.2	0.2
第一次迭代	0.066	0.166	0.166	0.3	0.3
第二次迭代	0.1	0.133	0.183	0.2	0.383

11.3　实验：SimHash 算法文本去重

SimHash 是 Google 用来处理海量网页去重的算法。SimHash 是由 Charikar 在 2002 年提出来的，它属于局部敏感哈希（Locality Sensitive Hashing，LSH）算法。局部敏感哈希的基本思想类似于一种空间域转换思想。LSH 算法基于一个假设，如果两个文本在原有的数据空间是相似的，那么分别经过哈希函数转换以后的它们也具有很高的相似度；相反，如果它们本身是不相似的，那么经过转换后它们应仍不具有相似性。SimHash 算法思想是将一个文档转换成一个 64 位的二进制哈希码，然后通过计算哈希码的汉明距离 D，当汉明距离 D 小于 n 时，就认为两个文档是相似的。

1. 创建 Java 项目

（1）进入软件 Eclipse 后，单击 Create a new Java project，创建一个新的 Java 项目命名为 Simhash。

（2）在桌面打开终端，输入以下命令下载并解压 SimHash 项目：

```
wget http://file.ictedu.com/fileserver/big_data_warehousemining/data/simhash.zip unzip simhash.zip
```

基于本实验提供的 SimHash 文件进行后续操作，该文件包含核心代码 core 文件、相关 jar 包文件、Java 测试类 test 文件以及文本去重的测试数据 test.txt。core 文件包括产生哈希（Hash）码的 Java 工具类 Murmur3.java 和文本产生 64 位 SimHash 码的 Java 类 Simhash.java，如图 11-8 所示。jar 包文件包括文件读取依赖的 jar 包（commons-io-2.6.jar）和 jieba 分词工具 jar 包（jieba-analysis-1.0.2.jar）如图 11-9 所示。Java 测试类 test 文件包括文本去重复 Java 测试类 DuplicateTest.java 和文本产生 64 位 SimHash 码的 Java 测试类 SimhashTest.java，如图 11-10 所示。

图 11-8　core 文件

（3）将 SimHash 的全部文件拖到 Java 项目的 src 文件夹下。并添加 jar 包。右击 commons-io-2.6.jar 文件，选择 Build Path→Add to Build Path 命令；同样地，右击 jieba-analysis-1.0.2.jar 文件，选择 Build Path→Add to Build Path 命令。

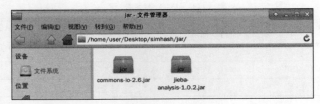

图 11-9　jar 包文件

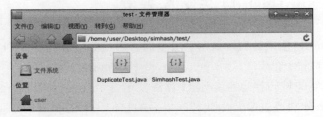

图 11-10　Java 测试类 test 文件

2. 测试文本生成二进制哈希码

simhash.test 目录下的 SimhashTest.java 文件用于生成文本的二进制哈希码，代码如下：

SimhashTest
文件

```
package simhash.simhash.test;
import simhash.simhash.core.*;
import java.io.IOException;
import java.math.BigInteger;

public class SimhashTest {
public static void main(String[] args) throws IOException {
    String content = "新疆软件学院";
    System.out.println("content：" + content);
    Simhash simhash = new Simhash(4,3);
    String simhashValue = simhash.getSimhashCode(content);
    System.out.println("simhashvalue：" + simhashvalue);
}
}
```

运行该文件，其中 main 函数将文本"新疆软件学院"转换成了 64 位哈希码。

0010110010000110010000000100111101001000001010000000100010001001

3. 测试 Simhash 文本去重

simhash.test 目录下的 DuplicateTest.java 用于对测试数据文件 test.txt 进行文本重复度测试。测试数据文件 test.txt 文本如下：

> 新疆大学是教育部"区部共建"高校。
> 新疆大学软件学院成立于 2003 年。
> 新疆大学软件学院成立于 2003 年。
> 10 月 1 日是国庆节。

在 DuplicateTest.java 的 main 函数中设定文本转换成 64 位 SimHash 码的参数：4 表示按照 4 段存储 SimHash 码，3 表示汉明距离的阈值，分 4 段存储的 SimHash 码中只要有一段满足汉明距离少于 3，文本就是重复的。

DuplicateTest文件

```
import simhash.simhash.test;
import java.io.File;
import java.io.IOException;
import java.util.List;
import org.apache.commons.io.FileUtils;
import simhash.simhash.core.*;

public class DuplicateTest {
public static void main(String[] args) throws IOException {
    String path = System.getProperty("user.dir") + "/src/simhash/test.txt";
    List<string> ls = Fileutils.readLines(new.File(path));
    Simhash simhash = new Simhash(4,3);
    for (String content : ls){
        System.out.println("content:" + content);
        System.out.println("simhashValue:" + simhash.getSimhashCode(content));
        System.out.println("isDuplicate:"simhash.isDuplicate(content));
        Long simhashVal = simhash.calSimhash(content);
        simhash.store(simhashval, content);
}
```

运行结果如图 11-11 所示。

```
main dict load finished, time elapsed 1175 ms
model load finished, time elapsed 53 ms.
content:新疆大学是教育部"区部共建"高校。
simhashValue:01111010010101000001110101100000000000100111110101101011100111110
isDuplicate:false
content:新疆大学软件学院成立于2003年。
simhashValue:1110100000000011000011101001010010101101100101001111111010100000
isDuplicate:false
content:新疆大学软件学院成立于2003年。
simhashValue:1110100000000011000011101001010010101101100101001111111010100000
isDuplicate:true
content:10月1日是国庆节。
simhashValue:000010100110000000100000011011010100011100000000000000100110101101
isDuplicate:false
content:明天是星期二。
simhashValue:00111111100000011001111011101110011010110110010111000110101111100
isDuplicate:false
content:明天是星期二。
simhashValue:00111111100000011001111011101110011010110110010111000110101111100
isDuplicate:true
```

图 11-11 运行结果

上述的两个文本 Content1 和 Content2 中产生了 64 位二进制哈希码，simhashValue1 与 simhashValue2 满足汉明距离大于 3，isDuplicate1 的值为 false，即文本不是重复的；输入 Content3 时，Content2 和 Content3 文本是重复的，即有 isDuplicate1 的值为 true，以此类推。

小结

现代数据库中存储了大量文本或者文档形式的信息，文本数据挖掘变得越来越重要。Internet 中不仅包含了大量的文档，还包括丰富的动态超链接信息、存取和使用信息，因为其中巨大的信息资源也为数据挖掘提供了广阔的应用空间和基础。本章介绍了文本挖掘的概念、文本分类和文本聚类的方法,介绍了 Web 结构挖掘的常用算法。

习题

1. 选择题

(1) 结构化数据具备以下哪些特征?(　　)

  A. 有固定结构

  B. 行数据、存储在关系数据库中

  C. 数据量小

  D. 可以用二位表结构来逻辑表达的数据

(2) 根据挖掘对象的不同可以将 Web 挖掘分为哪几大类?(　　)

  A. Web 日志挖掘(Web Log Mining)

  B. Web 结构挖掘(Web Structure Mining)

  C. Web 使用挖掘(Web Usage Mining)

  D. Web 内容挖掘(Web Content Mining)

(3) 以下关于 PageRank 算法原理的说法错误的是(　　)。

  A. 标记网页的 PageRank 值为 0~10,数值越小,网页越重要

  B. 当一个网页被越多网页所链接时,其排名会越靠前

  C. 排名高的网页应具有更大的表决权

  D. 一个网页的 PageRank 值(PR 值)等于所有链接到该网页的加权 PR 值之和

(4) 以下哪个选项不属于多媒体数据挖掘的范畴?(　　)

  A. 图像数据挖掘　　　　　　　　　　B. 视频数据挖掘

  C. 文本数据挖掘　　　　　　　　　　D. 音频数据挖掘

2. 判断题

(1) 文本挖掘的基本处理流程是对文档集合的内容进行预处理、文本分类、文本聚类、文本摘要、文本检索、相关性分析等。(　　)

(2) 如果某个词条在一篇文章中出现的频率高,则可认为此词或者短语具有很好的类别区分能力,适合用来分类或聚类。(　　)

(3) 词频-逆文档频率体现的是词语对当前文档的重要性。(　　)

(4) 文本聚类是一种典型的无监督机器学习问题,它与文本分类的不同之处在于,聚类没有预先定义好的主题类别。(　　)

(5) Web 结构挖掘是指从 Web 内的组织结构中获得知识和规律的过程,包括文档链接结构、路径结构和树形网页布局结构等。(　　)

第12章

知识图谱

本章的主要学习内容包括：了解什么是知识图谱，大致明白知识图谱的构建过程，了解知识图谱的主要技术，熟悉知识图谱的应用有哪些，了解知识图谱目前的发展瓶颈以及知识图谱的挖掘与典型应用。

12.1 知识图谱的构建

2012 年 5 月，Google 正式提出"知识图谱"这个概念。此后，中国的百度、搜狗等搜索引擎公司纷纷发布各自的"知识图谱"的产品，越来越多的知识图谱应运而生，宣告着搜索引擎的新时代到来。本节介绍知识图谱的构建过程，包括知识图谱概述、知识图谱数据来源、知识图谱的知识融合和知识图谱的表示。

12.1.1 知识图谱的概述

1. 知识图谱的定义

知识图谱是 Google 公司用来支持从语义角度组织网络数据，能够提供智能搜索服务的知识库。从这个定义可以看出，知识图谱首先是知识库的一种，是知识的一种描述、组织和存储方式。它所关注的重点是语义范畴的知识，是人类语言中所涉及的概念、实体、属性、概念之间及实体之间的关系。

脱离 Google 公司的限制，知识图谱泛指当前基于通用语义知识的形式化描述而组织的人类知识系统。这个系统在本质上是一个有向、有环的复杂的图结构，其中，图的节点表示语义符号；节点之间的边表示符号之间的关系，如图 12-1 所示。这样的图结构通过语义符号和符号之间的链接描述人类认知下的物理世界中的对象及它们之间的关系。这样的知识表达与描述方式可以作为人类以及人类和机器之间对世界认知理解的桥梁，便于知识的分享与利用。

2. 知识图谱的作用

简单地说，知识图谱具有如下作用：

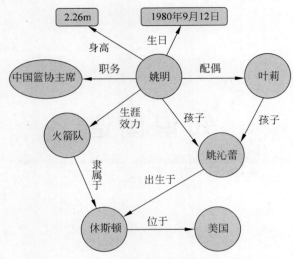

图 12-1　知识图谱的示例

（1）找到正确的内容。搜索引擎经常会面临一词多义的情况，例如，金庸小说《笑傲江湖》被改变成了各种版本的电视剧、电影，甚至是游戏，当用户搜索"笑傲江湖"时，是想要找小说，还是电影呢？"李娜"是一个网球运动员的名字，也是一个歌手的名字；"文章"可能是个人名，也可能是 article；"小米"是某个公司的名称、手机品牌，也是一种农作物；"火箭"是一种承担太空运载的交通工具，也是一个篮球队的名称，等等。

（2）展示更恰当的摘要。当用户搜索某个事物时，例如，搜索居里夫人，与她相关的诸如简介、出生年代、籍贯、她的丈夫、孩子、主要学术成就等可能都是用户感兴趣的内容。

（3）更深更广的搜索。如果说（1）和（2）是用来满足用户的需求，那么，接下来就是如何激发用户的求知和探索欲望了。通过知识图谱，你可能会了解到之前不知道的东西，以及这些不同东西之间的关联关系。

近几年，知识图谱概念已经被广泛接受，并不断发展出很多具有数十亿条以上事实的大规模知识库。知识图谱已被广泛应用于智能搜索、智能问答、个性化推荐、社交网络等领域。利用知识图谱进行智能检索时，系统不再局限于简单的用户关键词匹配，而是能根据用户查询的情境与意图进行推理，实现概念检索。同时，检索结果还具有层次化、结构化等重要特征。例如，用户输入"姚明"进行检索，系统会给出姚明的职业生涯介绍、姚明的家庭关系、姚明的图像、图片、视频等内容。

从本质上讲，知识图谱是一种揭示实体之间关系的语义网络，可以对现实世界的事物及其相互关系进行形式化的描述。同时，通过知识图谱能够将互联网上的信息、数据以及链接关系聚集为知识，使信息资源更易于计算、理解以及评价，并且形成一套 Web 语义知识库。简单来说，知识图谱是用于增强其搜索引擎功能的知识库。

要想更精准地满足用户需求，搜索引擎就不能只是存储网页文档，而是要通过各种方式，能够识别出网页中出现的实体以及实体属性，并将它们纳入到知识图谱中。当用户发起搜索时，能够根据知识图谱已知的知识点，准确理解用户意图，并给出最精准的回答。

知识图谱构建过程包括获取数据来源、知识融合、知识图谱表示。知识图谱的体系架构如图 12-2 所示。

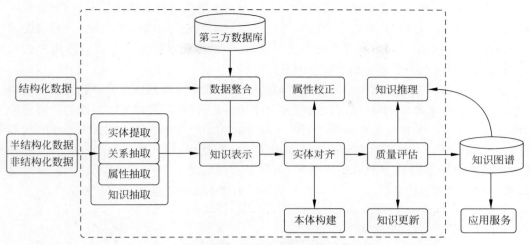

图 12-2　知识图谱的体系架构

12.1.2　知识图谱的数据来源

为了提高搜索质量,知识图谱提供例如对话搜索或复杂的问答搜索等新的搜索体验,这不仅需要包含大量高质量的常识性知识,还要能及时发现并添加新的知识。一方面,知识图谱通过收集来自百科类站点和各种垂直站点的结构化数据覆盖大部分常识性知识。另一方面,知识图谱通过从各种半结构化数据中抽取相关实体的属性来丰富实体的描述。通过搜索日志发现新的实体或新的实体属性,从而不断扩展知识图谱的覆盖率。前者收集来的数据质量高但更新速度慢,后者质量较差但更新速度快。后者通过互联网的冗余性在后续的挖掘中通过投票或其他聚合算法来评估其置信度,并通过人工审核加入知识图谱中。

总的来说,知识图谱的数据来源主要有以下几类:

（1）大规模的知识库,如像百度百科、维基百科为代表的大规模数据库,这些由网民一起协同编辑的数据库中包含了很多结构化的数据,这些数据可以高效地转化到知识图谱中。

（2）互联网连接数据,将互联文档组成的万维网扩展成由互联数据组成的知识空间。开放互联网项目(Linked Open Data,LOD)以结构化描述知识的框架(ROF)的形式在 Web 上发布各种开放数据集。

（3）互联网网页文本数据。人们直接从海量的互联网网页中直接抽取知识,也就是从无结构的互联网网页中抽取结构化的信息。

具体来说,知识图谱的数据来源又可以分为以下若干类:

第一类来源,百科类网站的页面结构是按照它们自有的百科数据 Schema 生成的,因此针对每一个百科网站,都可以用一个页面模板来提取其中的数据,提取就是生成的逆过程,对于有经验的 Web 工程师来说,制作这种提取模板毫无困难。

第二类来源,所谓半结构化数据,是指在结构中包含了语义关系的数据,这一点和第一类是相同的,但是和第一类来源的不同在于,第一类的结构明确而数量有限,因为明确,所以容易提取,因为有限,所以可以人工处理。第二类结构广泛存在于 Web 上的众多网页之中,无法穷尽所有这些结构的模板,因此需要一种具有一定智能的抽取算法将其提取出来。

第三类来源，搜索日志应该是指用户对知识图谱本身的各种查询的记录，通过分析用户的检索词和点击浏览行为，可以推测出用户认可的或者偏好的相关知识对象，并且借助用户的行为找出这些对象之间可能存在的隐含关联，这个来源要求积累一定数量的用户访问日志，因此在知识图谱的发展初期作用不明显。

第四类来源其实包括两类——数据挖掘和信息抽取。这里的信息抽取和之前的百科以及半结构化抽取又有所不同，这次是面对完全非结构化的数据，需要高度智能的语言分析和抽取算法来完成。数据挖掘则是从已有的结构化数据中产生新的结构化数据的过程，其中有两种实现方法：一种基于专家给出的知识生成挖掘规则，另一种是使用机器学习的方法从人工筛选的样本数据中学习挖掘规则，两种方法都需要人工介入，只不过第一种需要专家，第二种普通人也能胜任。图 12-3 展示了知识图谱不同的数据来源信息抽取情况。

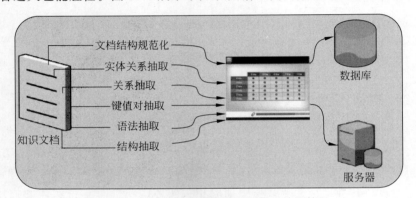

图 12-3　知识图谱不同数据来源信息抽取情况

12.1.3　知识图谱的知识融合

由于知识图谱中的知识来源广泛，很容易存在知识质量良莠不齐、不同来源的知识重复、知识间关联不够明确等问题。知识融合就是高层次的知识组织，使来自不同知识源的知识在同一框架规范下进行异构数据整合、消歧、加工、推理验证、更新等步骤，达到数据、信息、方法、经验以及思想的融合，形成高质量的知识图谱，简单来讲就是两个知识图谱的合并。知识融合主要包括如图 12-4 所示的实体融合、关系融合、实例融合等内容。

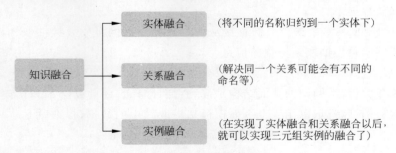

图 12-4　知识融合的内容

1. 知识融合

实体融合（entity alignment）也称为实体匹配（entity matching）或实体解析（entity

resolution),主要用于消除异构数据中的实体冲突、指向不明等不一致性问题。实体融合可以帮助系统从顶层创建一个大规模的统一知识库,从而帮助机器理解多源异质数据,形成高质量的知识图谱。

如图 12-5 所示,实体融合的主要流程一般包括:
(1) 知识项的术语及谓词提取,将待对齐数据进行分区索引,以降低计算复杂度;
(2) 利用相似度函数或相似性算法进行冲突检测,以便查找匹配实例;
(3) 使用实体融合算法进行冲突消解和实例融合;
(4) 将步骤(2)与步骤(3)的结果结合起来,得到融合知识项,形成最终的对齐结果。

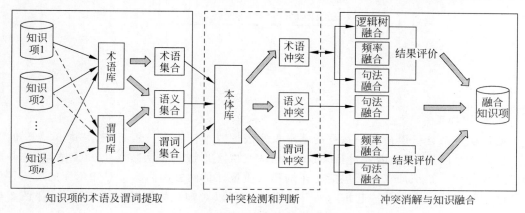

图 12-5 实体融合的过程

实体融合一般需要计算两个实体各自属性的相似性,然后基于属性相似度建立概率模型或者分类模型来判断实体是否匹配。例如,可以使用决策树、支持向量机等有监督学习方法,通过属性比较向量来判断实体对是否匹配。也可以使用聚类方法将相似的实体尽量聚集到一起,再进行实体融合。还可以为实体本身属性以及与它有关联的实体属性分别设置不同的权重,然后加权求和计算总体的相似度,或者使用向量空间模型以及余弦相似性来判别大规模知识库中的实体相似程度。还可以根据实体相似性可能沿着实体关联关系而传播的思想,综合考虑实体对的属性与关系,不断迭代发现所有的匹配实体对。

例如,在进行实体融合时,首先进行属性和值的规范化。

将"出生年月,出生时间,生日……"规范为出生日期;将"中文名,中文名称,称……"规范为中文名;将"所属地区,所在地区,所属区域,所属地,区域属……"规范为所属地区;"将 1905 年(乙巳年)9 月 14 日"规范为 1905-09-14;将"1905.9.14"规范为 1905-09-14;将"1987 年"规范为 1987-00-00。

在进行属性融合时,要依据其目标,对不同的表现形式,合并其中的相同属性,例如"出生日期"和"出生年月"有相同属性。

计算属性相似性的一般方法为
$$\text{sim}(a1, a2) = \text{len}(\text{cls}(a1, a2)) / \max(\text{len}(a1), \text{len}(a2))$$
其中,len() 函数为计算属性的长度,即包含字的个数。如属性"中文名称"的长度为 4。cls($a1, a2$) 为属性 $a1$、$a2$ 的最长公共字符串。"中文名称"和"中文名"的最长公共字符串为"中文名"两者的相似度大于某一个值时,则可以认为这两个属性为相同属性。

关系融合主要为了解决同样的关系可能有不同的命名。

如图 12-6 展示了将两个三元组实例进行融合的过程。

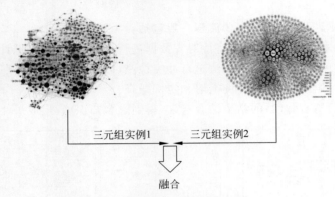

图 12-6　三元组实例融合过程

2. 知识加工

通过实体融合可以得到一系列的基本事实表达或本体雏形。然而,事实并不等于知识。要形成高质量的知识,还需要进行知识加工,从层次上形成一个大规模的知识体系,统一对知识进行管理。知识加工主要包括本体构建与质量评估两方面内容。对知识库的质量评估任务通常与实体融合任务一起进行。其意义在于可以对知识的置信度进行量化,保留置信度较高的,舍弃置信度较低的,从而有效确保知识质量。

本体在知识图谱中的作用相当于知识的模具。通过本体库而形成的知识不仅层次结构较清晰,并且冗余程度较小。本体可通过人工方式构建,也可通过数据驱动自动构建,然后再经质量评估与人工审核相结合的方式加以修正与确认。

面对海量的实体数据,人工构建本体库的工作量巨大,故当前的主流本体库产品都是面向特定领域,采用自动构建技术而逐步扩展形成。例如,微软公司的 PolyBase 本体库就是采用数据驱动方法,利用机器学习算法从网页文本中抽取概念间的 IS-A 关系,然后合并形成概念层次结构。

数据驱动的本体自动构建过程可分为 3 个阶段:

(1) 纵向概念间的并列关系计算。计算任意两个实体间并列关系的相似度,辨析它们在语义层面是否属于同一个概念。计算方法主要包括模式匹配与分布相似度两种。

(2) 实体上下位关系抽取。上下位关系抽取方法包括基于语法的抽取与基于语义的抽取两种方式。例如,信息抽取系统 KnowItAll、TextRunner 等可以在语法层面抽取实体的上下位关系,而 PloyBase 则是采用基于语义的抽取模式。

(3) 本体生成。对各层次得到的概念进行聚类,并为每一类的实体指定一个或多个公共上位词。

3. 知识更新

知识会随着人类认知的发展而不断地演化、更新、增加。因此,知识图谱内容也需要与时俱进,需要不断地迭代更新,扩展新知识。根据知识图谱的逻辑结构,其更新主要包括模式层的更新与数据层的更新。模式层的更新是指本体中元素的更新(包括概念的增加、修改、删除等)、概念属性的更新以及概念之间上下位关系的更新等。其中,概念属性的更新操作将直接影响所有直接或间接属性的子概念和实体。通常来说,模式层的增量更新方式消耗资源较少,但是多数情况下是在人工干预的情况下完成的,如需要人工定义规则、人工处理冲突等。数据层的更新是指实体元素的更新,包括实体的增加、修改、删除,以及实体的基本信息和属性值更新。数据层的更新影响相对较小,通常以自动方式完成。

12.1.4 知识图谱的表示

在知识图谱中,知识的结构化表示主要有符号表示和向量表示两类方法。早期,常使用一阶谓词逻辑(first order logic)、语义网络(semantic network)、描述逻辑(description logic)和框架系统(frame system)等基于符号逻辑的知识表示方法。而目前主要使用基于图数据结构的三元组形式(头实体,关系,尾实体)来符号化地表示知识。

三元组表示,即 $G = (E, R, S)$,其中,G 是知识图谱,E 是知识库中的实体集合,R 是知识库中的关系集合,$S \subseteq E \times R \times E$ 表示知识库中的三元组集合。三元组的基本形式主要包括(实体1,关系,实体2)和(概念,属性,属性值)等。实体是知识图谱中的基本元素,不同实体间存在不同的关系。概念主要指集合、类别、对象类型、事物的种类等。属性指对象可能具有的属性、特征、特性、特点以及参数等,如一个人的生日、姓名、血型等。属性值是指对象指定属性的值。

例如,张三的生日为 2000 年 12 月 23 日,血型为 AB 型。每个实体用一个全局唯一的 ID 来标识。属性-属性值对(Attribute-Value Pair)可用来刻画实体的内在特性,而关系可用来连接两个实体,刻画它们之间的关联。

虽然基于三元组的知识表示形式受到广泛认可,但是其在计算效率、数据稀疏性等方面面临着诸多问题。近年来,以深度学习为代表的表示学习技术取得了重要进展,可以将实体语义信息表示为稠密低维实值向量,进而在低维实数空间中高效计算实体、关系及其之间的复杂语义关联。知识的分布式表示就是用一个综合向量来表示实体对象的语义信息,这是一种模仿人脑工作的表示机制。分布式表示形式在知识图谱的计算、补全、推理等方面都有很重要的作用。例如,把实体表示为低维实值向量(相对于词典的规模而言,向量维度比较低),则可以用嫡权系数法、余弦相似性等很多数值方法计算相似性,从而去度量实体之间的语义关联程度。还可以预测知识图谱中任意两个实体之间的关系,以及实体间已有关系的正确性。这种链接预测对于补全大规模知识图谱的实体关系非常有意义。Google 公司开源的 Word2Vec 就是一款能够对实体(单词)进行分布式表示的工具。

如"知识图谱"字面所表示的含义,人们往往将知识图谱作为复杂网络进行存储。这种基于网络的表示方案,在知识图谱中的相关应用任务往往需要借助图的算法来完成。其特点体现在如下两个方面:

(1) 对外连接较少的实体,一些图算法可能束手无策或效果不佳。

(2) 此外图算法往往计算复杂度高,无法适用于大规模的知识图谱应用需求。

其基本思想是将知识图谱中的实体和关系语义信息用低维向量表示,这种分布式的表示方式能够极大地帮助基于网络的表示方案。一个简单有效的模型是 TransE 模型。

TransE 模型的核心作用就是将知识图谱中的三元组翻译成 embedding 向量。

在 TransE 模型中,有这样一个假设:

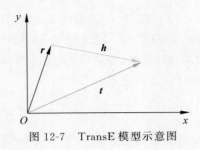

图 12-7 TransE 模型示意图

$$t = r + h$$

其中，h 表示知识图谱中的头实体的向量；t 表示知识图谱中的尾实体的向量；r 表示知识图谱中的关系的向量。

正常情况下的尾实体向量＝头实体向量＋关系向量，可以用图 12-7 表示。

如果一个三元组不满足上述的关系，则可以认为这是一个错误的三元组。

12.2 知识图谱的挖掘

挖掘知识图谱是为了增加图谱的知识覆盖率。基于知识图谱的重要挖掘技术有推理（Reasoning 或 Inference）、实体重要性排序、相关实体挖掘、知识抽取等。

1. 知识图谱上的推理

知识图谱上的规则一般涉及两大类：一类是针对属性的，也就是通过数值计算来获取其属性值；另一类是针对关系的，也就是通过链式规则发现实体间的隐含关系。推理功能就是通过这些可扩展的规则引擎来完成的。

知识推理是人类智能的重要特征，能够从已有的知识发现隐含的知识，推理往往需要相关规则的支持。目前主要依赖关系之间的同现情况，利用关联挖掘技术自动发现推理规则，如图 12-8 所示就是关系之间的同现情况的实例。

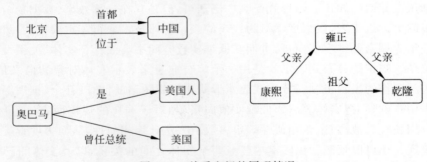

图 12-8 关系之间的同现情况

知识图谱上的推理可能涉及实体、实体的属性、实体间的关系、本体库中概念的层次结构等。知识图谱推理方法主要可分为基于逻辑的推理与基于图的推理两种类别。

基于逻辑的知识图谱推理主要包括一阶谓词逻辑（first order logic）、描述逻辑（description logic）以及规则等。一阶谓词逻辑推理以个体和谓词为基础进行推理。个体对应实体对象，具有客观独立性，可以是具体的一个或泛指一类，如奥巴马、选民等。谓词则描述了个体的性质或个体间的关系。描述逻辑是在命题逻辑与一阶谓词逻辑基础上发展而来的，其目的是在表示能力与推理复杂度之间追求平衡。描述逻辑可将知识图谱中复杂的实体关系推理转化为一致性的检验问题，从而简化推理实现。在本体概念层次上进行推理时，主要是对用网络本体语言（Web Ontology Language，OWL）描述的概念进行推理。

2. 实体重要性排序

实体重要性排序可以理解为用户查询中提到的实体被搜索引擎识别，然后通过知识卡片展现该实体的结构化摘要。当查询涉及多个实体时,搜索引擎将选择与查询更相关并且更重要的实体来展示。实体的重要性是通过 PageRank 算法计算出来的,由于不同的实体和语义关系的流行程度以及抽取的置信度均不同,而这些因素将影响实体重要性的最终计算结果,因此,各大搜索引擎公司嵌入这些因素来刻画实体和语义关系的初始重要性。

3. 相关实体挖掘

在相同查询中共现的实体或在同一个查询会话中被提到的其他实体称为相关实体。一种常用的做法是将这些查询或会话看作是虚拟文档,将其中出现的实体看作是文档中的词条,使用主题模型发现虚拟文档集中的主题分布。一个或多个实体构成一个主题,同一主题中的实体互为相关实体。搜索引擎分析用户输入的查询主题分布,选出相关主题,并将"其他人还搜了"也就是与该主题相关的其他知识卡片所展现的实体展现出来。

4. 知识抽取

知识抽取包括实体抽取和关系抽取。

实体抽取首先要进行实体识别——实体的识别是从文本中发现命名实体和概念。命名实体是命名实体识别的研究主体,一般包括 3 大类(实体类、时间类和数字类)和 7 小类(人名、地名、机构名、时间、日期、货币和百分比)命名实体;由于数量、时间、日期、货币等实体识别通常可以采用模式匹配的方式获得较好的识别效果。相比之下,人名、地名、机构名较复杂,因此近年来的研究主要以这几种实体为主。

实体抽取的基本思路是:首先为每个属性构建一个抽取器(分类器),每个抽取器分别从百科文本中的句子抽取出相应属性的值。在如图 12-9 所示的实例中,通过不同的属性抽取器得到相应的实体。

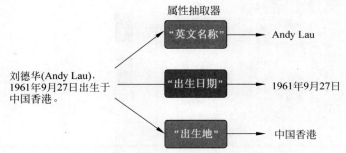

图 12-9 通过不同的属性抽取器得到相应的实体

实体抽取的常见方法如下:

(1) 基于规则与词典的实体抽取方法。早期的实体抽取是在限定文本领域、限定语义单元类型的条件下进行的,主要采用的是基于规则与词典的方法,例如,使用已定义的规则,抽取出文本中的人名、地名、组织机构名、特定时间等实体。然而,基于规则模板的方法不仅需要依靠大量的专家来编写规则或模板,覆盖的领域范围有限,而且很难适应数据变化的新需求。

(2) 基于统计机器学习的实体抽取方法。将机器学习中的监督学习算法用于解决命名实体的抽取问题。例如,利用 KNN 算法与条件随机场模型,实现了对 Twitter 文本数据中实体的识别。单纯的监督学习算法在性能上不仅受到训练集合的限制,并且算法的准确率与召回率都不够理想。相关研究者认识到监督学习算法的局限性后,尝试将监督学习算法与规则相互结合,取得了一定的成果。例如,基于字典,使用最大熵算法在 Medline 论文摘要的 GENIA 数据集上进行了实体抽取实验,实验的准确率与召回率都在 70% 以上。

(3) 面向开放域的实体抽取方法。针对如何从少量实体实例中自动发现具有区分力的模式,进而扩展到海量文本去给实体做分类与聚类的问题,有文献提出了一种通过迭代方式扩展实体语料库的解决方案,其基本思想是通过少量的实体实例建立特征模型,再通过该模型应用于新的数据集得到新的命名实体。另外,还有一种基于无监督学习的开放域聚类算法,其基本思想是基于已知实体的语义特征去搜索日志中可以识别出命名的实体,然后进行聚类。

当然,中文命名实体识别也存在难点。英语中的命名实体具有比较明显的形式标志,即实体中的每个词的第一个字母要大写,所以实体边界识别相对容易,任务的重点是确定实体的类别。和英语相比,中文命名实体识别任务更加复杂,而且相对于实体类别标注子任务,实体边界的识别更加困难。

例如,日新月异的现代汉语发展也为实体识别带来新的困难。其一,标注语料老旧,覆盖不全。譬如,近年来起名字的习惯用字与以往相比有了很大的变化,以及各种复姓识别、国外译名、网络红人、虚拟人物和昵称的涌现。其二,命名实体歧义严重,消歧困难。

如图 12-10 所示,实体的消歧过程要依赖实体名字建模,通过实体知名度和所接收用户信息的上下文来返回尽可能正确的信息。

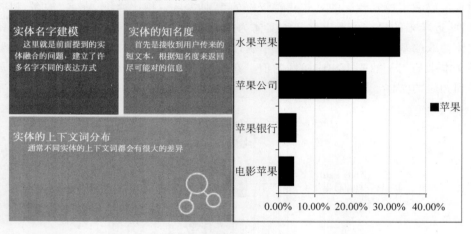

苹果公司

苹果银行

图 12-10 实体的消歧

常见的关系抽取方法如下：

（1）有监督的学习方法。根据训练数据设计有效的特征，从而学习各种分类模型，然后使用训练好的分类器预测关系。

（2）半监督的学习方法。对于要抽取的关系，该方法首先人工设定若干种子实例，然后迭代地从数据中抽取对应的关系模板和更多的实例。

（3）无监督的学习方法。假设拥有相同语义关系的实体对拥有相似的上下文信息。因此可以利用每个实体对对应的上下文信息来代表该实体对的语义关系，并对所有实体对的语义关系进行聚类。

12.3 知识图谱的典型应用

知识图谱的应用包括众多的大型知识库、自动问答系统、查询搜索等领域。

1. 大型知识库

维基百科是由维基媒体基金会负责运营的一个自由内容、自由编辑的多语言知识库。全球各地的志愿者们通过互联网和 Wiki 技术合作编撰。目前维基百科一共有 285 种语言版本，其中英语、德语、法语、荷兰语、意大利语、波兰语、西班牙语、俄语、日语版本已经有超过 100 万个条目，而中文版本和葡萄牙语版本也有超过 90 万个条目。维基百科中每一个词条包含对应语言的客观实体、概念的文本描述以及各自丰富的属性和属性值等。

2012 年启动的 WikiData 不仅继承了 Wikipedia 的众包协作的机制，而且支持以事实三元组为基础的知识条目编辑，截至 2017 年年底已经包含超过 2500 万个词条。WikiData 支持标准格式导出，并可链接到链接数据网上的其他开放数据集。

DBpedia 作为开放链接数据的核心，最早由 2007 年德国柏林自由大学以及莱比锡大学的研究者发起的一项从维基百科里抽取结构化知识的项目开始建立。2016 年 10 月的英文最新版共包含 660 万个实体，其中 550 万被合理分类，包括人物 150 万、地点 84 万、音乐电影游戏等 49.6 万、组织机构 28.6 万、动物 30.6 万和植物 5.8 万，共包含约 130 亿个三元组，其中 17 亿来源于英文版的维基百科，66 亿来自其他语言版本的维基百科，48 亿来自 Wikipedia Commons 和 WikiData。

YAGO 是由德国马克斯-普朗克研究所（Max Planck institute, MPI）构建的大型多语言的语义知识库，源自维基百科、WordNet 和 GeoNames，从 10 个维基百科中利用不同语言提取事实和事实的组合。YAGO 拥有超过 1000 万个实体的知识，并且包含有关这些实体的超过 1.2 亿个事实三元组。

BabelNet 是最大的多语言百科全书式的字典和语义网络，由罗马大学计算机科学系的计算语言学实验室创建。BabelNet 不仅是一个多语言的百科全书式的字典，用词典的方式编纂百科词条，同时 BabelNet 也是一个大规模的语义网络，概念和实体通过丰富的语义关系连接。BabelNet 由同义词集合构成，一共包含 15 788 626 个同义词集合，每个同义词集合表示一个具体的语义，包含不同语言下所有表达这个语义的同义词。BabelNet 4.0 版本包含 284 种语言、6 117 108 个概念、9 671 518 个实体、1 307 706 673 个词汇和语义关系。

XLORE 是由清华大学知识工程研究室自主构建的基于中英文维基和百度百科的开放知识平台，是第一个中英文知识规模较为平衡的大规模中英文知识图谱。XLORE 通过维基内部的跨语言链接发现更多的中英文等价关系,并基于概念与实例间的 IS-A 关系验证提供更精确的语义关系。截至 2017 年年底,XLORE 共有超过 1400 万个实体、130 万个概念和 50 万个实例与概念间关系。

AMiner 是清华大学研发的一个科技情报知识服务引擎,它集成了来自多个数据源的近亿级的学术文献数据,从海量文献及互联网信息中,通过信息抽取方法自动获取研究者的教育背景基本介绍等相关信息、论文引用关系、知识实体以及相关的学术会议和期刊等内容,并利用数据挖掘和社会网络分析与挖掘技术,提供面向话题的专家搜索、权威机构搜索、话题发现和趋势分析,可提供基于话题的社会影响力分析、研究者社会网络关系识别、审稿人推荐、跨领域合作者推荐等功能。

知识图谱可增强搜索结果,改善用户搜索体验,即语义搜索。Watson 是 IBM 公司研发团队历经十余年努力开发出的基于知识图谱的智能机器人,最初的目的是参加美国的一档智力游戏节目《Jeopardy!》,并于 2011 年以绝对优势赢得了人机对抗比赛。除去大规模并行化的部分,Watson 工作原理的核心部分是概率化基于证据的答案生成,根据问题线索不断缩小在结构化知识图谱上的搜索空间,并利用非结构化的文本内容寻找证据支持。对于复杂问题,Watson 采用分而治之的策略,递归地将问题分解为更简单的问题来解决。

知识图谱还可以应用于知识问答、领域大数据分析等。美国 Netflix 公司利用基于其订阅用户的注册信息和观看行为构建了知识图谱,通过分析受众群体、观看偏好、电视剧类型、导演与演员的受欢迎程度等信息,了解到用户很喜欢 Fincher 导演的作品,同时了解到 Spacey 主演的作品总体收视率不错及英剧版的《纸牌屋》很受欢迎等信息,因此决定拍摄美剧《纸牌屋》,最终在美国及 40 多个国家成为热门的在线剧集。

2. 查询理解

知识图谱将搜索引擎从字符串匹配推进到实体层面,可以极大地提升搜索效率和效果,为下一代的搜索引擎的形态提供了巨大的想象空间。

目前主流的搜索引擎都支持这种直接返回查询结果而非网页的功能,这离不开大规模知识图谱的支持,而且一般用户查询词都是典型的短文本,一个查询词往往由几个关键词构成。传统的关键词匹配技术不能理解查询词背后的语义信息,效果会很差。

3. 自动问答

知识图谱问答可以分为开放领域自动问答和特定领域的自动问答。

常用问题集自动问答称为 FAQ。FAQ 在很多场景中已经取得了很好的效果,但是从客观上说,开放领域自动问答还处于一个比较初级的阶段,所以现在更多成功的用例是在特定领域中,特定领域一般指基于行业的。

小结

知识图谱是一种互联网环境下的知识表示方法,由一些相互连接的实体及其属性构成。知识图谱三元组的基本形式主要分为两种形式:(实体1-关系-实体2)、(实体1-属性-实体2)。知识图谱的目的是提高搜索引擎的能力,改善搜索质量以及搜索体验。

随着人工智能技术的发展和应用,知识图谱作为关键技术之一,已经被广泛用于智能搜索、智能问答、个性化推荐、内容分发等领域,围绕知识图谱的挖掘也越来越多。

本章重点介绍了知识图谱的构建过程、知识图谱的挖掘、知识图谱的典型应用。

习题

1. 判断题

知识图谱是一种揭示实体之间关系的语义网络,可以对现实世界的事物及其相互关系进行形式化的描述。(　　)

2. 选择题

以下哪些选项属于常用的实体抽取方法?(　　)

A. 基于分类器的实体抽取方法

B. 基于规则与词典的实体抽取方法

C. 基于统计机器学习的实体抽取方法

D. 面向开放域的实体抽取方法

3. 简答题

(1) 如何构建一个知识图谱?包括哪些内容?

(2) 试述知识图谱的典型应用。

(3) 围绕知识图谱的挖掘有哪些?其目的是什么?

(4) 请给出一个知识图谱的实例。

第13章

大数据挖掘算法

本章介绍了 Hadoop 的基本概念及其各个组件,介绍了基于 MapReduce 模型的数据挖掘算法。

13.1 Hadoop 介绍

Hadoop 是一个开源的、可运行于大规模集群上的分布式计算平台,它实现了 MapReduce 计算模型和分布式文件系统等功能,在业内得到了广泛的应用,同时也成为大数据的代名词。

13.1.1 Hadoop 的基本概念

Hadoop 是用来处理大数据集合的分布式存储计算基础框架,最早是由 Apache 软件基金会开发。利用 Hadoop,用户可以在不了解底层细节的情况下,开发分布式程序,充分利用集群的威力,执行高速运算和存储。Hadoop 软件库是一个计算框架,在这个框架中可以使用一种简单的编程模式,通过多台计算机构成集群,分布式处理大数据集。

Hadoop 是以一种可靠、高效、可伸缩的方式运行的,它具有以下几个方面的特性。

(1) 高可靠性。采用冗余数据存储方式,一个副本发生故障,其他副本可以保证正常对外提供服务。

(2) 高效性。作为并行分布式计算平台,Hadoop 采用分布式存储和分布式处理两大核心技术,能够高效地处理 PB 级数据。

(3) 高可扩展性。Hadoop 的设计目标是可以高效稳定地运行在廉价的计算机集群上,可以扩展到数以千计的计算机节点上。

(4) 高容错性。采用冗余数据存储方式,自动保存数据的多个副本,并且能够自动对失败的任务进行重新分配。

(5) 成本低。Hadoop 采用廉价的计算机集群,成本比较低,普通用户也很容易用自己的 PC 搭建 Hadoop 运行环境。

(6) 运行在 Linux 平台上。Hadoop 是基于 Java 语言开发的,可以较好地运行在 Linux

平台上。

（7）支持多种编程语言。Hadoop 上的应用程序也可以使用其他语言编写如 C++等。

13.1.2　Hadoop 的基本组件

如图 13-1 所示，Hadoop 主要由 4 个模块构成。

（1）Hadoop 基础功能库：包含除 HDFS、YARN 及 MapReduce 以外其他 Hadoop 模块的通用程序包。

（2）HDFS：一个分布式的文件系统，能够以高吞吐量访问应用数据。

（3）YARN：一个作业调度和资源管理框架。

（4）MapReduce：一个基于 YARN 大数据并行处理程序。

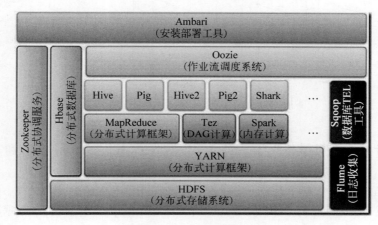

图 13-1　Hadoop 的架构图

1. HDFS

HDFS 是 Hadoop 的核心子项目，是 Hadoop 兼容性最好的标准级分布式文件系统，也是整个 Hadoop 平台数据存储与访问的基础，在此之上，承载了其他如 MapReduce、HBase 等子项目的运转。HDFS 是一个高度容错的系统，适合部署在廉价的机器上。HDFS 能够提供高吞吐的数据访问功能，非常适合在大规模数据集上应用。

HDFS 是易于使用和管理的分布式文件系统，主要特点是硬件故障是常态。支持流式数据访问，采用简单的一致性模型，有名字节点和数据节点之分，适用于大规模数据集且具有可移植性。

其基本框架如图 13-2 所示。其中，NameNode 的主要功能包括管理元数据信息、管理文件系统的命名空间、监听请求及心跳检测。DataNode 的主要功能包括数据块的读写、向 NameNode 报告状态监听请求及执行数据的流水线复制。

2. MapReduce

MapReduce 是一个分布式的计算软件框架，MapReduce 程序可以在由大量计算机（节点）组成的集群上并行执行。

MapReduce 作业的输出都存储在 HDFS 等文件系统中。

MapReduce 处理数据分为输入分片（input split）、Map、Shuffle 和 Reduce 阶段。

（1）输入分片阶段。在进行 Map 计算之前，MapReduce 会根据输入文件计算输入分

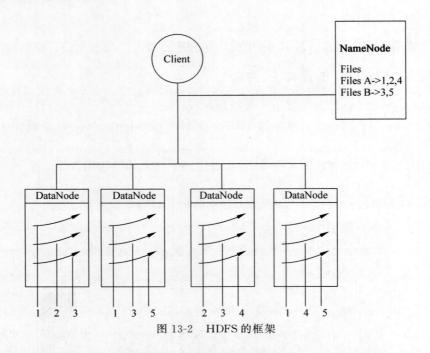

图 13-2　HDFS 的框架

片,每个分片针对一个 Map 任务,输入的并非数据本身,而是一个分片长度和一个记录数据的位置的数组,输入分片往往与 HDFS 的块(block)密切相关。

(2) Map 阶段。一个 MapReduce 应用逐一处理输入分片中的每一条记录。输入分片完成后,Map 任务便开始处理它们,此时,资源管理调度器会给 Map 任务分配处理数据所需的资源。

(3) Shuffle 阶段。Map 阶段之后,开始 Reduce 处理之前,还有一个重要的步骤是 Shuffle。MapReduce 保证每一个 Reduce 任务的输入都是按照键排序好的。系统对 Map 任务的输出执行排序和转换,并保证映射为 Reduce 任务的输入,此过程就是 Shuffle,它是 MapReduce 的核心处理过程。

(4) Reduce 阶段。Reduce 阶段负责数据的计算和归并,它处理 Shuffle 后的每个键及其对应值的列表,并将一系列键值对返回给客户端用户使用。在有些情况下,只需要 Map 步骤的处理就可以为应用生成输出结果,这时就没有 Reduce 步骤。

MapReduce 数据处理的过程如图 13-3 所示。

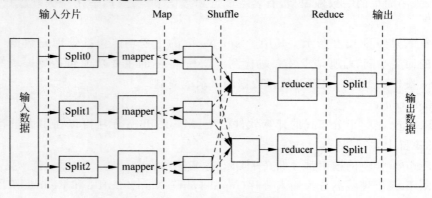

图 13-3　MapReduce 处理数据的过程

13.2 基于 MapReduce 的数据挖掘算法

在大数据时代,除了需要解决大规模数据的高效存储问题,还需要解决大规模数据的高效处理问题。MapReduce 是一种并行编程模型,用于大规模数据集(大于 1TB)的并行运算,它将复杂的、运行于大规模集群上的并行计算过程高度抽象为两个函数:Map 和 Reduce,MapReduce 极大地方便了分布式编程工作,有助于完成海量数据集的计算。下面介绍几种基于 MapReduce 的数据挖掘算法。

13.2.1 基于 MapReduce 的 k 均值并行算法

MapReduce 设计的一个理念就是"计算向数据靠拢",而不是"数据向计算靠拢",因为移动数据需要大量的网络传输开销,尤其是在大规模数据环境下,这种开销尤为惊人,所以,移动计算要比移动数据更加经济。本着这个理念,在一个集群中,只要有可能,MapReduce 框架就会将 Map 程序就近在 HDFS 数据所在的节点运行,即将计算节点和存储节点放在一起运行,从而减少了节点间的数据移动开销。

在 MapReduce 中,一个存储在分布式文件系统中的大规模数据集会被切分成许多独立的小数据块,这些小数据块可以被多个 Map 任务并行处理。MapReduce 框架会为每个 Map 任务输入一个数据子集,Map 任务生成的结果会继续作为 Reduce 任务的输入,最终由 Reduce 任务输出最后结果,并写入分布式文件系统。需要注意的是,适合用 MapReduce 来处理的数据集需要满足一个前提条件:待处理的数据集可以分解成许多小的数据集,而且每一个小数据集都可以并行地进行处理。

云计算的出现,特别是 MapReduce 计算框架的出现和开源的 Hadoop 平台的应用,使得对大数据进行聚类成为可能。

k 均值聚类的目标是选取一组 k 个中心 C 使得数据对象到聚类中心的距离均值 $\Phi Y(C)$ 最小。它的算法过程也称为 Lloyd 迭代过程。初始化的过程决定了 k 均值算法最终是否能取得好的结果。

k 均值++算法既可以在理论上保证结果的质量,又可以借助初始化结果改进 Lloyd 迭代运行的时间。

k 均值++算法的具体流程如下:

算法:k 均值++算法初始化

输入:C 点集

输出:初始簇中心集合

(1) 从数据集 $X=\{x_1,x_2,\cdots,x_n\}$ 中均匀随机选取一个样本点 x_i 作为初始聚类中心 c_1;

(2) 计算每个样本点到 x_i 与全部已有聚类中心之间的最短距离,用 $D(x_i)$ 表示,接着计算每个样本点被选为下一个聚类中心的概率 $\dfrac{D(x)^2}{\sum\limits_{x \in X} D(x)^2}$;

(3) 重复第(2)步,直至选出 k 个聚类中心 $C=\{c_1,c_2,\cdots,c_k\}$;

(4) 针对数据集中的每个样本 x_i,计算 x_i 到 K 个聚类中心的距离,并将 x_i 分到距离最小的聚类中心所对应的类别中;

(5) 针对每个类别 c_i,重新计算它的聚类中心 $c_i = \dfrac{\sum_{x \in X} x}{|c_i|}$;

(6) 重复第(4)步和第(5)步,直到聚类中心的位置不再变化。

为了适应大数据聚类的要求,接下来学习一种对 k 均值++算法改进的并行化实现算法:k 均值Ⅱ。

这一算法可在对数级别的迭代次数内取得接近最优的解,并且在实际应用中,常数级别的迭代次数已经足够。许多大规模数据的实验结果都验证了 k-meansⅡ在顺序和并行两种情况下都比 k 均值++表现效果更好。

在 k 均值Ⅱ算法中,主要思路是改变每次遍历时候的取样规则。并非按照 k 均值++算法每次遍历只获取一个样本,而是每次获取 k 个样本,重复该取样操作 $\log \Psi$ 次,然后再将取出的样本聚类出 k 个点,最后使用这 k 个点作为 k 均值算法的初始聚簇中心点。实践证明:一般 5 次重复操作就可以保证得到一个比较好的聚簇中心点。

每一轮迭代选取的点期望数量是 l,当迭代过程结束后,C 中点的期望数量是 $l\log\Psi$,通常大于 K。在流程的第(7)步中将权重赋给 C 中的每个点,第(8)步将这些带权重的点重新聚类得到 k 个中心。

k 均值Ⅱ算法的具体流程如下:

算法:k 均值Ⅱ(k,l)初始化
输入:C 点集
输出:k 个聚类中心
(1) C:从数据对象 X 中均匀随机选取一个点;
(2) 计算初始聚类代价 Ψ:$\Phi x(C)$;
(3) 迭代 $O(\log \Psi)$次;
(4) 以相同的概率独立地选取每一个样本点,并形成新的点集 C';
(5) 用新的点集 C' 与原来点集 C 取并集后的结果来更新点集 C;
(6) 迭代结束;
(7) 对每一个 C 中的点,定义每一个点的权重 ω_x 为 X 数据对象中距离点 x 比距离 C 中其他任意点近的点的数量;
(8) 将 C 中带权重的点重新聚类成 k 个类。

基于 MapReduce 的 k 均值Ⅱ算法设计:

只需要关心上面算法流程中的(1)~(7)步。第(4)步在 MapReduce 下很简单:每一个 mapper 都可以独立取样。对于给定的一组簇中心集合 C,第(7)步同样很简单。给定一组(小规模)簇中心集合 C,很容易计算 $\Phi x(C)$:每一个 mapper 在一组输入点的划分 X 上计算 $x(C)$,然后 reducer 可以很容易地将所有 mapper 得到的值相加,计算出 $\Phi x(C)$。这有助于第(2)步的计算,并且更新了第(3)~(6)步迭代过程所需要用到的 $\Phi x(C)$。

MapReduce 的流程：

> Job：计算新的聚类中心
> Map：
>   输入：<Object，一条数据>
>   输出：<所属类 c_i，数据>
> Reduce：
>   输入：<c_i，相应数据的集合>
>   输出：<c_i，新的聚类中心>
> Job 连续迭代，直至相连两次的聚类中心小于阈值为止

基于 MapReduce 的整个聚类流程如图 13-4 所示。

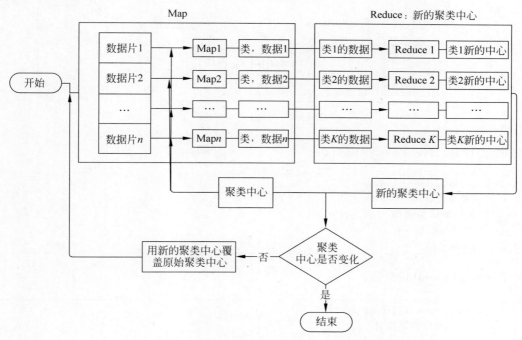

图 13-4　基于 MapReduce 的整个聚类流程

13.2.2　基于 MapReduce 的分类算法

C4.5 是数据挖掘算法中具有代表性的决策树分类算法，它在 2006 年 10 月由 ICDM 确定的前十大数据挖掘算法中排名第一。

作为 CLS 和 ID3 算法的继承者，C4.5 使用信息增益比来选择属性，克服了使用信息增益带来的问题，避免了选择多属性的偏差。在构建决策树的过程中，C4.5 通过剪枝以避免过度拟合。它还具有离散连续属性和处理缺失值的能力；而且，其分类模型易于理解，精度较高。

C4.5 是一种不稳定的分类方法，集成学习可以有效地提高其稳定性和泛化性能。

利用 C4.5，并集成学习机制和 MapReduce 计算范例的优点，提出了一种新的分类方法——MReC4.5，即以 MapReduce 计算框架实现集成 C4.5 分类。

如图 13-5 所示，整个 MReC4.5 算法过程分为 3 个阶段：分区阶段、Map/Build Based-classifier 阶段和 Reduce/Ensemble 阶段。

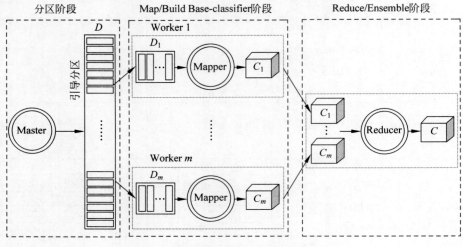

图 13-5　MReC4.5 算法

Map/Build Base-classifier 阶段：

```
Function mapper(key,value)
/* 构建分类器 */
1: 用数据集值构建 C4.5 分类器 c；
/* 提交中间结果 */
2: Emit(key,c);
```

Reduce/Ensemble 阶段：

```
Function reduce(key,value_list)
/* 获取每个分类器模型 */
1: foreach value in value_list
2: classifiers[i++] = getClassifier(value);
/* 运行 bagging emsemble */
3: c = baggingEnsemble(classifier)
4: Emit(key,c)
```

13.2.3　基于 MapReduce 的序列模式挖掘算法

无论是基于支持度框架的序列模式挖掘算法还是基于效用值框架的高效用序列模式挖掘算法，当面对大规模数据集的输入时，算法的运行效率都会严重下降，并且在大数据环境下，算法无法在单机上完成挖掘的任务。

下面介绍 MapReduce 框架实现基于效用值框架的高效用序列模式挖掘算法。该方法采用效用矩阵、随机映射策略和基于领域知识的剪枝策略。

(1) 效用矩阵用于过滤无用的单项序列、产生序列候选。
(2) 随机映射策略用于均衡云计算量。
(3) 基于领域知识的剪枝策略用于过滤序列候选项。

在 MapReduce 过程中,采用效用矩阵可快速提取可用的单项序列。利用可用的单项序列集合,过滤 q-序列数据库中的单项序列,避免无用的单项序列产生候选项所带来系统资源的消耗和算法效率的降低。候选项的产生可以通过效用矩阵、项集内拼接和序列间拼接完成。

随机映射策略以均衡每一个分组中的序列数,防止单个分组计算资源消耗过大,充分利用集群的计算能力为目的。基于 $Random(K)$ 的随机分配算法为每一个 q-序列分配键值,均衡地将 q-序列数据库 S 中所有的 q-序列进行分组,均衡集群中节点的任务数量。

小结

Hadoop 被视为事实上的大数据处理标准,本章介绍了 Hadoop 的基本概念和基本组件。经过多年的发展,Hadoop 生态系统已经发展得非常成熟和完善,包括 HDFS、MapReduce、HBase、Hive、Pig 等子项目,其中,HDFS 和 MapReduce 是 Hadoop 的两大核心组件。

本章的后半部分重点介绍了基于 MapReduce 的数据挖掘算法的相关知识,包括基于 MapReduce 的 k 均值算法、MapReduce 分类算法、序列模式挖掘算法。

习题

(1) 试述 Hadoop 和 Google 的 MapReduce、GFS 等技术的关系。
(2) Hadoop 具有哪些特性?
(3) 试述 Hadoop 生态系统以及每个部分的具体功能。
(4) 试述 MapReduce 和 Hadoop 的关系。
(5) MapReduce 计算模型的核心是 Map 过程和 Reduce 过程,试述两个过程各自的输入/输出及处理过程。

参考文献

[1] 李春葆,李石君,李筱驰. 数据仓库与数据挖掘实践[M]. 北京:电子工业出版社,2014.
[2] Inmon W H. 数据仓库[M]. 王志海,等译. 4版. 北京:机械工业出版社,2006.
[3] 韩慧,王建新,孙俏,等. 数据仓库与数据挖掘[M]. 北京:清华大学出版社,2009.
[4] Pang-Ning,Tan,Michael,Steinbach,Vipin. 数据挖掘导论(完整版)[M]. 范明,范宏建,等译. 北京:人民邮电出版社,2011.
[5] Han J,Kamber M,Pei J. 数据挖掘:概念与技术[M]. 范明,孟小峰,译. 北京:机械工业出版社,2021.
[6] Hi_Shook. 数据仓库和数据集市的概念、区别与联系[EB/OL]. (2018-12-03). https://blog.csdn.net/weixin_42575593/article/details/84763340.
[7] Joshi A, Mehta A. Analysis of k-Nearest Neighbor Technique for Breast Cancer Disease Classification[J]. Int. J. Recent Sci. Res. 2018,9,26126-26130.
[8] Tang L,Pan H,Yao Y. PANK-A Financial Time Series Prediction Model Integrating Principal Component Analysis,Affinity Propagation Clustering and Nested k-Nearest Neighbor Regression[J]. J. Interdiscip. Math. 2018,21:717-728.
[9] Tang L,Pan H,Yao Y. K-Nearest Neighbor Regression with Principal Component Analysis for Financial Time Series Prediction[C]//Proceedings of International Conference on Computing and Artificial Intelligence,2018.
[10] Xia C,Hsu W,Lee M L, et al. BORDER:Efficient Computation of Boundary Points[J]. IEEE Trans. Knowl. Data Eng. 2006,18:289-303.
[11] Arya S,Mount D M,Narayan O. Accounting for Boundary Effects in Nearest Neighbor Searching[C]//Proceedings of the Eleventh Annual Symposium on Computational Geometry,1995.
[12] Lauer F,Guermeur Y. MSVMpack:A Multi-Class Support Vector Machine Package[J]. Journal of Machine Learning Research,2011,12:2293-2296.
[13] 张俊妮. 数据挖掘与应用[M]. 北京:北京大学出版社,2014.
[14] 刘硕. Python机器学习算法:原理,实现与案例[M]. 北京:清华大学出版社,2019.
[15] Dempster A P,Larid N M,Rubin D B. Maximum-likelihood from incomplete data via the EM algorithm[J]. Journal of the Royal Statistic Society(Series B),1977,39(1):1-38.
[16] 李航. 统计学习方法[M]. 北京:清华大学出版社,2012.
[17] 王振武. 大数据挖掘与应用[M]. 北京:清华大学出版社,2017.
[18] Hecht-Nielsen R. Theory of the backpropagation neural network[C]//Proceeding of the International Joint Conference on Neural Networks,1989.
[19] 刘建伟,刘媛,罗雄麟. 玻耳兹曼机研究进展[J]. 计算机研究与发展,2014,51(1):1-16.
[20] Hebb D O. The Organization of Behavior[M]. Psychology Press,2002.
[21] Minsky M L, Papert S. Perceptron[M]. Cambridge:MIT Press,1969.
[22] Hopfield J. J. Neural networks and physical systems with emergent collective computational abilities[J]. Proceedings of the National Academy of Sciences of the United States of America,1982,79(8):2554-2558.
[23] Ackley D H,Hinton G E,Sejnowski T J. A learning algorithm for Bolzmann machines[J]. Science,1985,19.
[24] 陈文伟. 数据仓库与数据挖掘教程[M]. 2版. 北京:清华大学出版社,2011.
[25] 陈志泊. 数据仓库与数据挖掘[M]. 2版. 北京:清华大学出版社,2017.
[26] 黄德才. 数据仓库与数据挖掘教程[M]. 北京:清华大学出版社,2016.
[27] 蒋宗礼. 人工神经网络导论[M]. 北京:高等教育出版社,2001.
[28] 王万良. 人工智能导论[M]. 5版. 北京:高等教育出版社,2020.
[29] 林子雨. 大数据技术原理与应用:概念、存储、处理、分析与应用[M]. 2版. 北京:人民邮电出版社,2017.